Viet Duc Nguyen

Beschichtungsverfahren für die Press-Presslöt-Verbindungen - Reibauftraglöten

TUDpress

Dresdner Fügetechnische Berichte
Herausgeber: Prof. Dr.-Ing. habil. U. Füssel

Herausgeber: Prof. Dr.-Ing. habil. U. Füssel
Technische Universität Dresden
Professur Fügetechnik und Montage
01062 Dresden

Tel.: 0351 / 4633 4347
Fax: 0351 / 4633 7249

Viet Duc Nguyen

Beschichtungsverfahren für die Press-Presslöt-Verbindungen - Reibauftraglöten

TUDpress
2014

Bibliografische Information der Deutschen Bibliothek
Die Deutsche Bibliothek verzeichnet diese Publikation in der Deutschen Nationalbibliografie; detaillierte bibliografische Daten sind im Internet unter <http://dnb.ddb.de> abrufbar.

Bibliographic information published by Die Deutsche Bibliothek
Die Deutsche Bibliothek lists this publication in the Deutsche Nationalbibliografie; detailed bibliographic data is available in the Internet at <http://dnb.ddb.de>

ISBN 978-3-944331-70-6

Zugl.: Dresden, Techn. Univ., Diss., 2014

Verlag der Wissenschaften GmbH
Bergstr. 70 | 01069 Dresden
Tel.: 0351/47 96 97 20 | Fax: 0351/47 96 08 19

Satz und Redaktion: Viet Duc Nguyen

Printed in EU.

Beschichtungsverfahren für die Press-Presslöt-Verbindungen - Reibauftraglöten

Von der Fakultät Maschinenwesen

der

Technischen Universität Dresden

zur Erlangung des akademischen Grades

Doktoringenieur (Dr.-Ing.)

angenommene Dissertation

M. Sc. Viet Duc Nguyen

geb. am 05.03.1981 in Vinh Yen, Vinh Phuc - Vietnam

Tag der Einreichung: 23.08.2013

Tag der Verteidigung: 18.03.2014

Gutachter: Prof. Dr.-Ing. habil. U. Füssel

Prof. Dr.-Ing. habil. Dr. h.c. E. Beyer

Prof. Dr.-Ing. C. Leyens

Vorsitzender der Promotionskommision

Danksagung

Die vorliegende Arbeit entstand während meiner Tätigkeit als Promotionsstudent an der Professur Fügetechnik und Montage im Institut für Fertigungstechnik der Technischen Universität Dresden.

Meinem Doktorvater, Herrn Prof. Dr.-Ing. habil. Uwe Füssel, Leiter der Professur Fügetechnik und Montage möchte ich mein besonderer Dank für die Unterstützung, Betreuung und Förderung meiner wissenschaftlichen Untersuchungen aussprechen.

Herrn Prof. Dr.-Ing habil. Bernd Hommel, Projektmanager der Firma SITEC Industrietechnologie GmbH Chemnitz, danke ich besonders für die wertvollen Fachgespräche, die Unterstützung und die Förderung meiner wissenschaftlichen Untersuchungen. Besonderer Dank gilt auch Herrn Prof. Dr. rer. nat. habil. Hans-Jürgen Ullrich, für die konstruktiven Fachgespräche in Richtung der Werkstoffwissenschaft. Dem Deutschen Akademischen Austauschdienst danke ich ganz herzlich für die umfangreiche Förderung.

Weiterhin bedanke ich mich herzlich bei allen Kollegen der Professur Fügetechnik und Montage, die mich durch ihr persönliches Engagement und ihre tatkräftige Hilfe unterstützt haben. Hier soll vor allem Herrn Dr.-Ing. Michal Pejko für seine Ratschläge, seine fachliche Unterstützung und die Durchsicht der Arbeit genannt werden. Mein Dank gilt auch den Mitarbeitern in der Firma SITEC Industrietechnologie GmbH für die freundliche und produktive Zusammenarbeit. Mein besonderer Dank gilt stellvertretend Herrn Dipl.-Ing. Frank Jähn für die Unterstützung bei der Versuchsdurchführung und der Durchsicht des Manuskripts.

Ferner danke ich den Mitarbeiterinnen des Instituts für Werkstoffwissenschaft für die Hilfe bei der Mikrohärtemessung und Herrn Dipl.-Ing. Sören Höhn der Fraunhofer IKTS, Dresden für die Unterstützung bei der Untersuchung der Verbindungsbildung.

Ich möchte mich auch bei meiner Cousine Thu Nguyen und ihrem Mann Van Tran für ihre Unterstützung bedanken. Familie Knorr und Familie Bretschneider danke ich ebenfalls für die Unterstützung.

Nicht vergessen möchte ich zum Schluss danken für die Geduld, das Verständnis, die Hilfe und Motivation meiner Familie, meiner Verwandten und meiner Freunden.

Dresden, August 2013 Nguyen, Viet Duc

Inhaltsverzeichnis

Verzeichnisse verwendeter Abkürzungen und Formelzeichen

Zeichen	**Bezeichnung**	**Einheit**
A	Fläche	mm²
a_e	Arbeitseingriff	mm
B	Schichtbreite	mm
B_{mRz}	ermittelte Schichtbreite durch Oberflächeprofilmessung	mm
b_i	Koeffizient des Parameters i für Schichtbreite	-
C	Spezifische Wärmekapazität	$Jkg^{-1}K^{-1}$
D	Nabendurchmesser	mm
d_{Wv}	Durchmesser der Welle vor der Beschichtung	mm
d_{Wn}	Durchmesser der Welle nach der Beschichtung	mm
d	Wellendurchmesser	mm
DR	Drehrichtung	-
E	E-Modul	GPa
e	Exzentrizität	mm
F	Kraft	N
f	Spannung in Zugrichtung	MPa
F_R	Reibungskraft	N
H	Schichtdicke	µm
h	Breite der Kontaktfläche	mm
h_i	Koeffizient des Parameters i für Schichtdicke	-
H_{mRz}	ermittelte Schichtdicke durch Oberflächenprofilmessung	µm
k	Konstante	-
k	Korrekturfaktor	-
K_L	Lötanteil	-

Zeichen	Bezeichnung	Einheit
l	Länge	mm
M	Moment	Nm
n	Drehzahl	U/min
n_C	Drehzahl bezogen auf die Schnittrichtung	U/min
N	Energiezufuhr	J/s
p	Druck	MPa
R_e	Streckgrenze	MPa
R_m	Zugfestigkeit	MPa
R_a	mittlere Rauheit	µm
R_Z	gemittelte Rauheitstiefe	µm
R_{ZQL}	R_Z der linken Seite in Querrichtung	µm
R_{ZQR}	R_Z der rechten Seite in Querrichtung	µm
R_{ZUL}	R_Z der linken Seite in Umfangrichtung	µm
R_{ZUR}	R_Z der rechten Seite in Umfangrichtung	µm
r^2	Bestimmheitsmaß	-
r	Radius	mm
S	Sicherheitsbeiwert	-
se_i	Standardfehler des Koeffizienten i	-
T	Torsionsmoment	Nm
T_S	Schmelztemperatur	°C
T_m	Mittelwert der Temperatur	°C
T_P	Prozesstempetatur	°C
t_s	Wartezeit	s
t_p	Vorwärmenzeit	s
U	Übermaß	µm
Δl	Formänderung	mm
Δl	Verschiebung der Nullgeschwindigkeitsachse	mm

ΔL	Bolzenabnutzung	mm
v	Vorschub	mm/s
V_{BS}	Geschwindigkeit an der Bolzenstirnfläche	mm/s
V_{Bz}	Bolzengeschwindigkeit in Z-Richtung	mm/s
V_f	Vorschubgeschwindigkeit	mm/s
v_{Wx}	Werkstückgeschwindigkeit in X-Richtung	mm/s
v_U	Geschwindigkeit des Werkstückumfangs	m/s
W_R	Leistung	W
w_R^*	Energiedichte	Ws/mm
x	Position in X-Richtung	mm
z	Position in Z-Richtung	mm
α	Verdrehwinkel	° Grad
σ	Zugspannung	MPa
σ_H	Haftfestigkeit	MPa
λ	Wärmeleitfähigkeit	W/mK
μ	Reibwert	-
η	Wärmeverteilungsrate	-
η	Neigungswinkel	° Grad
τ	Schubspannung	MPa
τ_B	Schubfestigkeit	MPa
ω_B	Bolzenwinkelgeschwindigkeit	rad/s

Indizes	**Bezeichnung**
a	außen
A	Außenteil (Nabe)
F	Füge-
ges	gesamt
i	innen

I	Innenteil (Welle)
L	Lötanteil
L	links
Lot	Lotwerkstoff
m	mittel
max	maximal
min	minimal
N	Nabe
Po.	Position
PV-PLV	Press-Presslöt-Verbindung
PV	Pressverbindung
R	rechts
RK	Rekristallisation
S	Schicht
w	wirksam
W	Welle
x	X-Richtung
z	Z-Richtung

Abkürzungen	**Bezeichnung**
CVD	Chemical Vapor Deposition
PVD	Physical Vapour Deposition
BSE	zurückgestreute Elektronen (engl. Backscattered Electrons)
EDX	Energiedispersive Röntgenspektroskopie
FE	Finite Elemente
FEM	Finite Elemente Methode
FVA	Forschungsvereinigung Antriebstechnik
GAL	Galvanik
Gl.	Gleichung
HNC	Hydraulische Numerische Steuerung (engl. Hydraulic Numerical Controller)
KS	Kaltgasspritzen
L	Linksdrehend
Leg.	Legierung

LL	Bolzen und Welle drehen links
LR	Bolzen dreht links, Welle dreht rechts
R	Rechtsdrehend
RR	Bolzen und Welle drehen rechts
RL	Bolzen dreht rechts, Welle dreht links
RT	Raumtemperatur
N	Nabe
RALö	Reibauftraglöten
RAS	Reibauftragschweißen
PC	Rechner (engl. Personal Computer)
PV-PLV	Press-Presslöt-Verbindung
PV	Pressverbindung
SE	Sekundärelektronen
SPS	Speicherprogrammierte Steuerung
St	Stahl
W	Welle

1 Einleitung

Die Welle-Nabe-Verbindungen gehören bekanntlich zu den bedeutendsten Maschinenelementen. In der historischen Entwicklung wurde die Verbindung zwischen der Welle und der Nabe für die Übertragung der Bewegungen, Kräfte bzw. Momente oft als formschlüssig (z. B.: Passfeder- oder Keilverbindung) oder als kraftschlüssig (z. B.: Pressverbindung) realisiert. Aufgrund der immer steigenden Anforderungen werden heutzutage hochbelastete Baugruppen durch stoffschlüssige Fügeverbindungen (z. B.: Laser- oder Elektronenstrahlschweißverbindung) ersetzt. Gründe dafür sind die Anforderungen an eine kompakte Bauweise, die Verwendung von neuen Werkstoffen und die hohe Leistungsdichte, die die Verbindung übertragen muss. Dazu müssen die Produkte niedrige Herstellungskosten haben, aber auch eine hohe Qualität aufweisen.

Eine einfache und relativ günstige Herstellung ist für die kraftschlüssigen Verbindungen typisch, weswegen Pressverbindungen sehr oft in der Industrie eingesetzt werden. Eine weitere Erhöhung ist durch Kombination der Verbindungsmechanismen möglich. 1984 entwickelte Füssel [P20] eine neuartige Verbindung - die Press-Presslöt-Verbindung. Hier wird eine dünne Zwischenschicht aus Zink oder Kupfer usw. auf der Wellen- oder Nabenoberfläche aufgebracht. Nach dem Einpressen werden in der Fügezone zusätzliche Presslötverbindungen generiert, deren Anteil durch sogenannte Trainierprozesse (z. B. relative Bewegung zwischen Welle und Nabe) gesteigert werden kann. Dadurch wird die Verbindungsqualität, insbesondere die Momentübertragungsfähigkeit, deutlich verbessert.

Die Lotschicht – deren chemische Zusammensetzung und Qualität einen entscheidenden Einfluss haben, wird derzeit hauptsächlich galvanisch aufgebracht. Dieses Verfahren ermöglicht es eine gleichmäßig dünne Schicht aufzutragen. Allerdings ist das lokale Aufbringen der Schicht nur durch aufwendige Abdeckungen möglich und es werden hohe Anforderungen an den Umweltschutz gestellt. Es gibt mehrere alternative Beschichtungsverfahren, wie beispielweise das Kaltgasspritzen, das thermische Spritzen, die CVD/PVD-Verfahren und das Reibauftraglöten. Diese Verfahren werden in der Industrie für unterschiedlichste Aufgaben angewendet, aber deren Eignung für die PV-PLV wurde noch nicht untersucht. Besonders interessant für die lokale Beschichtung könnte das Reibauftragschweißen sein. Bei diesem Verfahren wird durch Reibung (rotierender Stift oder Scheibe) aus dem Beschichtungswerkstoff eine Schicht auf die Substratoberfläche aufgetragen. Dieses Verfahren wird hauptsächlich zum Auftragen von verschleißfesten Schichten auf planaren Oberflächen eingesetzt.

Das Ziel der vorliegenden Dissertation liegt in der Entwicklung geeigneter Beschichtungsverfahren für die Press-Presslöt-Verbindungen. Diese sollen durch eine lokale Beschichtung der rotationssymmetrischen Fügefläche von Welle und/oder Nabe mittels beliebiger Metalle und Legierungen ermöglichen. Ausgehend von bisherigen Untersuchungen werden zuerst Anforderungen an die Lotschicht abgeleitet und durch die systematische Betrachtung des Reibauftragschweißens die Grundlagen für die Entwicklung einer neuartigen Beschichtungsanlage gelegt. Ziel ist dabei das Aufbringen von dünnen Lotschichten auf rotationsymmetrische Bauteile. Parallel dazu werden weitere alternative Beschichtungsverfahren experimentell untersucht, wobei diese Ergebnisse gleichzeitig zur Weiterentwicklung der aktuellen Berechnungsgrundlagen, sowie der Optimierung des Herstellungsprozesses (Fügen und Trainieren) der Press-Presslöt-Verbindungen genutzt werden.

2 Stand der Technik

2.1 Press-Presslöt-Verbindungen

Die Grundlagen der Press-Presslöt-Verbindungen hat Füssel [86] 1984 gelegt. Damals wurde eine elementare Pressverbindung und eine Presslöt-Verbindung kombiniert. Diese wird realisiert, indem mindestens einer der beiden Fügepartner mit einer dünnen Lotschicht beschichtet wird (Abbildung 1).

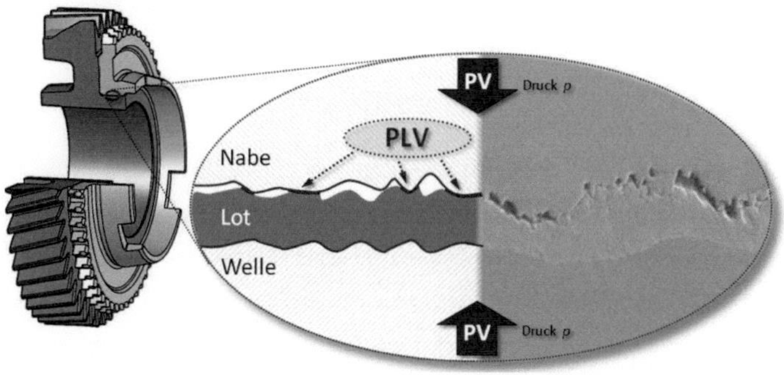

Abbildung 1: Schematische Darstellung einer Press-Presslöt-Verbindung [99]

Der in der Pressverbindung herrschende Druck bewirkt gleichzeitig, dass sich lokale Presslöt-Verbindungen aufbauen können. Aus der Kombination von Kraft- und Stoffschluss resultiert die Steigerung der Übertragungsfähigkeit der Gesamtverbindung. Der Anteil der in der Fuge wirkenden stoffschlüssigen Verbindung kann durch einen gezielten Energieeintrag, dem so genannten Trainieren, gesteigert werden [86][89][P20]. In [86] wurde die Verbindungsfestigkeit um das 3-fache einer vergleichbaren Pressverbindung erhöht.

Im Gegensatz zu elementaren Pressverbindungen, werden die Verschleißvorgänge auf der Lotschicht, die eine niedrige Festigkeit aufweist, begrenzt. Somit tritt beim Trainieren bzw. beim Auspressen der Fügeverbindung keine Schädigung der eigentlichen Bauteile auf. Bei der Pressverbindung führt die Überlastung der Verbindung zur Passungsrostbildung bzw. bei mehrfachem Verdrehen der Verbindung zu starken Fresserscheinungen auf den Oberflächen, welche mit einer Rissbildung einhergehen (Abbildung 2). Durch das mehrmalige Verdrehen einer PV-PLV wird die Fügeverbindung trainiert, d. h. durch die Reibung in der Fügezone werden die Oberflächen aktiviert und somit das Ausbilden der zusätzlichen Presslötverbindungen unterstützt.

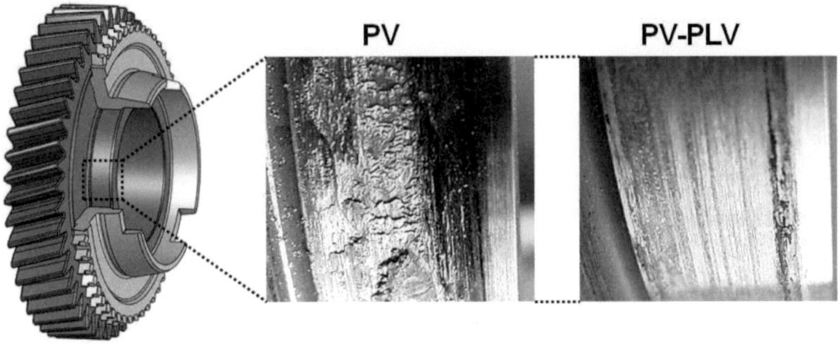

Abbildung 2: Aufnahmen der Oberflächenbeschädigung von trainierten PV und PV-PLV [99][100]

Wird dabei die maximale Scherfestigkeit in der Fügeverbindung erreicht, welche hauptsächlich durch den verwendeten Lotwerkstoff beeinflusst wird, bleibt danach das Losbrechmoment nahezu konstant. Dieses multifunktionale Verhalten der Verbindung nutzte Beetz in seiner Arbeit und entwickelte so eine kompakte Überlastsicherung [91]. Die nachfolgenden Arbeiten von Lipoth, Schnick und Pejko [89][93][99] wurden unter anderem den Dimensionierungsgrundlagen gewidmet.

2.2 Überlegung zur Schichtdicke

Bisher wurden hauptsächlich Schichtdicken von 5 bis 15 µm [86][88][89][91] untersucht. Füssel [86] hat als Erster den Einfluss der Schichtdicke durch die Betrachtung der Pressverbindung mit einer Buchse untersucht (Abbildung 3a).

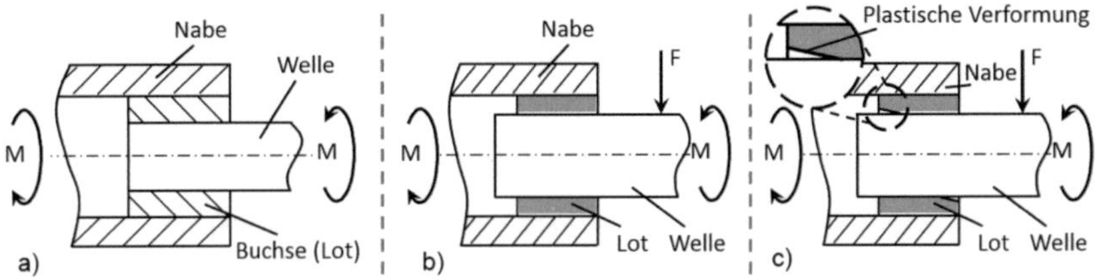

Abbildung 3: a) Modell zur Berechnung der Lotschichtdicke [86]; b) PV-PLV mit Querkraft (Anfangszustand); c) PV-PLV mit Querkraft (möglichst im Betriebszustand)

Dabei wurde die Dicke der Buchse bis in den Mikrometerbereich reduziert. Das Ergebnis zeigt, dass das übertragbare Moment bei steigender Schichtdicke nahezu konstant bleibt.

Dabei ist zu beachten, dass das Modell nur für Schichtdicken im Mikrometerbereich einsetzbar ist und der Reibbeiwert 1,0 beträgt. Zu einem späteren Zeitpunkt hat Pejko [99] bei experimentellen Untersuchungen des Einflusses der Schichtdicke im Bereich von 6 bis 100 μm gezeigt, dass die Verbindungsfestigkeit bei steigender Schichtdicke auch steigt. Aber bei diesen experimentellen Untersuchungen wurde das Innenhochdruckfügen für den Fügevorgang verwendet. Außerdem wurde in [99] die Formel für die minimale Schichtdicke in Abhängigkeit der Rauheit der Fügefläche gefunden. Die Schichtdicke sollte mindestens zwei Drittel der Summe von Wellenrauheit und Nabenrauheit betragen:

$$s_{LOT\min} = \frac{2}{3}\left(R_{ZA} + R_{ZI}\right)$$ **Gleichung 1**

(S_{LOTmin}: minimale Schichtdicke [μm]; R_{ZA} und R_{ZI}: Rauheit der Welle und Nabe [μm])

In der oben genannten Literatur wurde **der Einfluss der Schichtdicke auf das übertragbare Moment ohne Beachtung der Querkraft** betrachtet. Außerdem **gibt es keine Untersuchung über den Einfluss der Schichtdicke auf den Rundlauf der Baugruppe**. Ein Beispiel für die PV-PLV unter Einfluss von Torsion und Querkraft ist in Abbildung 3b dargestellt. Da der Elastizitätsmodul des Lotes kleiner als der des Grundwerkstoffes ist, kann dies theoretisch zu einer plastischen Verformung führen. Bei großen Schichtdicken könnte diese Verformung einen Spalt (Abbildung 3c) erzeugen, welcher zur Verringerung der Fügefläche und Verschlechterung des Rundlaufs führen könnte.

2.3 Konstruktive Auslegung einer Press-Presslöt-Verbindung

Die Auslegungen von PV-PLV wurden erstmals von Lipoth [89] auf Grundlage der aktuellen Norm zur Berechnung der Verbindungsfestigkeit von Pressverbindungen angepasst. Dabei wurde die erhöhte Verbindungsfestigkeit der PV-PLV in den grundlegenden Formeln der DIN 7190 [N1] für das übertragbare Moment (Gleichung 2) durch einen höheren Reibbeiwert abgebildet.

$$T_{PV} = \frac{\pi}{2} \cdot D_F^2 \cdot l_F \cdot \mu_F \frac{p_m}{S}$$ **Gleichung 2**

(D_F - Fügedurchmesser, l_F - Fügelänge, μ_F - Reibbeiwert, p_m - mittlerer Fugendruck, S - Sicherheitsbeiwert)

Dieser Ansatz ist für trainierte PV-PLV ungeeignet, da der Verbindungsmechanismus nicht ausreichend betrachtet wurde, weshalb Pejko [99] einen kombinierten Berechnungsansatz eingeführt hat. Darin wird der Anteil an Stoff- und Kraftschluss mit einem Lötanteilfaktor **K_L** gewichtet (Gleichung 3).

$$T_{PV-PLV} = \frac{\pi}{2} \cdot D_F^2 \cdot l_F \cdot \frac{\mu_F \cdot p_m (1-K_L) + \tau_{Lot} \cdot K_L}{S}$$ **Gleichung 3**

Aus der Gleichung 3 geht hervor, dass die maximale Verbindungsfestigkeit auf die Scherfestigkeit des Lotes (τ_{LOT}) begrenzt ist. Dies kann nach [102] mit 0,8 x Zugfestigkeit des Lotes ($R_{m,Lot}$) angenähert werden (s. Gleichung 4).

$$\tau_{Lot} = 0{,}8 \cdot R_{m,Lot}$$ **Gleichung 4**

Die errechneten Werte für die ausgewählten Lotwerkstoffe sind in der Tabelle 1 zu sehen.

Tabelle 1: Erreichbare Lötanteile K_L ausgewählter Werkstoffe [99]

Kenngröße		Ag	Cu	Ni	Sn	Zn
R_m	[MPa]	180	196	490	27	147
τ_B	[MPa]	144	158	392	21	117
K_L	**[-]**	**0,14**	**0,25**	**0,24**	**0,84**	**0,66**
μ_{St-Lot}	[-]	0,096	0,12	0,12	0,11	0,18

Entscheidend für die Verbindungsfestigkeit ist ebenfalls die Höhe des vorliegenden Fugendruckes, der hauptsächlich von dem gefertigten Übermaß der Verbindung abhängig ist. Nach Lipoth [89] sollte der Einfluss der Oberflächenrauheit auf das wirksame Übermaß nach Gleichung 5 berücksichtigt werden.

$$U_W = U - 0{,}4 \cdot (R_{zA} + R_{zI})$$ **Gleichung 5**

(U_W – Wirksames Übermaß, U - Übermaß, R_{zA} und R_{zI} : Rauheitstiefe des Außen- und Innenteils)

Der Fugendruck kann ebenfalls analog zu DIN 7190 berechnet werden. Für komplizierte Teile sollte dieser mit Hilfe der FEM ermittelt werden [99].

Der erreichbare Lötanteil nach dem Fügen bzw. nach dem Trainieren ist auch von mehreren Einflussfaktoren abhängig. Beim Fügen durch Längspressen bleibt der K_L-Faktor mit dem unterschiedlichen Fugendruck konstant. Im Gegensatz dazu kann bei den quergepressten Proben ein lineares Verhältnis des K_L-Faktors zum Fugendruck (Gleichung 6) abgeleitet werden:

$$K_L = 0{,}002\frac{mm^2}{N}\cdot p_m$$ **Gleichung 6**

Allerdings müssen die Fügeflächen die folgenden Bedingungen erfüllen:

- Gedrehte oder geschliffene Fügeflächen (R_{ZI} + R_{ZA} < 15 µm)
- Galvanische Beschichtung mit Zink oder Kupfer
- Entfetten mit Aceton
- Fügen durch Querpressen
- Maximaler Fugendruck von 200 MPa

Die maximal erreichbaren Lötanteile sind in der Tabelle 1 aufgelistet.

Zur Abschätzung der Verbindungsfestigkeit nach dem Fügen kann der formulierte mathematische Zusammenhang (Gleichung 6) benutzt werden, wobei bei geschliffenen Oberflächen eine höhere Verbindungsfestigkeit zu erwarten ist. Die Konstante in der Gleichung 6 kann auf 0,003 mm²/N erhöht werden. Bei hartgedrehten Oberflächen mit höherer Oberflächenrauheit ist für die Berechnung eine Konstante von 0,001 mm²/N zu empfehlen [99].

Durch das Trainieren kann das Anfangsübertragungsmoment gesteigert werden, wobei die Oberflächenrauheit, die Reinigungsmethode und der Lotwerkstoff eine große Bedeutung haben. Die prinzipielle Abhängigkeit des K_L-Faktors von den genannten Einflussfaktoren für Zink als Lotwerkstoff ist in der Abbildung 4 dargestellt.

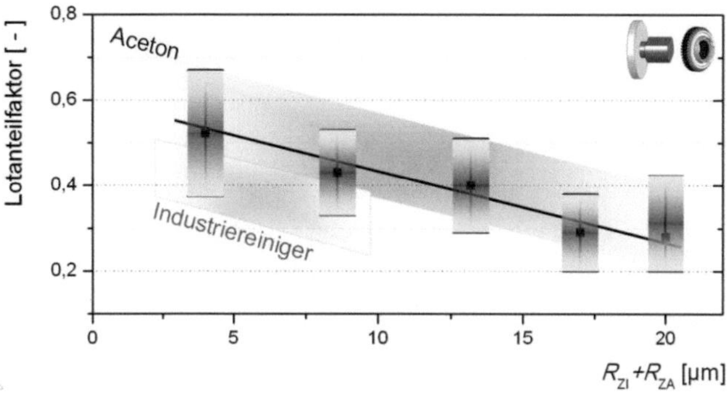

Abbildung 4: Erreichte Lötanteile in der Abhängigkeit von der Oberflächenbeschaffenheit [99]

2.4 Herstellungsprozess der Press-Presslöt-Verbindungen

2.4.1 Fertigung der Welle und Nabe

Bisher wurden überwiegend Stahlwerkstoffe für die Press-Presslöt-Verbindungen eingesetzt. Hierzu handelt es sich um niedriglegierte Einsatzstähle (16MnCr5 und 20MnCr5) [88][89][91][93][95][99][100][127], niedriglegierte Vergütungsstähle (34CrNiMo6 bzw. 42CrMnMoS4) [88][89][93] und unlegierte Stähle (St52, C45) [88][89][91][93][95], gehärtete oder einsatzgehärtete Werkstoffe [89][92][93]. Die Wellen und Naben wurden bisher mittels Drehen, Schleifen oder Hartdrehen gefertigt. Die experimentellen Ergebnisse von Pejko [99] haben gezeigt, dass durch Schleifen höhere Übertragungsfähigkeiten erreicht werden können.

2.4.2 Herstellung der Schicht

2.4.2.1 Lotwerkstoff

Die Lotauswahl wurde bisher bezüglich der Verbindung von PV-PLV zur Festigkeitssteigerung bei Vorgabe der Welle- und Nabewerkstoffe vorgenommen. Die Ausbildung der PV-PLV wird positiv beeinflusst, wenn folgende Anforderungen an die Werkstoffkombination erfüllt werden [86][P20]:

- Die Unterschiede in den Abmessungen der Atomradien der Werkstoffe der zu fügenden Teile dürfen nicht größer als 8...15 % sein, da nur unter diesen Umständen eine Aufnahme der einzulagernden Atome im Wirtsgitter möglich ist.
- Die Kristallgitterstruktur soll möglichst gleich sein, damit die Atome leicht energiegleiche bzw. Vorzugsplätze einnehmen können.
- Elektronegativität oder -wertigkeit sollen nicht zu unterschiedlich sein, da sonst die Gefahr der Bildung von intermetallischen Phasen besteht.
- Temperaturen oberhalb der kritischen Rekristallisationstemperatur (T_{RKZink} = 4 °C; $T_{RK\text{-}Kupfer}$ = 269 °C) sind vorteilhaft und wirken fördernd auf die Diffusionsvorgänge.

Oben genannte Forderungen werden z. B. durch Zink, Kupfer und Aluminium im Zusammenhang mit Stahl als Grundwerkstoff ausreichend erfüllt [86]. In älteren Untersuchungen kamen hauptsächlich Zink und Kupfer [86][88][89][90][91][93] zur Anwendung. Die Eignung weiterer Lotwerkstoffe wurde meist nur theoretisch betrachtet.

Pejko [99] hat weitere Lotwerkstoffe experimentell untersucht. Hierzu beschränkte er sich auf Werkstoffe bzw. Legierungen, die durch galvanische Beschichtung abgeschieden werden können, z. B. Zinn, Nickel, Cu-Zn-Sn-Legierung und Silber.

Fazit: Weitere geeignete Lotwerkstoffe (wie Aluminium und andere Legierungen) können nur durch andere Beschichtungsverfahren aufgetragen werden und wurden bisher nicht untersucht. Eine gezielte Lotwerkstoffauswahl ermöglicht es PV-PLV mit angepassten Eigenschaften herzustellen. Solche Eigenschaften können z. B. das maximal übertragbare Moment, geringe Kosten, Verfügbarkeit oder auch Korrosionsbeständigkeit sein.

2.4.2.2 Beschichtungsverfahren

Für die PV-PLV soll die Lotschicht folgende Forderungen erfüllen:

- Die Schicht soll lokal auf einer zylindrischen Fläche aufgetragen werden.
- Die minimale Schichtdicke soll gleich $S_{LOTmin} = 2(R_{ZA}+R_{ZI})/3$ [99] sein. Aber die Schicht soll im Mikrometerbereich sein, sonst könnte ein negativer Einfluss auf den Rundlauf bzw. die Funktion der Welle-Nabe-Verbindung eintreten.
- Die Schicht soll gleichmäßig sein.
- Die Haftfestigkeit der Schicht muss groß genug sein, damit die Schicht beim Längspressen nicht abgeschert wird.

Die Schicht wurde bisher überwiegend galvanisch hergestellt. Die galvanische Schicht sorgt für gute PV-PLV, da die Schicht gleichmäßig und dünn ist. Außerdem ist die Haftung zwischen dem Schicht- und Grundwerkstoff gut. Dies lässt sich „aufgrund metallischer, heteropolarer oder VAN-DER-WAALSschen Bindungskräfte, die zwischen der Schicht und Grundfläche wirksam sind, deuten [125]“. Nachteilig ist, dass das lokale Aufbringen der Schichten nur durch **aufwendige Abdeckungen** möglich ist und durch die Elektrolyten **hohe Anforderungen an den Umweltschutz** gestellt werden. Außerdem kann **die Beschichtung von Bauteilen mit Aluminium schwer** durch dieses Verfahren realisiert werden. Die Integration in eine **Fließfertigung ist sehr aufwendig**.

Einige Arbeiten [86][89][96][101] haben dokumentiert, dass die mittels thermischem Spritzen aufgetragenen Schichten zur Herstellung der kombinierten Fügeverbindung generell geeignet sind. In [99] hat Pejko die Eignung der mittels Flammspritzens hergestellten Lotschicht bestätigt. Aber diese Verfahren haben einen großen Beschichtungsbereich und sind mit **umfangreichen Spritzstäuben (Umweltbelastung),**

schlechten Materialnutzungsgrad (< 70 %) und schlechter Formgenauigkeit [110] verbunden. Außerdem gibt es einen **hohen Oxidanteil in der Schicht und einen Wärmeeinfluss auf die Oberfläche.**

Ausgehend von den oben genannten Nachteilen der Galvanik und des thermischen Spritzens ist es notwendig, alternative Beschichtungsverfahren zu finden. Es gibt mehrere unterschiedliche Beschichtungsverfahren zum Auftragen metallischer Werkstoffe. Ein Überblick dieser Verfahren ist in folgender Übersicht zusammengefasst (Abbildung 5):

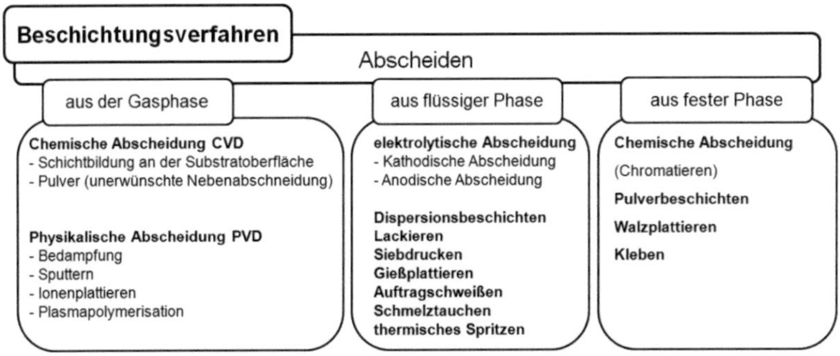

Abbildung 5: Beschichtungsverfahren – schematische Übersicht (aus [103][104][106])

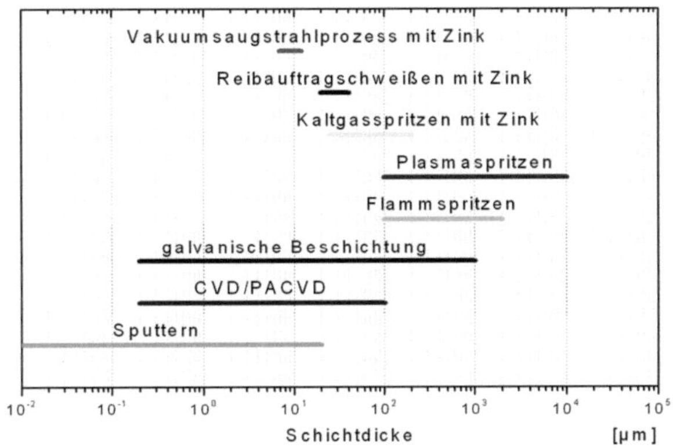

Abbildung 6: Charakteristische Schichtdicken möglicher Beschichtungsverfahren [99]

Aus der Literatur [103][104][107][108][111][112][113] wurden in Abbildung 6 die erreichbaren Schichtdicken der potentiell möglichen alternativen Beschichtungsverfahren zusammengefasst.

Die Abbildung 6 zeigt, dass es möglich ist, durch Abscheiden aus der Gasphase (CVD, PVD usw.) sehr dünne Schichten herzustellen. Jedoch sind diese Verfahren sehr kostenintensiv. Aus diesem Grund werden diese Verfahren nicht weiter betrachtet. Interessant dagegen sind das Kaltgasspritzen und das Reibauftragschweißen. In nachfolgender Übersicht sind die wichtigsten Informationen zusammengefasst:

a. **Kaltgasspritzen:** Beim Kaltgasspritzen wird ein Prozessgas in einer De-Laval-Düse auf Überschallgeschwindigkeit beschleunigt. Der Spritzzusatz wird in Pulverform vor der Düse in den Gasstrahl injiziert und mit hoher kinetischer und niedriger thermischer Energie auf die Werkstückoberfläche beschleunigt. Oberhalb einer für den jeweiligen Spritzzusatz charakteristischen Partikelgeschwindigkeit bilden die Partikel beim Aufprall eine dichte und festhaftende Schicht [109]. Eine Schädigung des Substrates ist durch thermische Effekte kaum zu befürchten. Es kann ohne Maskierung beschichtet und eine Oxidation sowie andere Phasenumwandlungen vermieden werden. Außerdem besitzt dieses Verfahren einen guten Materialnutzungsgrad (≤100%) und eine hohe Genauigkeit (±10 µm) [110]. Als Nachteil ist das kostenintensive Kaltgasspritzgerät zu sehen.

b. **Reibauftragschweißen:** Seit den 1950er Jahren wurden neben intensiven und umfangreichen Forschungsarbeiten auf dem Gebiet des Reibstumpfschweißens Untersuchungen zum Reibauftragschweißen durchgeführt. Es wurde das Reibauftragschweißen mit stabförmigem Zusatzwerkstoff und das Reibauftragschweißen mit körnigem Metallpulver als Zusatzwerkstoff untersucht. Das Verfahrensprinzip ist das Anpressen eines Bolzens auf einer drehenden Welle oder eines sich drehenden Bolzens auf der Oberfläche. Der Bolzen wird durch die Reibung zwischen dem Bolzen und der Oberfläche langsam plastiziert und lokal eingeschmolzen. Somit haftet das Bolzenmaterial auf der Oberfläche. Durch die relativ einfache Ausrüstung erweist sich das Verfahren im Vergleich zu anderen Verfahren kostengünstiger.

Die Eignung des Kaltgasspritzens und Reibauftraglötens für die PV-PLV wurde noch nicht untersucht.

2.4.3 Herstellung der Verbindung

2.4.3.1 Fügen

Meistens werden die Wellen und Naben durch Längs- oder Querpressen gefügt.

Beim **Längspressen** wird die Welle in die Nabe eingepresst, dafür kann die notwendige Fügekraft nach DIN 7190 berechnet werden. Bei Press-Presslöt-Verbindungen findet das Ausbilden der ersten Presslötverbindungen bereits beim Fügen statt, deshalb ist mit höheren Fügekräften zu rechnen. Aus diesem Grund ist die Reibungszahl je nach verwendetem Lotwerkstoff zu berücksichtigen (Tabelle 1).

Durch eine gezielte Erwärmung und/oder Unterkühlung der Fügepartner wird beim **Querpressen** ein kraftloses Fügen ermöglicht. D. h. im Verlauf des Fügevorgangs existiert ein Passungsspiel zwischen Welle und Nabe. Für die Erwärmung ist die maximal zulässige Temperatur insbesondere gehärteter Stahlwerkstoffe zu beachten. Bei einsatzgehärteten Bauteilen beträgt zum Beispiel die maximal zulässige Temperatur für die Fügeteile 200 °C [N1]. Im Fall von Unterkühlung der Wellen ist mit einer Kondensation von Luftfeuchtigkeit zu rechnen. Besonders bei Stahlwerkstoffen kann es zu unerwünschter Korrosion führen. Deshalb muss die Anlagetechnik entsprechend der Nebenwirkungen vor Kondenswasser geschützt werden.

Außer Längspressen und Querpressen gibt es noch das **Innenhochdruckfügen**, welches für dünnwandige Hohlwellen verwendet wird. Vor dem Fügen existiert zwischen Welle und Nabe eine Spielpassung. Die Welle wird am Anfang in der Nabe positioniert und mittels einer Sonde lokal mit Hydraulikflüssigkeit in der Nabenöffnung aufgeweitet. Durch den hydraulischen Druck wird die Welle plastisch verformt, wohingegen die Nabe nur im elastischen Bereich beansprucht wird. Dadurch verbleibt nach der Entlastung in der Fügezone eine Flächenpressung. Dieses Verfahren wird detailliert in der Arbeit von Grünendick [95] beschrieben.

2.4.3.2 Trainieren

Wie bereits beschrieben, kann das Trainieren durch Verdrehen der Baugruppe realisiert werden. Allerdings können auch andere physikalische Effekte, die die Diffusionsvorgänge in der Fügezone fördern, genutzt werden. Beispiele hierfür sind die Erwärmung [94] oder die Erzeugung von elektromagnetischen Feldern, welche bis jetzt nur geringfügig untersucht wurden.

Für das mechanische Trainieren ist die Verdrehgeschwindigkeit, der Weg bzw. Verdrehwinkel aber auch die Richtung und Unterbrechungen der Bewegung von Bedeutung [99][100]. Die optimalen Verdrehgeschwindigkeiten liegen zwischen 300 und 600 °/min. Hierbei sind Unterbrechungen in den Verdrehbewegungen von Vorteil, wie experimentelle Untersuchungen aufzeigen.

In den Untersuchungen von Füssel, Betz, Lipoth und Schnick wurde der Trainiervorgang auf Laborprüfständen durchgeführt. Erst in den letzten Arbeiten wurde eine industrielle Anlage (Abbildung 7) entwickelt, die das Fügen und Trainieren der PV-PLV unter praxisnahen Bedingungen ermöglicht.

Die Fügeteile werden zuerst auf der Anlage eingespannt und anschließend gefügt. Dieser Vorgang kann kraft- oder weggesteuert verwirklicht werden. Danach erfolgt die Prüfung des statischen Moments. Wenn das statische Moment ausreichend groß ist, kann auf den Trainiervorgang verzichtet werden. Ansonsten wird ein Trainierprozess gestartet, der in unterschiedlichen Regimen durchgeführt werden kann. Wenn der Trainiervorgang beendet ist, wird das statische Moment erneut geprüft. Alle oben genannten Vorgänge finden automatisch mit gleichzeitiger Überwachung der Prozessparameter in einem Modul (Abbildung 7) statt.

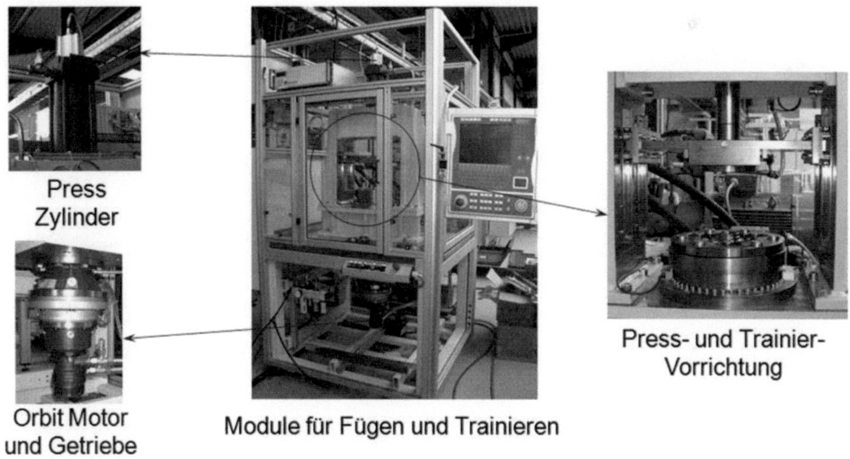

Abbildung 7: Module zum Fügen und Trainieren von PV-PLV [97][98][128]

In der Anlage wurde ein hydraulischer Antrieb verwendet, des weiteren ein Linearzylinder um die Presskraft zu erzeugen und ein hydraulischer Orbit-Motor mit Getriebe, um die

Verdrehungen zu realisieren. Die Bauteile werden in die Press- und Trainiervorrichtung gespannt, welche je nach Sortiment gewechselt werden kann.

Diese Anlage wurde für die in dieser Arbeit präsentierten Ergebnisse verwendet. Dabei wurden die Steuerung und Ablaufprozesse den Anforderungen entsprechend immer weiterentwickelt.

2.5 Zusammenfassung der Literaturauswertung Press-Presslöt-Verbindung

Der Wissensstand zu den PV-PLV wird in der Abbildung 8 zusammengefasst. Die grauen Bereiche sind Bereiche der PV-PLV, welche noch untersucht werden müssen.

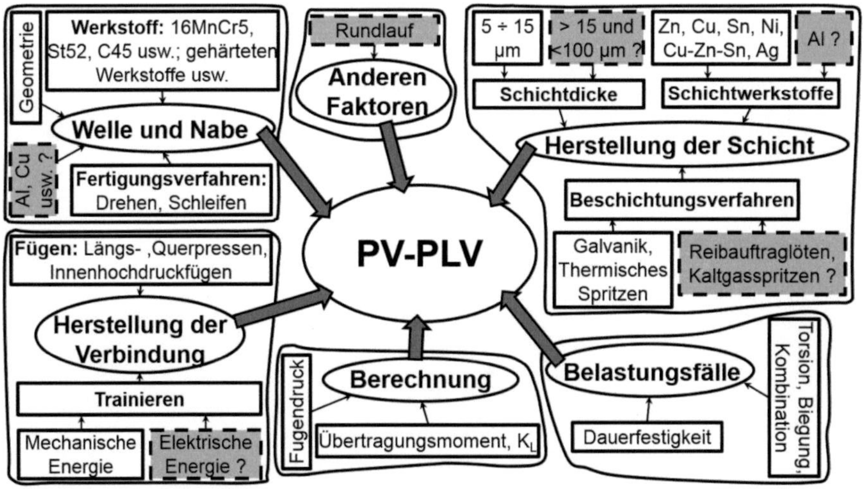

Abbildung 8: Wissensstand der PV-PLV

Diese Arbeit konzentriert sich auf das Beschichtungsverfahren der PV-PLV: Reibauftraglöten und Kaltgasspritzen, wobei das Kaltgasspritzverfahren bereits am Markt angesiedelt ist. Das Reibauftraglöten ist noch unbekannt und wird deshalb im nächsten Kapitel recherchiert.

2.6 Reibauftraglöten

2.6.1 Abgrenzung und Definitionen

„Löten ist ein thermisches Verfahren zum stoffschlüssigen Verbinden und Beschichten von Werkstoffen, wobei eine flüssige Phase durch Schmelzen eines Lotes (Schmelzlöten) oder durch Diffusion an den Grenzflächen entsteht [105]“. Eine Lötverbindung ist dadurch gekennzeichnet, dass „Werkstoffe gleicher chemischer Bindung, jedoch mit unterschiedlicher chemischer Zusammensetzung stoffschlüssig gefügt wurden [87]“. Außerdem besitzt das geschmolzene Lot eine Liquidustemperatur, „die tiefer ist als die Solidustemperatur der/des Grundwerkstoffe(s) [N13]“.

Die DIN 1910-100 [N12] definiert, dass Schweißen ein Fügeprozess ist, „bei dem zwei oder mehr Teile verbunden werden, wobei eine Kontinuität der Werkstoffe der zu verbindenden Teile hergestellt wird, unter Anwendung von Wärme oder Kraft oder beiden und mit oder ohne Schweißzusatzwerkstoff“. Im Gegensatz zu einer Lötverbindung entsteht eine Schweißverbindung nur, „wenn Werkstoffe gleicher chemischer Bindung und gleicher chemischer Zusammensetzung miteinander stoffschlüssig gefügt werden [87]“. Aus dem Unterschied zwischen Löten und Schweißen sowie der Definition des Auftragsschweißens [105], kann das Reibauftragschweißen und Reibauftraglöten wie folgend definiert werden:

- Reibauftragschweißen ist das Beschichten eines Werkstücks durch Schweißen, wobei die Energiequelle Reibung ist. Beim Reibauftragschweißen haben der Beschichtungswerkstoff und der Grundwerkstoff die nahe zu gleiche chemische Zusammensetzung.
- Reibauftraglöten ist das Beschichten eines Werkstücks durch Löten, wobei die Energiequelle Reibung ist. Beim Reibauftraglöten haben der Zusatzwerkstoff und der Grundwerkstoff unterschiedliche chemische Zusammensetzungen. Außerdem ist die Liquidustemperatur des Beschichtungswerkstoffs tiefer als die Solidustemperatur des Grundwerkstoffs.

Reibauftragschweißen und Reibauftraglöten sind Beschichtungsverfahren und haben das gleiche Verfahrensprinzip. Laut Definition ist der Unterschied zwischen den beiden Verfahren die Liquidustemperatur und die chemische Zusammensetzung der Werkstoffe.

Da es keine klare Trennung in der Literatur zwischen beiden Verfahren gibt, wird der Begriff Reibauftragsbeschichten als gemeinsamer Name für beide Verfahren genannt.

2.6.2 Geschichte

In der Steinzeit konnten die Menschen bereits Feuer durch das Schlagen zweier Steine gegeneinander erzeugen. Damals wussten die Menschen nicht, dass dies mittels Reibungsenergie geschah. Eine energetische Aktivierung der metallischen Grenzfläche eines Körpers aufgrund von Reibung wurde bereits Ende des achtzehnten Jahrhunderts erwähnt und im Jahre 1891 in Amerika patentiert [P1]. Damals sollten Drähte durch Reibschweißen miteinander verbunden werden.

Reibauftragschweißen wurde zuerst im Jahr 1941 von Klopstock und Neelands [P2] als ein metallisches Beschichtungsverfahren patentiert. Doch wie bei vielen neuen Ideen, die in der westlichen Hemisphäre konzipiert wurden, blieb diese Technik danach in der Versenkung. Erst in den späten 1950er Jahren wurde der Prozess durch eine Reihe von russischen Arbeiten [1][2][3][5][6] wieder erweckt [21]. Tatsächlich hat Bishop [1] in der Zeitschrift „Welding and Metal Fabrication“ auf die Sanierung von abgenutzten Bauteilen mittels Reibauftragschweißen in der Sowjetunion aufmerksam gemacht. Bis in die 70er Jahre wurde das Reibauftragschweißen hauptsächlich in Osteuropa untersucht [2]…[16]. Das Verfahren wurde dann in den 80er Jahren in Westeuropa weiter erforscht [17]…[21]. Seit Anfang der 90er Jahre bis heute gibt es Untersuchungen über das Reibauftragschweißen weltweit, und zwar: in Großbritannien [21]…[32], in Japan [33]…[54],[84], in Singapur [55]...[58], in Deutschland [59]...[62], in China [63]...[66] und in Indien [67]...[70]. Bevor auf das Reibauftragschweißen bzw. Reibauftraglöten ausführlicher eingegangen wird, sollte ein wichtiger Faktor des Verfahrens, nämlich die Reibung, näher erklärt werden.

2.6.3 Reibung

Bei der Reibung zweier Körper tritt eine der Bewegung dieser Körper entgegen gerichtete Kraft auf. Sie wird als Reibkraft (F_T in der Abbildung 9a) bezeichnet und in Newton (N) angegeben [71].

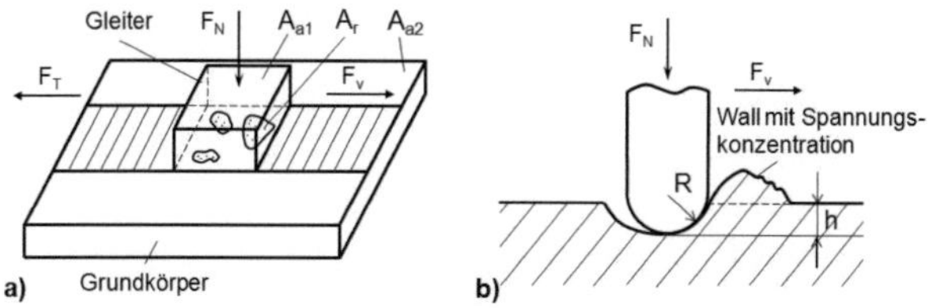

Abbildung 9: Reibung [71]. a) Geometrisches Grundmodell zum Kontakt fester Körper bei der Reibung; b) Kugelmodell für die Deformation

(A_{a1} nominelle Kontaktfläche des Gleiters; A_{a2} nominelle Kontaktfläche des Grundkörpers; A_r reale Kontaktfläche; v Reibgeschwindigkeit; F_N Normalkraft; F_T Tangentialkraft; F_v die Bewegung verursachende Kraft)

Über die Entstehung der Reibkraft gibt es hauptsächlich vier Theorien [72]:

- Geometrische Theorie: Das Entstehen von Reibkräften wird durch ein Überwinden der Mikrounebenheiten erklärt. Es wird angenommen, dass alle Körper absolut hart sind und der Reibwert vom Tangens des Neigungswinkels einer einzelnen Unebenheit bestimmt wird.
- Molekulare (Adhäsions-) Theorie: Das Entstehen von Reibkräften wird durch eine Überwindung der molekularen Wechselwirkungskräfte zwischen zwei Festkörpern erklärt.
- Deformationstheorie: Die Reibkräfte entstehen durch die erforderliche Arbeit zur Deformation eines bestimmten Volumens im Zusammenhang mit dem gegenseitigen Eindringen der Unebenheiten der sich berührenden Körper (Abbildung 9b).
- Kombinierte Theorien: Die oben genannten Reibungstheorien werden kombiniert. Eine der Theorien besagt, dass die Reibkraft als ein Ergebnis der Überwindung von Kohäsionskräften zwischen den Oberflächen und den Mikrounebenheiten aufgefasst werden kann.

Die Theorien haben auch gezeigt, dass die Reibkraft bzw. der Reibungskoeffizient von mehreren Faktoren abhängig sind. In seinem Buch hat Vill' [73] gezeigt, welche Faktoren für das Reibschweißen wichtig sind:

- Die Relativgeschwindigkeit der Reibflächen zueinander;
- Die Temperatur der Reibflächen;

- Die Beschaffenheit des Werkstoffes und das Vorhandensein von Oberflächenfilmen;
- Die Größe der Normalkraft;
- Die Steifigkeit und die Elastizität der Reibflächen.

Das Reibschweißen und Reibauftraglöten besitzen als gemeinsame Energiequelle die Reibung, deshalb sind die oben genannten Faktoren auch wichtig für das Reibauftraglöten.

2.6.4 Verfahrensprinzip

Das Reibauftraglöten und Reibauftragschweißen gehören zur Gruppe des Reibauftragsfügen, wobei das Reibauftragschweißen dem Reibschweißen untergeordnet ist (Abbildung 10).

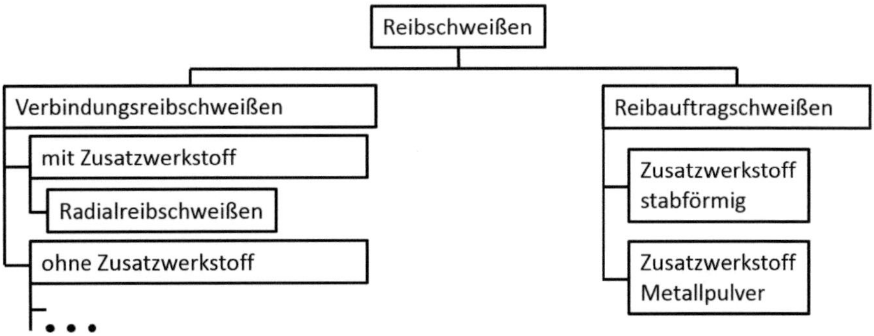

Abbildung 10: Methoden des Reibschweißens von Metallen [75]

Beim Reibschweißen wird die zur Verbindungsbildung notwendige Temperatur durch mechanische Reibung erzeugt. Die Reibung wird durch eine Relativbewegung zwischen einem rotierenden und einem feststehenden Fügeteil unter Einwirkung einer Axialkraft erzeugt [74]. Ähnlich wie beim Reibschweißen wird die Reibung beim Reibauftragschweißen auch durch die Relativbewegung unter Einwirkung einer Kraft hergestellt. Anzumerken ist aber, dass das Reibauftragschweißen eine Beschichtungsmethode ist, bei der der Zusatzwerkstoff auf die Grundoberfläche (Werkstück) aufgetragen wird. In der Abbildung 11a ist ein einfaches Modell des Reibauftragschweißens dargestellt. Der ganze Prozess kann wie folgt beschrieben werden:

- Am Anfang sollte sich der Bolzen drehen. Wenn die nötige Drehzahl (n_B) erreicht ist, fährt der Bolzen in Richtung Werkstück, um einen Kontakt mit der Grundfläche herzustellen. Nun stellt sich eine Anpresskraft (F) in Axialrichtung des Bolzens ein.
- Durch das stetige Drehen und dem herrschenden Druck entsteht Reibungswärme an der Kontaktfläche. Im nahen Oberflächenbereich steigt die Temperatur, was zu einer starken Haftung zwischen den einzelnen Berührungspunkten führt. In dieser Stufe (Vorwärmstufe) ist das Reibauftragschweißen ähnlich dem Reibbolzenschweißen [44].

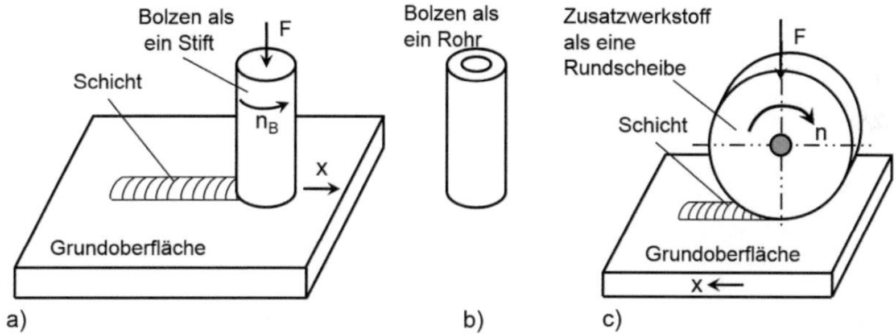

Abbildung 11: Schematische Darstellung des Reibauftragschweißens; a) Bolzen als ein Stift; b) Bolzen als ein Rohr; c) Zusatzwerkstoff als eine Rundscheibe [50]

Das anhaftende Metall wird vom Bolzen abgescherrt und bleibt auf der Werkstückoberfläche zurück. Das kontinuierliche „Rutschen“ unter Druck sowie die Erhöhung des Drehmoments und der Kontaktzonentemperatur führen zu einer Übertragung von größeren Fragmenten bis hin zu einer kontinuierlich plastisch geformten Metallschicht auf der Oberfläche des Werkstücks. Eine dünne Schicht des Zusatzwerkstoffes kann sich dabei an der Grenzfläche ausbilden [77].

In der Abbildung 11c ist das Reibauftragschweißen mit dem Zusatzwerkstoff in Scheibenform dargestellt. Das Prinzip ist gleich dem des Reibauftragschweißens mit einem Bolzen. Der Unterschied ist nur, dass sich die relative Geschwindigkeit an der Kontaktoberfläche ständig ändert, da der Durchmesser der Scheibe immer kleiner wird. Andere Formen des Zusatzwerkstoffs wie z. B. in Form einer Platte oder auch unsymmetrische Geometrien werden in [P12] für das Reibauftragschweißen durch Schwingung erwähnt.

Das Verfahrensprinzip bzw. der Auftragsmechanismus des RAS ist noch in mehreren Beiträgen [21][40][44][56][57][80] erwähnt. In [21][44] wurde die Asymmetrie während des RAS beschrieben, und zwar: In der Vorwärmstufe scheint die Verteilung des Reibmoments, der Temperatur und der plastischen Metallfließlinien auf der Kontaktfläche nahezu symmetrisch zum Drehmittenpunkt des Bolzens zu sein. Die Verteilung der linearen Geschwindigkeit entlang des Durchmessers sowie senkrecht zur Bolzenachse in dieser Phase ist in der Abbildung 12a dargestellt.

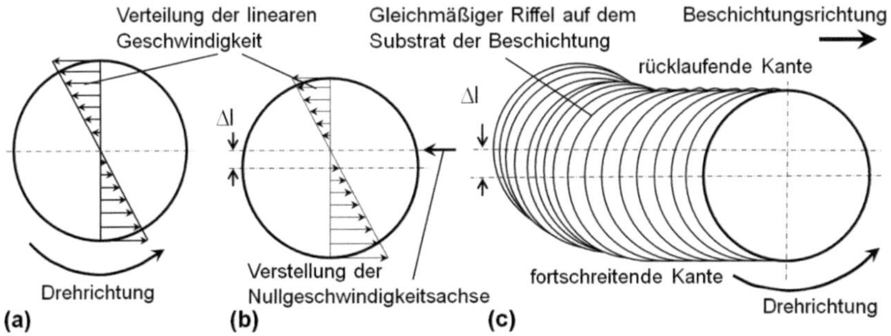

Abbildung 12: Schematische Darstellung der Verstellung der Nullgeschwindigkeitsachse (a) Anfangsposition; (b) während des Reibauftragschweißen-Prozesses; (c) Asymmetrie im Reibauftragschweißen-Beschichtungsmechanismus [44]

Im Bolzenmittelpunkt ist die relative Geschwindigkeit zum Werkstück null. Das Bolzenmaterial geht in den plastischen Zustand über und wird auf dem Werkstück symmetrisch abgeschieden. Sobald auf das Werkstück ein Vorschub einwirkt, verschwindet diese symmetrische Verteilung der relativen Geschwindigkeit und der Beschichtungsmechanismus ändert sich. Die Nullgeschwindigkeitsachse verschiebt sich wie in der Abbildung 12b relativ um einen Abstand Δl aus dem Drehmittelpunkt des Bolzens nach rechts. Δl hängt dabei von der Bolzendrehgeschwindigkeit, der Vorschubgeschwindigkeit des Werkstücks und dem Bolzenmaterial ab [21][44]. Die Asymmetrie der relativen Bolzengeschwindigkeit führt zu einer asymmetrischen Verteilung der Reibungskraft über die Kontaktfläche. Folglich wird die Beschichtungsmittellinie aus ihrer Ausgangsposition in der Vorwärmstufe (als der Bolzen stationär war) versetzt. Die relative Bewegung des Drehbolzens mit Bezug auf das Werkstück ist an beiden Rändern der Beschichtung sichtbar, und wird dementsprechend als fortschreitende und rücklaufende Kante bezeichnet.

Um die Abscheidung des Bolzenmaterials besser verstehen zu können, haben einige Autoren [21][40][44] andere Metalle, zur besseren Unterscheidung der entstehenden Schichten, in den Bolzen eingebracht. Dieser Zwei-Komponenten-Bolzen enthielt einen

Stift mit dem Durchmesser d_B und einen Bolzen mit dem Durchmesser D_B ($D_B > d_B$). Der Stift wurde axial und außermittig [21] oder mittig [40][41] in den Bolzen gesetzt (s. Abbildung 13).

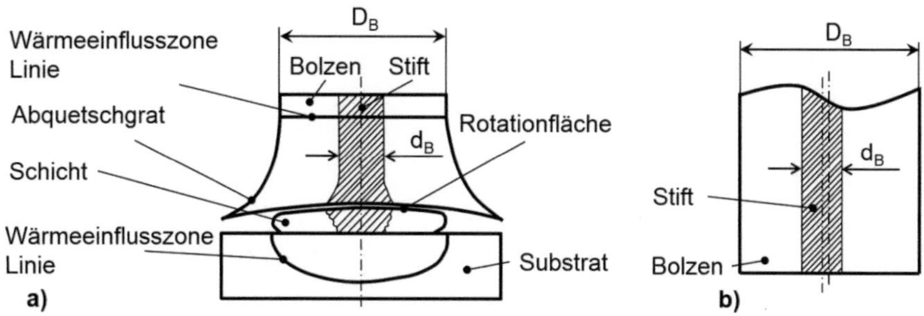

Abbildung 13: Plastisches Fließen und Bolzengeometrie a) mittig [40][41]; b) außermittig [21]

Das Material des Stiftes bildete sich als Festphasen-Dispersion von separaten Schichten innerhalb der Hauptschicht, bestehend aus Bolzenmaterial, aus. Die Anwesenheit dieser Lamellenschichten wurde in gewisser Weise in der Arbeit von Boldyrev und Voinov [80] bestätigt. Die Stiftsmaterialschicht innerhalb der Hauptschicht des Bolzenmaterials bleibt als separate Festphasen-Einheit bestehen. Dieses Verhalten kann mit einem hydrodynamischen Lager verglichen werden. Flüssige Bewegungen in einem realen hydrodynamischen Lager erfolgen in einer Reihe von unendlichen leicht trennbaren Schichten, die frei übereinander gleiten. Um einen ähnlichen Effekt beim Reibauftragschweißen erzielen zu können, müssen die plastischen Schichten auch fast fließend sein [21].

In [56][57] wurde der Auftragsmechanismus anders formuliert. Beispiel hierfür ist die Beschichtung von Baustahl und Edelstahl auf einem Aluminiumlegierung-Werkstück. Während der Drehung des Bolzens auf dem stationären Werkstück wurde der Baustahlbolzen durch die direkte plastische Verformung abgeschieden und floss auf das Werkstück. Die Beschichtung des Werkstücks mit dem Edelstahlbolzen wurde durch die Delaminierung und das Wälzen der delaminierten Stahloberfläche auf dem Werkstück realisiert (Abbildung 14b).

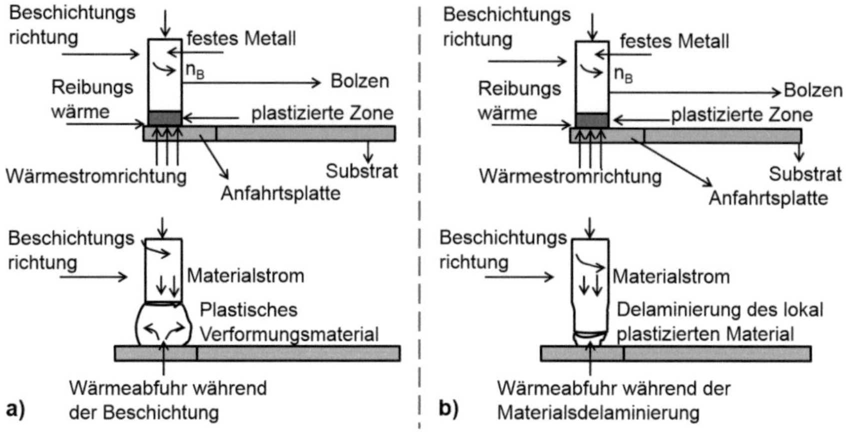

Abbildung 14: Denkbarer Mechanismus des RAS a) Baustahlbolzen; b) Edelstahlbolzen [57]

Im Fall von Baustahl (Abbildung 14a) verursacht die zwischen den Oberflächen erzeugte Reibungswärme die lokalisierte Erweichung und die Plastizität des Baustahls. Wenn der Wärmestrom in die Atmosphäre abfließen will, wird er durch das plastizierte Bolzenmaterial (dieses wirkt als Barriere für den Durchfluss der Wärme an den Seiten) blockiert. Die durch Reibung erzeugte Wärme wird über das Bolzenmaterial geleitet, damit der Bolzen in diesem Prozess weiter erweicht. Dies erleichtert das Abwärtsfließen von Material und Bolzen. In Kombination mit dem linearen Vorschub des Bolzens führt dieser Effekt zur Bildung des plastischen Fließens von Stahl auf der Oberfläche. Das Aluminium, was hypothetisch betrachtet erhitzt worden ist, wird durch den plastizierten Stahl, der in die Aluminium-Matrix Furchen eingräbt, verformt. Beim Edelstahlbolzen wird das Material während des Reibauftragschweiß-Prozesses nicht als kontinuierlicher Strom übertragen. Die Edelstahlbolzenoberfläche scheint zu delaminieren, wobei diese delaminierte Schicht aufgewalzt wird, bevor die notwendige Plastizität, welche für das Fließen auf das Werkstück unter der Einwirkung von einer linearen, von außen eingebrachten, Vorschubgeschwindigkeit nötig ist, erreicht wird. Dies führt zur Bildung einer dünnen Filament-Struktur, die unter der Wirkung des Reibauftragschweiß-Drucks und der Hitze gebildet wird und eine unebene Beschichtung auf dem Aluminium bildet. Der Grund für den Unterschied zwischen den beiden Mechanismen liegt im Härteunterschied der Bolzen.

Das Reibauftragschweißen kann dabei nicht nur auf prismatischen Oberflächen, sondern auch auf zylindrischen Oberflächen (Abbildung 15) angewendet werden.

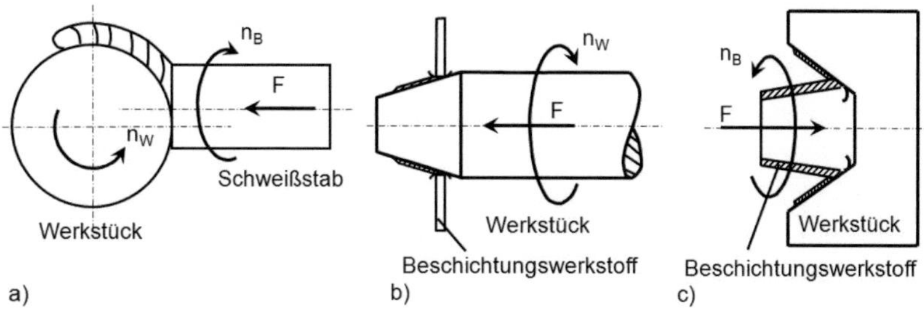

Abbildung 15: Reibauftragschweißen auf der zylindrischen Oberfläche; a) [3]; b) und c) [P10]

Der aufzutragende stabförmige Schweißstab wird in Rotation (n_B) versetzt und mit einer bestimmten Kraft F auf das Werkstück gepresst (Abbildung 15a). Gleichzeitig wird das zylindrische Werkstück mit n_W in Drehung versetzt. Die Reibung und die gleichzeitige Bewegung des Schweißstabs in Werkstücklängsrichtung führen zur Erwärmung und zur Ausbildung einer dünnen Schicht. Bei einer konischen Werkstückoberfläche (Abbildung 15b und c) kann die Drehbewegung eingespart werden.

Neben dem Reibauftragschweißen durch Zusatzstäbe ist auch das Aufbringen von Schichten mit granuliertem Material als Ausgangsmaterial möglich. Die prinzipiellen Möglichkeiten werden in der Abbildung 16 schematisch dargestellt [76] [78]. Grundbedingung für dieses Prinzip des Reibauftragschweißens ist, dass Werkstück- und Werkzeugmaterial einen höheren Schmelzpunkt aufweisen als das aufzutragende Material. Unter dem Einfluss des Drucks verschiebt und verdichtet sich das aufzutragende Granulat, erwärmt sich schnell (agglomeriert) und bildet die Auftragsschicht. Dies wird in der Abbildung 16a, wo die Metallschicht auf die Stirnfläche des Werkstücks 1 aufgetragen werden soll, dargestellt.

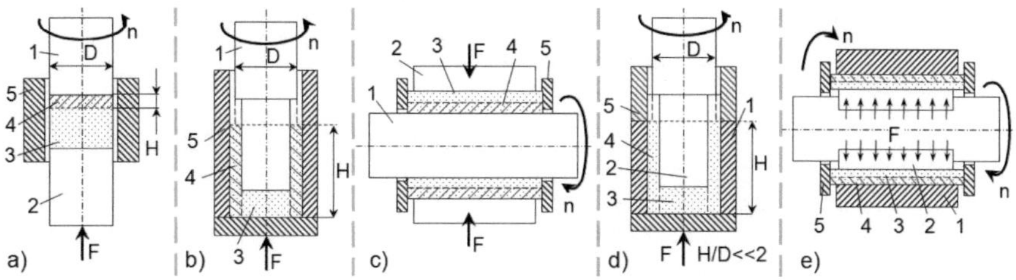

Abbildung 16: Reibauftragschweißen mit granuliertem Ausgangswerkstoff [76][78]

a) auf Stirnflächen; b), c) auf Außenflächen; d), e) auf Innenflächen; n: Umdrehung; F: Arbeitsdruck; H: Höhe der Auftragsschicht; 1-Werkstück; 2-Werkzeug; 3-aufzutragener Werkstoff; 5-Vorrichtung

Es wird zunächst in die Vorrichtung (5) das notwendige Volumen des aufzubringenden Metalls oder der Legierung (3) eingebracht. Danach wird das Werkstück (1) eingeführt. Durch Zustellen des Werkzeugs (2) wird eine Vorverdichtung des aufzutragenden Materials erreicht. Die anschließende Drehung des Werkstücks (1) bei gleichzeitiger Druckaufbringung durch das Werkstück (2) führt zu einer intensiven Reiberwärmung. Hat das Werkzeug (2) die vorgewählte Stellung H erreicht, wird die Drehbewegung unterbrochen und die aufgetragene Schicht unter den Bedingungen einer allseitigen Verdichtung erkaltet, wodurch eine hohe Festigkeit erbracht und gute Schichteigenschaften gewährleistet werden können.

Das Verfahrensprinzip der 3 Arten des Reibauftragschweißens kann in der Tabelle 2 zusammengefasst werden.

Tabelle 2: Haupteigenschaft der unterschiedlichen Reibauftragsschweißverfahren

	1. RAS auf prismatische Fläche	**2.** RAS auf zylindrische Fläche	**3.** RAS mit granuliertem Material
Zusatzwerkstoff	Zylindrische Form	Zylindrische Form	Pulver
Substrat	Prismatische Fläche	Zylindrische Fläche	Zylindrische Fläche, Stirnfläche
Kinematik des Zusatzwerkstoff	Rotation oder Schwingung	Rotation oder Schwingung	Rotation des Werkzeugs
Kinematik des Substrates	Translation	Rotation oder Rotation mit Translation	Rotation
Art der Kontakt	Flächenkontakt	Linienkontakt bis Flächenkontakt	Zylindrische Flächenkontakt
Kontaktdruck bei gleichen F, d_B	mittel	groß	klein
Prozessparameter	n_B, F, v	n_B, n_W, F, v_{WX}, e, DR	n_B, n_W, F, DR
Handhabung	einfach	einfach	kompliziert

Aus der Tabelle 2 ist klar zu sehen, dass es bedeutende Unterschiede zwischen RAS auf prismatischer und auf zylindrische Fläche gibt.

Für die Beschichtung einer zylindrischen Fläche mit einem Bolzen ist das Reibauftragschweißen durch die einfache Handhabung, bzw. da keine aufwändige Vorrichtung benötigt wird und nur eine kleine Prozesskraft vorliegen muss, am besten geeignet. Dieses Verfahren wurde noch nicht ausreichend untersucht. Das bedeutet auch, dass das Reibauftraglöten hinsichtlich der Beschichtung einer zylindrischen Fläche untersucht werden muss.

2.6.5 Bindemechanismus

Der Bindemechanismus zwischen Schicht und Werkstück wird unterschiedlich erklärt. Seit 1985 hat Bedford [20] bewiesen, dass die Mischschicht an der Grenzfläche zwischen der Beschichtung und dem Werkstück ungefähr 10 µm stark ist. Dieses Ergebnis wurde später durch Dunkerton [81] nochmal bestätigt. Fast 10 Jahre später hat Batchelor [55] durch seine Ergebnisse beim Reibauftragschweiß-Beschichten von Edelstahl, Aluminiumlegierung und Messing auf Baustahlwerkstücken jedoch aufgezeigt, dass keine Vermischung zwischen dem Beschichtungsmaterial und dem Werkstück nachgewiesen werden konnte. Laut seiner Untersuchungen muss die Grenzschicht zwischen zwei Materialien weniger als 1 µm dick sein. Der Grund hierfür kann sein, dass die Dicke dieser Grenzschicht abhängig vom Kontaktdruck zwischen dem Bolzen und dem Werkstück während des Reibauftragschweißens ist. Ein deutlich höherer Kontaktdruck wurde in einem früheren Beitrag [81] angewendet. Durch eine Erhöhung des Kontaktdrucks ist zu erwarten, dass die plastische Verformung und die Vermischung, an der Grenzfläche zwischen dem Werkstück und der Beschichtung, verstärkt werden. Außerdem wurde in [56] gezeigt, dass die Legierungselemente bei der Phasenbildung eine Rolle spielen. Diese Legierungselemente benötigen für diese Reaktion höhere Temperaturen. Außerdem fördern die plastische Verformung und die Wärme ein Einwandern der Legierungselemente in die Oberfläche, wobei diese dann als Reaktionsbarriere zwischen dem Beschichtungsmaterial und dem Werkstück wirken.

Die Entstehung der Mischschicht entlang der Grenzfläche und einiger Phasenbildungen wurde durch mehrere Beiträge [57][58][67][69][70] später noch bestätigt.

In [56][57] wurde weiterhin gezeigt, dass der Verbindungsmechanismus nicht nur aus der stoffschlüssigen Verbindung, sondern auch aus einer mechanischen Verbindung besteht. Hier weist beispielweise die Beschichtung von Baustahl auf ein Aluminiumlegierung-Werkstück eine gute Bindung durch das mechanische Verhaken auf. Dieses Verhaken wurde durch die Verformung des Stahls und die Furchenbildung, welche zur Baustahl-Unebenheit führt, im Aluminium gebildet. Aber es gibt auch den Fall bei der Beschichtung von Edelstahl auf Aluminiumlegierung, wo es keine eindeutigen Beweise für ein mechanisches Verhaken gibt, sondern eine gewalzte Struktur vorliegt. Hier sorgt der Härteunterschied zwischen Baustahl und Edelstahl dafür, dass der Edelstahl nicht so leicht in das Werkstück fließt. Dieses mechanische Verhaken wurde dann auch in den neusten Beiträgen von Khalid Rafi [69][70] bestätigt.

Bisher wurde nur der physikalische Mechanismus des Reibauftragschweißens für die Beschichtung auf der ebenen Oberfläche untersucht. Da es Unterschiede zwischen Reibauftragschweißen auf der prismatischen und zylindrischen Fläche (Tabelle 2) sowie zwischen Reibauftragschweißen und Reibauftraglöten (2.6.1) gibt, ist es notwendig, den physikalischen Mechanismus des Reibauftraglöten auf zylindrischer Fläche zu klären.

2.6.6 Parameter

Bisher wurde in der Literatur über Prozessparameter für das Reibauftragschweißen diskutiert. Als wichtigste Prozessparameter wurden Anpresskraft, Bolzendrehzahl und Vorschub des Werkstücks in [21][26][27][30][35][55][57][60][83] erwähnt. Außerdem wurde der Bolzendurchmesser als wichtiger Parameter in [82] genannt. Für eine zylindrische Grundoberfläche gibt es in [3] noch mehrere Prozessparameter wie: Exzentrizität, Drehrichtung, Längsvorschub des Bolzens und das „d:D"-Verhältnis. In der Abbildung 17 sind die Prozessparameter bzw. Eingangs- und Ausgangsgrößen in einer Überblickdarstellung und in Anlage 1 die untersuchten Parameter zusammengefasst.

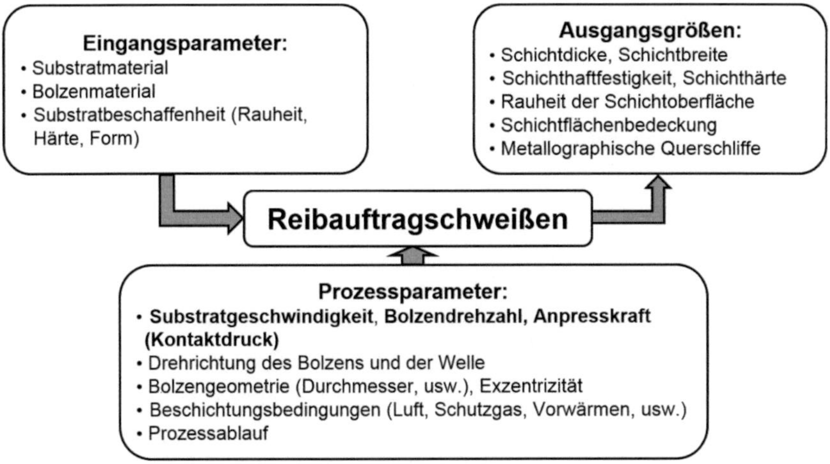

Abbildung 17: Parameter des Reibauftragschweißen

Hier ist zu erkennen, dass die meisten untersuchten Werkstückmaterialien Baustahl, un- oder niedriglegierter Stahl, in einigen Fällen aber auch rostfreier und säurebeständiger Stahl, Aluminiumlegierungen oder Magnesiumlegierungen sind. **Die Form des Werkstücks ist in den meisten Fällen eine Platte.** Der Bolzen ist normalerweise stiftförmig, aber das eingesetzte Bolzenmaterial ist sehr unterschiedlich. Es wurden hauptsächlich Stahl- und Aluminiumlegierungen, welche gute Festigkeiten und Schleifbeständigkeiten haben, eingesetzt. Die Bolzendrehzahl wurde im Bereich von 330 bis 6000 Umdrehung pro Minute und die Anpresskraft in einem großen Bereich von 5,5 MPa bis 150 MPa, beides abhängig von der Härte des Bolzenmaterials, variiert. Die Werkstückgeschwindigkeit variiert dabei zwischen 0,1 und 19 mm/s. **Die erreichbaren Schichtdicken liegen im Bereich von 0,2 bis mehreren Millimetern.**

Es ist zu bemerken, dass in [61] Zink als Bolzenmaterial für die Beschichtung auf Stahlsubstrat eingesetzt wurde. In diesen Fall ist das Beschichtungsverfahren das Reibauftraglöten. Es wurde herausgefunden, dass bei einer Anpresskraft von bis zu 2 kN und einer Drehzahl von bis zu 2750 U/min (entspricht einer Umfangsgeschwindigkeit von bis zu 6,4 m/s) sich, in Verbindung mit einem Vorwärmen der Versuchsbereiche auf ca. 100 °C, sowie des Zinkbolzens auf ca. 250 °C, kontinuierlich abgeriebene Zinkschichtdicken zwischen 10 µm und 200 µm erzeugen lassen. **Diese Schicht ist im Vergleich zu den anderen Literaturen dünn, jedoch wurde nur die Kante des Werkstücks beschichtet. Außerdem wurde die zylindrische Fläche des Bolzens als Kontaktfläche genutzt.**

Ein interessanter Prozessparameter für das Reibauftragschweißen auf zylindrischem Werkstück (s. Abbildung 15a) wurde in [3] erwähnt. Hierbei soll die Bolzendrehzahl n_B = 1500 - 4000 U/min, Werkstückdrehzahl n_W = 0,2 - 0,3 U/min, Anpressdruck p = 30 - 80 MPa und Verhältnis d_B = (2/3) D_W betragen. **Dabei werden diese Empfehlungen ausschließlich für das Reibauftragschweißen zum Auftragen von Stahl auf Stahl erwähnt. Außerdem liegt die erreichte Schichtdicke im Millimerterbereich. Zu beachten ist auch, dass hier das Bolzenmaterial im Vergleich zum Werkstückmaterial härter ist.**

Der Einfluss der Prozessparameter auf die Ausgangsgrößen ist sehr unterschiedlich. Die Bolzendrehzahl wirkt sich stark auf die Ausgangsparameter aus, und zwar führt die Vergrößerung der Bolzendrehzahl zur Verringerung der Schichtdicke und der Schichtbreite [21][31][33][34][35][36][37][41][47][63][68][P7], aber die Schichtoberfläche wird glatter [21]. Außerdem wird die Wärmezufuhr in das Werkstück und den Bolzen durch die Steigerung der Bolzendrehzahl verringert [35]. Nicht ganz so deutlich, wie bei der Drehzahl, wirkt sich die Erhöhung der Anpresskraft aus. Dies führt zu einer breiteren [47][63], aber trotzdem dünneren Schicht [48][63]. Die Bolzendrehzahl und Anpresskraft beeinflussen die Kontaktfläche, die sich während der Rotation, ergibt. Dieser

Zusammenhang wurde in [40][41] bereits untersucht. Es wurde festgestellt, dass je größer die Anpresskraft ist, desto größer ist die reale Kontaktfläche. Jedoch resultiert aus einer Vergrößerung der beiden Parameter (Bolzendrehzahl und Anpresskraft) eine Verringerung der realen Kontaktfläche. Die Werkstückgeschwindigkeit (Vorschub) spielt auch eine Rolle für die Schichtqualität. Wird der Vorschub gesteigert, verkleinern sich die Schichtdicke [50][52][63][68][P7] und die Schichtbreite [52][63][69]. Aber ein größerer Vorschub bringt eine gute defektfreie Beschichtung [70]. Der Vorschub beeinflusst auch die Mikrohärte in der Nähe der Grenzoberfläche, beim kleineren Vorschub wird diese Mikrohärte größer [70].

Die Materialeigenschaft nach dem Beschichten wurde in mehreren Beiträgen beschrieben. Der erste Faktor ist die Mikrohärte. Zu ihr gibt es zwei unterschiedliche Meinungen. In [48][49] wurde herausgefunden, dass die Mikrohärte der Beschichtung gleich der des Bolzens ist. Aber in [51][70] wurde geschrieben, dass die Beschichtung, wegen der martensitischen Mikrostruktur, härter ist als das Bolzenmaterial [70]. Dies kann aus den unterschiedlichen Bolzenmaterialien (Aluminiumlegierung 2017 in [48][49], Magnesiumlegierung AZ91 in [51] und Werkzeugstahl 40CrMoV5-1 in [70]) und den erreichten Kontakttemperaturen resultieren. Der zweite Faktor ist das Mikrogefüge. Die Schicht hat ein feineres Mikrogefüge als der Bolzen und das Werkstück [29][50][51]. Das Reibauftragschweißen erzeugt ein besonderen Effekt, da hier, während der Bearbeitung, die harten Partikel im Bolzenmaterial gebrochen werden [29][67]. Der dritte Faktor ist die Wärmeeinflusszone (WEZ) innerhalb des Werkstücks. Die Tiefe der WEZ ist abhängig von der Temperatur an der Kontaktoberfläche und eventuell von der Werkstückgeschwindigkeit [29]. Die WEZ ist kleiner, wenn die Bolzendrehzahl groß ist [35]. Der vierte Faktor ist die Haftfestigkeit. [68] zeigt auf, dass dünne Schichten besser als dicke Schichten haften.

Ein sehr wichtiger Faktor des Reibauftragschweißens ist die Wärme. Die ersten Untersuchungen diesbezüglich wurden 1994 durch Shinoda u.a. [35] durchgeführt. Beim Beschichten des SUS440C auf der Platte SM490A durch das Reibauftragschweißen mit Bolzendrehzahlen im Bereich von 800 bis 2000 U/min und Anpressdrücken von 30, 50 und 93 MPa hat er eine Energiegleichung für die Wärmezufuhr beim Reibauftragschweißen erstellt, sie lautet:

$$N = \frac{\pi^2 kpB}{30n}(J/s)$$ **Gleichung 7 [35]**

(N - Energiezufuhr, n - Bolzendrehzahl, p - Anpressdruck, B - Schichtbreite, k - Materialkonstante)

Zehn Jahre später haben Liu u.a. [63] die Gleichung 7 erweitert. Mit dieser kann nun ein Prozessfaktor n*F (n - Bolzendrehzahl, F - Anpresskraft) im Zusammenhang mit den thermischen Parametern nachgebildet werden (Gleichung 8).

$$nF = k\frac{160R\sqrt{\lambda C_1}T_p}{\eta_1 \mu\sqrt{\pi}\sqrt{t_p}}$$ **Gleichung 8 [63]**

(R – Bolzendurchmesser, λ - Wärmeleitfähigkeit, C_1 - spezifische Wärmekapazität des Bolzens, T_p – Plastifizierungstemperatur des Bolzenmaterials, t_p - Vorwärmenzeit, η_1 - die Wärmeverteilungsrate im Bolzen, k – Korrekturfaktor, μ - Reibkoeffizient zwischen Bolzen und Werkstück)

Die Temperaturverteilung wurde nicht nur durch das analytische Verfahren, sondern auch durch experimentelle Messungen, festgestellt. Fahridin u.a. [54] haben Thermoelemente benutzt, um die Temperaturverteilung im Bolzen und Werkstück während des Prozesses zu messen. Thermoelemente wurde in der Mitte des Bolzens in Axialrichtung am Bolzenmantel und unterhalb vom Werkstück positioniert.

Die experimentellen Messungen können nicht das ganze Bild der Temperaturverteilung zeigen, weshalb der Wärmestrom des Prozesses simuliert wurde. Die Basis für die Simulation ist ein physikalisches Modell für Reibauftragschweißen, welches durch Liu u.a. in [64] erstellt wurde. Dieses Modell des Reibschweißens zeigt, dass eine Schmelze am Bolzenende theoretisch möglich ist. Das Material an der Kontaktstelle ist plastisch und verhält sich wie eine Quasi-Flüssigkeit. Auf Grund seiner Theorie hat Liu in [65] das Finite Different Modell (FDM) angewendet, um das Temperaturfeld des Bolzens zu simulieren. Die Simulation hat gezeigt, dass bevor die Reibungsvorwärmephase abgeschlossen ist, das Temperaturprofil in radialer Richtung des Bolzens eine "M"-Figur aufweist. Im Gegensatz dazu, zeigt das Temperaturprofil, nach Abschluss der Reibungsvorwärmephase, in radialer Richtung eine "V" Figur. Außerdem konnten die, entsprechend der Beziehung zwischen Vorwärmezeit und dem dazu passenden Faktor „nF" resultierenden Kurvenverläufe durch das Simulationsprogramm berechnet werden, was eine realitätsnahe technische Orientierung ermöglicht. Zwei Jahre später wurde das Temperaturfeld des Werkstücks durch Liu in [66] simuliert. Diese Simulation unterstützt die Untersuchung von Qualität der Beschichtung. In der neuesten Untersuchung hat Vitanov u.a. [32] versucht, das thermische Feld des Mikro-Reibauftragschweißens während der Erwärmungszeit und Auftragszeit mit Hilfe der Finite-Elemente-Methode (FEM) zu beschreiben. Die Fehler zwischen den experimentellen und simulierten Ergebnissen betragen 18 %, wobei der größte Fehler sich an der Stelle der geometrischen Änderung des Werkstücks befindet.

Reibauftragschweiß-Untersuchungen wurden nicht nur an der Luft durchgeführt, sondern auch in anderen Atmosphären. Als erstes wurde das Reibauftragschweißen in Flüssigkeiten [42][44][60] (Warmwasser) durchgeführt. Die Ergebnisse in [42][44] haben gezeigt, dass die Schichtbreite weniger groß als die Schichtbreite an der Luft ist, und die Schichtdicke in Wasser kleiner als die Schichtdicke in der Luft ist. Die Mikrohärteverteilung der Schicht zwischen der Mitte der Zone und der Randzone ist gleichmäßiger als beim Reibauftragschweißen in Wasser. Als zweites wurde das Reibauftragschweißen unter Stickstoff durchgeführt [55]. Es scheint möglich zu sein, eine starke haftende Beschichtung, unter der Voraussetzung einer hohen Drehzahl des Bolzens, ohne die Notwendigkeit einer Schutzgasatmosphäre, herzustellen. Die Verwendung von einem Schutzgas wie Stickstoff verbessert dabei nicht die Qualität der Beschichtung und führt zudem noch zu vermehrten Schwierigkeiten. Die Zuführung von Stickstoff ließ den Bolzen kalt werden, was zu einer Behinderung des Reibauftragschweiß-Vorganges führte. Als drittes wurde das Reibauftragschweißen im Argon [57] durchgeführt.

Außer den oben genannten Parametern wurden noch weitere Parameter betrachtet. Als einer davon ist der Einfluss der Kantenvorbereitung beim Beschichten der Oberfläche mit Stufe [38][39] zu beachten (Abbildung 18).

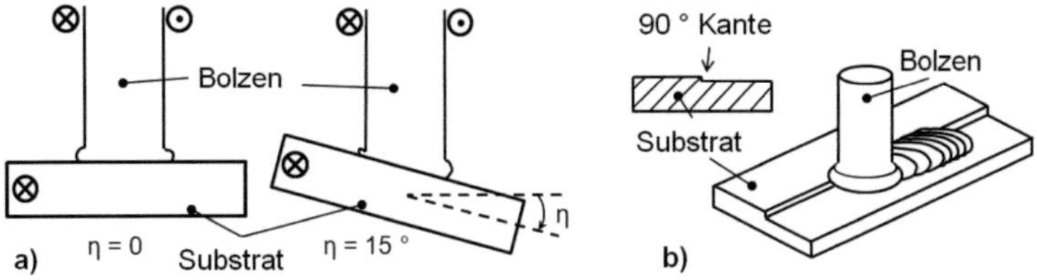

Abbildung 18: (a) Neigungswinkel [23] und (b) Kantenvorbereitung [39]

Es wurde festgestellt, dass eine 90°-Kante (Abbildung 18 b) zu empfehlen ist. Der Neigungswinkel η (s. Abbildung 18 a) hat Einfluss auf die Haftfestigkeit, die Schichtdicke und die Schichtbreite [23]. Normalerweise ist dieser Winkel gleich Null, in diesen Untersuchungen wurde dieser Winkel zwischen 0 ° und 15 ° variiert. Das Ergebnis hat gezeigt, dass ein Neigungswinkel von Null Grad eine gute Haftung, aber auch Risse, bringt.

Das Reibauftragschweißen wurde nicht nur für Monoschichten, sondern auch für Multischichten untersucht [49]. Die zweite Schicht ist auf die erste Schicht, unabhängig von der Phasenrichtung, aufgebracht. Der unvollständig geschweißte Bereich am Rand der ersten Schichtlage verschwindet aufgrund der zweiten Schichtlage.

Für das Reibauftragschweißen wurden die oben genannten Prozessparameter sowie ihre Einflüsse auf die Ausgangsparameter hinsichtlich des Auftrags des Stahlwerkstoffs oder des Legierens auf einer Metallsubstrat-Platte untersucht. Zum Auftragen des Nichteisenmetalls auf zylindrischer Stahlfläche gibt es derzeitig keine Untersuchungen hinsichtlich der Prozessparameter des Reibauftraglötens.

2.6.7 Anwendungsbereich

Die hauptsächlichen Anwendungsgebiete des Reibauftragsbeschichtens sind im Bereich der Materialtechnik, der Oberflächentechnik aber auch der Instandsetzung zu sehen. Die Oberflächen sind mit bestimmten Eigenschaften, wie z. B. Härte, Schleifbeständigkeit, Korrosionsbeständigkeit, Hochtemperaturfestigkeit, herzustellen. Als Beschichtungsverfahren wurde das Reibauftragschweißen in mehreren Bereichen eingesetzt. Eine konkrete industrielle Anwendung ist in der Herstellung einer Messerschneidkante zu sehen [25][P7]. Hier wurde eine schleifbeständige Legierung gleichzeitig auf mehreren Blechkanten aufgetragen, welche später die Messerschneidkante bilden. Das Messer wird schärfer als beim konventionellen Herstellungsverfahren sein. Weitere Anwendungen könnten in der Beschichtung von Mäherelementen [P4], der Beschichtung auf der ebenen Kreisfläche bei der Herstellung von Bremsenscheiben [P8], in der Herstellung einer Hinterkante bei Dampfturbinenschaufeln [P11] (s. Abbildung 19 rechts) (hier wurde Material direkt auf der Kante aufgetragen) und in der Herstellung von lokalen harten Oberflächen [P9], liegen.

Durch das Reibauftragschweißen kann die Dauerfestigkeit erhört werden, was in [45] beschrieben wurde. Hier wurde die Kehlnaht (14 mm x 14 mm) mit dem Material JIS YG W11 durch das Reibauftragschweißen beschichtet (s. Abbildung 19 Mitte), wodurch die Dauerfestigkeit deutlich gestiegen ist.

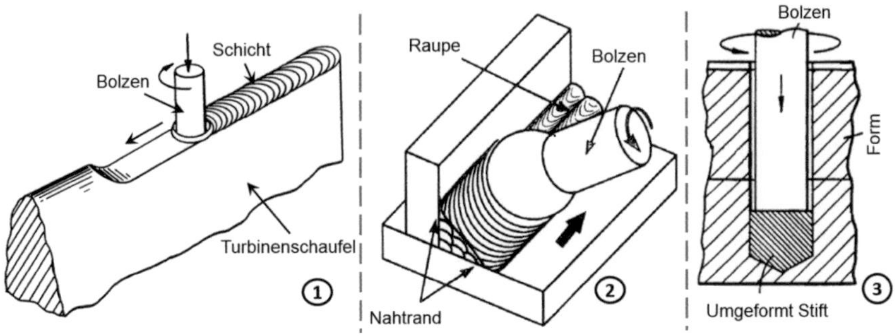

Abbildung 19: Anwendungsbeispiele des Reibauftragschweißens; (1) [P11]; (2) [45]; (3) [P13]

Das Reibauftragschweißen kann zur Beseitigung von Spannungskorrosionsrissen und Mikrorissen genutzt werden [46][P16]. In [46] hat Yamashita u. a. das Reibauftragschweißen bei der Reparatur eines Generators in einem Atomkraftwerk vor Ort eingesetzt. Das Material zur Herstellung von Kernkraftwerken altert durch die Einwirkung von Hitze und radioaktiver Strahlung stark, wodurch die Zähigkeit und Dehnungsfähigkeit der Materialien stark zurückgeht. Dabei kommt es zur Entstehung oben genannter Risse. Durch das Reibauftragschweißen konnten die Risse ohne Wärmeeinwirkung beseitigt werden.

Weiterhin ist es interessant, dass das Reibauftragschweißen für die Herstellung von Metall-Matrix-Verbundwerkstoffen [43][52][53][67] eingesetzt wurde.

Außerdem wurde das Reibauftragschweißen zum spanlosen Umformen (s. Abbildung 19 rechts) angewendet [P13]. Hier wurde das plastische Material durch das Reibauftragschweißen erzeugt, welches dann in die Form fließt und ein umgeformtes Werkstück erzeugt.

2.6.8 Zusammenfassung der Literaturauwertung Reibauftraglöten

Der Wissenstand des Reibauftragsbeschichtens wird in der Tabelle 3 zusammengefasst.

Tabelle 3: Wissenstand des Reibauftragsbeschichtens

	RAS	**RALö**
Verfahrensprinzip	Benutzt Reibung als Energiequelle für das Beschichten (Schweißprozess)	Benutzt Reibung als Energiequelle für das Beschichten (Lötprozess)
Zusatzwerkstoff	Stahl, Messing und Aluminiumlegierung usw.	Zink → **Wunsch: weitere niedrigschmelzende Werkstoffe (Al, Cu)**
Substrat	- Werkstoff: Baustahl, un- oder niedriglegierter Stahl, Aluminiumlegierung usw. - Form: prismatische und **kaum zylindrische Fläche**	- Werkstoff: Baustahl - Form: prismatische Fläche → **Wunsch: zylindrische Form**
Kinematik des Zusatzwerkstoff	Hauptsächlich: Rotation	Rotation
Kinematik des Substrates	Hauptsächlich: Translation	Translation → **Wunsch: Rotation**
Prozessparameter	n_B = 330 ÷ 6000 U/min p = 5,5 ÷ 150 MPa v_{Wx} = 0,1 ÷ 19 mm/s	n_B = 2750 U/min; v_{Wx} = 6,4 m/s; F = 2000 N bei Zink auf Platte **Keine Untersuchung für die Beschichtung des Nichteisenmetalls auf zylindrische Form**
Einfluss des Prozessparameter	Große n_B → kleine B & H Große F → kleine H, große B Großer v_{Wx} →kleine B & H	**kaum Untersuchung**
Schichtdicke	0,2 ÷ mehreren Millimetern	10 ÷ 200 μm bei Zink
Haftfestigkeit	300 ÷ 900 MPa	**keine Untersuchung**
Bindemechanismus	Mischschicht an der Grenz und mechanische Verhaken	**keine Untersuchung**
Anwendungsbereich	Oberflächenschutz	Oberflächenschutz → **Wunsch: Schichten zur Herstellung der PV-PLV**

Aus dieser Tabelle und der Literatur werden die Vorteile des Reibauftragsbeschichten gelistet. Diese sind:

- Geringere Wärmeeinflusszone,
- Große Energieeffizient und Sauberkeit
- Verbindungsmöglichkeit artfremder Materialien,
- Dünne Schicht
- Lokales Auftragen auf zylindrische Fläche mit einfacher Handhabung
- Gute Haftfestigkeit (z. B.: Bronzeschicht auf Stahlsubstrat 294,3 MPa [7], austenitischer nichtrostender Stahl-Schicht auf Baustahl 570 MPa [21]; Edelstahl 316-Schicht auf Baustahl 890 MPa [23])

Die oben genannten Vorteile stellen ideale Bedingungen für eine Anwendung des Reibauftraglötens zur Herstellung der PV-PLV dar, wobei es aber noch keine Anwendung gibt. Grund dafür ist die unzureichende Entwicklung der Beschichtungstechnik des RALö. Um eine erfolgreiche Anwendung zur Herstellung der PV-PLV zu gewährleisten, müssen folgende Kriterien in späteren Untersuchungen geklärt werden:

- **Beschichten von Stahloberflächen mit niedrig schmelzenden Nichteisenmetallen und Legierungen, und Vermeidung von „Verschmelzung".**
- **Untersuchen des Auftrags einer dünnen Schicht auf einer zylindrischen Fläche.**
- **Die Beschichtungsmaterialien für die Beschichtung auf zylindrischen Oberflächen beschränken sich bisher auf Stahl und hochfeste Legierungen. Da Stahl und Nichteisenmetalle in ihren Eigenschaften wie Schmelztemperatur, Härter, usw. große Unterschiede aufweisen, kann es dazu führen, dass die Nichteisenmetalle wegfließen bevor der Beschichtungsvorgang stattgefunden hat. Da dies nicht bewiesen ist, müssen dahingehend weitere Untersuchungen folgen.**
- **Erzeugen einer ausreichend großen Haftfestigkeit der dünnen Nichteisenmetallschicht**
- **Gewährleistung einer gleichmäßigen Schicht**

3 Zielstellung

Wie in Stand der Technik dargestellt, sind mehrere alternative Beschichtungsverfahren zur Herstellung von PV-PLV denkbar. Diese wurden bis jetzt nur unzureichend untersucht. Derzeit wird überwiegend die galvanische Beschichtung eingesetzt. Unter den Aspekten lokaler Schichtauftrag, ökologische Kriterien und Wirtschaftlichkeit [115] zeigten zwei Verfahren besonderes Potenzial für die Herstellung der Lotschicht für PV-PLV. Das erste Verfahren ist das Kaltgasspritzen, wobei dieses Verfahren bereits am Markt etabliert ist. Die zweite Alternative ist das Reibauftraglöten, eine abgeleitete Variante des Reibauftragschweißens (siehe Kapitel 5). Für diese Verfahrensvariante gibt es jedoch derzeit nur wenige Grundlagen und keine universelle Anlagentechnik, so dass diese entwickelt werden müssen. Als Ausgangspunkt für weitere Betrachtungen wird zuerst im Kapitel 4 der methodische Ansatz beschrieben, die nachfolgenden Kapitel sind den eigentlichen Verfahrensentwicklungen und –bewertungen gewidmet.

3.1 Entwicklung einer Versuchsanlage für das Reibauftraglöten

Für die Anwendung des Reibauftraglötens ist die Entwicklung der notwendigen Anlagetechnik erforderlich. Dabei sollte eine Versuchsanlage zur Beschichtung rotationssymmetrischer Bauteile (Wellen) konstruiert und gebaut werden, welche in der Lage ist, gutanhaftende Schichten der Stärke von 10 µm bis mehrere 100 µm aufzutragen. Außerdem sollte diese Anlage in Anlehnung des Baukastensystems nach Lässig [114] entwickelt werden, damit eine Anbindung mit der Serienanlage realisiert werden kann.

3.2 Verfahrensentwicklung des Reibauftraglötens

Es soll eine dünne Schicht mit den unterschiedlichen Werkstoffen (Kupfer, Zink, und **Aluminium**) hergestellt werden. Dabei werden die Prozessparameter ermittelt und optimiert. Außerdem sollen systematisch die Schichteigenschaften (Schichtanhaftung, **Verbindungsbildung**, Schichtdicke, Schichthärte, usw.) untersucht werden.

3.3 Untersuchung der Eignung des Reibauftraglötens für die Press-Presslöt-Verbindung

Das Reibauftraglöten soll zum Beschichten der Wellen mit unterschiedlichen Geometrien benutzt werden. Diese Geometrien werden für die Herstellung der PV-PLV angewendet. Die Eigenschaften der PV-PLV (Verbindungsfestigkeit, Trainierbarkeit, mikroskopische Untersuchungen) werden anschließend systematisch betrachtet. Weiterhin wird Aluminium als Lotwerkstoff untersucht. In bisherigen Arbeiten wurde Aluminium nur theoretisch betrachtet, da die galvanische Abscheidung nur schwer realisierbar ist.

3.4 Untersuchung der Eignung des Kaltgasspritzens für die Press-Presslöt-Verbindung

Als zweite Beschichtungsvariante wird das Kaltgasspritzen betrachtet. Dabei werden gleiche Proben bzw. Bauteile verwendet, um die Vergleichbarkeit der Ergebnisse zu gewährleisten. Ebenfalls werden die Eigenschaften der PV-PLV betrachtet und abschließend mit Reibauftraglöten und mittels galvanischer Abscheidung beschichtete Referenzproben verglichen.

4 Arbeitshypothese, methodischer Ansatz

4.1 Ablauf des Entwicklungsprozesses für den Reibauftraglötensanlage

In der VDI 2221 [N5] wird eine sinnvolle Abfolge der Teilprozesse, die zu einem erfolgreichen Endprodukt führen, wie folgt gegliedert:

- Klärende Aufgabenstellung
- Ermitteln der Funktionen
- Suche nach Lösungsprinzipien
- Gliedern in realisierbare Module
- Gestalten der Module
- Gestalten des Produktes
- Ausarbeitung der Nutzungsunterlagen

Dieser Ablaufplan ist für Neukonstruktion, Anpassungskonstruktion sowie Variantenkonstruktion gültig. In Anlehnung an diese Konstruktionsprinzipien wird im Kapitel 5 die Entwicklung der Versuchsanlage näher beschrieben.

4.2 Methoden zur Prozessoptimierung und Schichtcharakterisierung

An der entwickelten Versuchsanlage werden im ersten Schritt Vorversuche durchgeführt, um die Parameterfelder bei der Beschichtung einzugrenzen. Dabei werden die Prozessinformationen und –parameter (siehe Kapitel 6) systematisch betrachtet. Für die eingegrenzten Parameterfelder werden anschließend umfangreiche Optimierungsuntersuchungen durchgeführt und das Beschichtungsergebnis bewertet.

- Die Schichtbreite wird hauptsächlich mit Messschieber gemessen.
- Die Schichtbedeckung wurde an makroskopischen Aufnahmen bewertet.
- Um die Schichtdicke zu ermitteln wird das elektromagnetische Schichtdickenmessverfahren analog DIN ISO EN 2808 [N3] angewendet.
- Mittels Tastschnittverfahren analog zur DIN EN ISO 4287 [N2] wird das Oberflächenprofil bzw. die Oberflächenrauheit bestimmt, dabei kann zusätzlich die Schichtdicke und -breite ausgewertet werden.

- Zur Beurteilung der Schichtanhaftung werden in der Literatur für verschiedene Beschichtungsarten mehrere Methoden [N8][N9][79] beschrieben. Für das Reibauftragschweißen wurde das Messverfahren Biegeversuch [N6][61], Sheartest [N7][68], Push-Off Test [26][28][60] angewendet. Keine der genannten Methoden ist für die Ermittlung der Schichtanhaftung an einer zylindrischen Oberfläche geeignet. Deshalb ist eine Anpassung der Messmethode erforderlich. Die entwickelte Messmethode ist in der Anlage 4 dargestellt.
- Die Mikrohärte von Schicht und Substrat werden mit Hilfe der Härteprüfung nach Vickers [N4] gemessen.
- Abschließend wurden mikroskopische Untersuchungen der Schichten durchgeführt. Dabei wurden metallographische Schliffe angefertigt und im Querschnitt mittels Licht- und Rasterelektronenmikroskopie (REM) der Schichtaufbau untersucht. Insbesondere REM-Aufnahmen ermöglichen die Betrachtung der Schichtanbindung. Durch die Anwendung von Energiedispersive Röntgenspektroskopie (EDX) ist es gleichzeitig möglich die eventuelle Entstehung von Phasen im Grenzbereich zwischen Schicht und Substrat zu analysieren.

4.3 Methoden zur Bewertung von Verbindungseigenschaften von Press-Presslöt-Verbindung

In früheren Arbeiten [86][88][89][93][99] zur Problematik der PV-PLV wurden bereits systematische Vorgehensweisen angewandt. Dabei wurden folgende Messgrößen erfasst:

- Geometrische Abmaße der Probe vor und nach dem Beschichten.
- Oberflächenbeschaffenheit der Fügefläche und Reinigungssystem.
- Fügekräfte bzw. die Fügetemperatur beim Querpressen.
- Primäre Losbrechmoment, d. h.: die Verbindungsfestigkeit nach dem Fügen, die durch einen quasistatischen Versuch gemessen wird.
- Momente während des Trainierens. Dabei werden die optimalen Trainiergeschwindigkeiten, die im Bereich von 300 bis 600 °/min [99] liegen, angewendet.
- Erneute Prüfung Losbrechmoment nach dem Trainieren.

- Mikroskopische Untersuchungen wie bereits bei der Schichtcharakterisierung (Kapitel 4.2) beschrieben.

Die ausführliche Beschreibung der Anlage- und Messtechnik ist in Anlage 3 zu finden.

5 Entwicklung einer Anlage für das Reibauftraglöten

Die Reibauftraglöt-Versuchsanlage ist eine Maschine, die zur Entwicklung des Reibauftraglötens dienen soll. Deshalb sollte die Anlage so konstruiert werden, dass viele Prozessparameter geändert werden können und sie für viele Bolzen- und Werkstückgeometrien geeignet ist. Außerdem sollten alle Daten (Geschwindigkeit, Kräfte, Momente usw.) während des Prozesses aufgezeichnet und gespeichert werden.

In der gesichteten Literatur und Patenten sind mehrere Konstruktionen für das Reibauftragschweißen beschrieben. Diese Informationen dienten als Grundlage für den erforderlichen Entwicklungsprozess und sind im nachfolgenden Kapitel zusammengefasst.

5.1 Konstruktive Gestaltung der Anlagen zum Reibauftragschweißen – Stand der Technik

Die Entwicklung der Anlagetechnik zum Reibauftragschweißen lässt sich in vier grundlegende Prinzipien unterteilen:

1. Nutzung von konventionellen Werkzeugmaschinen
2. Einsatz von NC- bzw. CNC-Werkzeugmaschinen
3. Anwendung der Reibschweißanlage
4. Sonderanlagen für das Reibauftragschweißen

Das erste Prinzip wurden bereits 1960 von Tjajar [3] verwendet. Dabei hat er eine konventionelle Drehmaschine modifiziert, um eine Beschichtung auf einer zylindrischen Oberfläche aufzutragen. Das Werkstück wurde zwischen den Spitzen einer Drehbank und des Futters eingespannt, die Anpresskraft und Umdrehung des Bolzens wurde mit Hilfe von Druckluft erzeugt. Ende der achtziger Jahre entstand eine Anlage [P6] für die Beschichtung von zylindrischen Flächen. Bei dieser Anlage ist es möglich, mehrere Bolzen gleichzeitig zu beschichten. Diese Bolzen sind innen jedoch hohl. Neubert [P5] hat dagegen eine Vorrichtung zum Reibbeschichten von metallisch, zylindrischen Außenflächen entwickelt, welche direkt auf einer Drehmaschine eingesetzt werden kann (Abbildung 20 a). Hier drehen die Aufreibstifte nicht nur um ihre eigene Achse sondern auch um die Achse des zu beschichtenden Teils. Daher muss die zu beschichtende Fläche nicht bewegt werden. 2006 hat Gerhard [P15] eine andere Vorrichtung für das Reibbeschichten zum Beschichten der Rohroberfläche (Abbildung 20b) vorgestellt. Die

Beschichtungsbewegungen sind im Vergleich zum [P5] unterschiedlich. Da die Beschichtung entlang der Rohrlänge stattfindet, muss das Rohr schrittweise gedreht werden, um die ganze Rohraußenfläche zu beschichten.

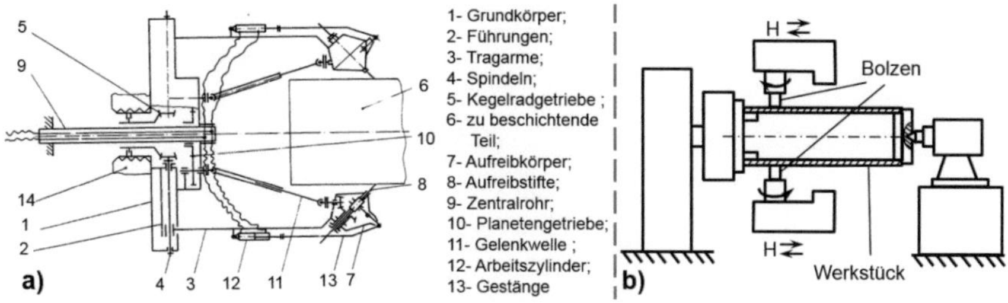

Abbildung 20: Vorrichtungen zum Reibbeschichten nach [P5] (a) und [P15] (b)

Die Drehmaschine wurde so modifiziert, dass auch ebene Werkstückflächen mittels Reibbeschichten bearbeitet werden können. In der Forschung von Lambrineas [23], wurde eine pneumatischer Druckstange und ein Substratshalter in eine Heidenreich und Harbeck VDF Forschungsdrehmaschine integriert (Abbildung 21a).

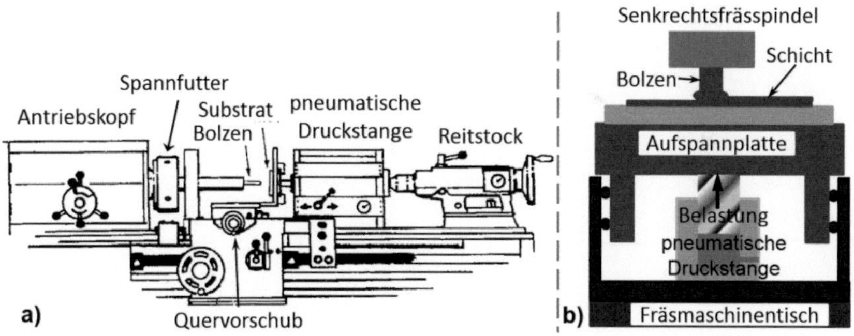

Abbildung 21: a) Ausnutzung der Drehmaschine für das Reibbeschichten [23]; b) Ausnutzung der Senkrechtfräsmaschine für das Reibbeschichten [55]

In der neusten Patenten [P17][P18] wurden Vorrichtungen für die Beschichtung von dünnen Rohren entwickelt. In anderen Untersuchungen [55][56][57][58] wurde eine Senkrechtfräsmachine für das Reibbeschichten einer ebenen Werkstückoberfläche modifiziert (Abbildung 21b). Zur Erzeugung der Anpresskraft wird dabei eine pneumatische Druckstange benutzt. Einige chinesische Autoren [63][64][65][67] haben eine modifizierte Bohrmaschine für das Reibauftragschweißen benutzt, wobei das Prinzip ähnlich der Senkrechtfräsmaschine ist.

Mit der Entwicklung der Werkzeugmaschinen wurde auch eine CNC Werkzeugmaschine [30][31] bzw. vertikale Bearbeitungszentrum [54][83] für das Reibauftragschweißen modifiziert. Bei der Anwendung dieser Maschinen wurde die Anpresskraft durch die Änderung der Vorschubgeschwindigkeit des Bolzens kontrolliert, d. h. dass die Anpresskraft keine Eingangsgröße ist. Eine interessante Vorrichtung an einer NC-Fräsmaschine wurde in einem Forschungsprojekt [61] vorgestellt, dabei wird eine Beschichtung mit Zink auf der Blechkante realisiert. Im Gegensatz zu anderen bereits beschriebenen Vorrichtungen wird beim Bolzen nicht die Stirnfläche sondern die zylindrische Oberfläche zum Beschichten benutzt.

Japanische Forscher haben zur Beschichtung eine Reibschweißmaschine genutzt. In den ersten Arbeiten wurde eine normale Reibschweißmaschine [33][35][36][37][41][42] angewendet, später kam die NC-Reibschweißmaschine [47][48] bzw. die voll automatische Reibschweißmaschine [49][51][52][53] zum Einsatz.

Eine selbst konstruierende Reibauftragschweißanlage wurde zuerst 1966 von Voznesensky [P3] patentiert (Abbildung 22 Links). Hier geht es um die Beschichtung des harten Materials auf eine weichere Materialplatte. Über 20 Jahre später hat Bedford [P9] (Abbildung 22 rechts) ein ähnliches Prinzip angewendet und eine Reibauftragsanlage vorgestellt. Der Unterschied liegt nur an den maximalen Kontaktdruck (50 MPa in [P3] und 152,6 MPa in [P9]).

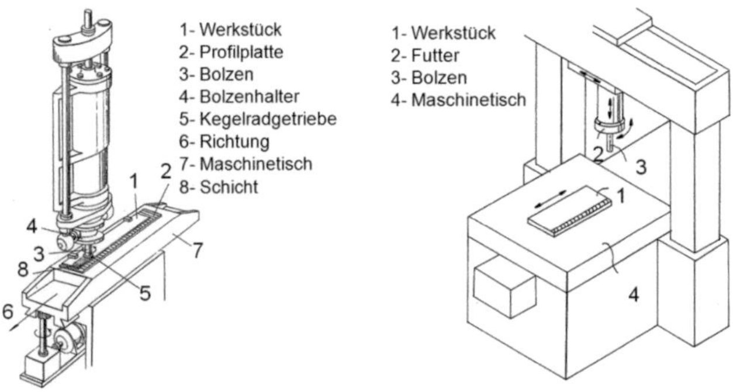

Abbildung 22: Reibauftragscheißanlage; links [P3]; rechts [P9]

Einige Jahre später hat Bedford [25] eine industrielle Reibauftragschweißanlage, welche das Werkstück bis 2,8 m Länge, 0,8 m Breite und 0,5 m Höhe beschichten kann, vorgestellt. Vitanov [26][27][28] hat die Reibauftragschweißmaschine von Bedford weiter entwickelt und in mehreren Forschungsarbeiten eingesetzt. Ein Beispiel ist der konstruktive Anlagenaufbau, welcher aus zwei Motoren besteht. Der erste Motor realisiert die Bewegungen in Z-Richtung, der zweite Motor unter dem Tisch dient der Bewegung in XY-Richtung, dabei sind als Eingangsgrößen die Geschwindigkeiten V_x und V_Z gegeben.

Eine andere Konstruktion wurde von Fukakusa [40] 1996 in seiner Grundlageuntersuchung des Reibauftragschweißens angewendet (Abbildung 23a). Diese Anlage ist eine Kombination von hydraulischen Zylindern und einem elektrischen Motor. Die Anlagegestaltung ähnelt einer Drehmaschine. Ziel dieser Drehmaschine ist die Beschichtung des harten Materials auf eine weichere Materialplatte.

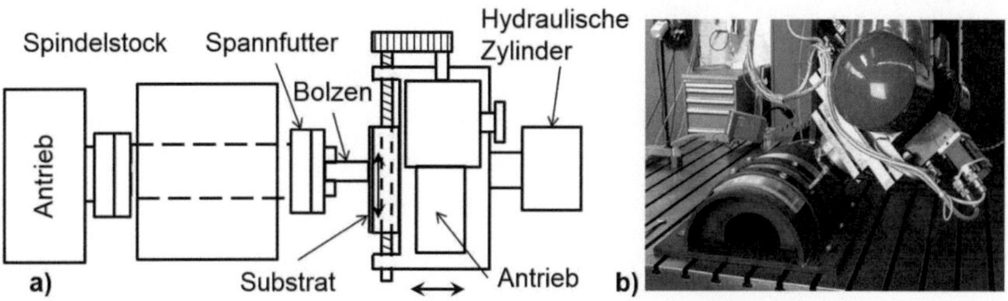

Abbildung 23: a) Reibauftragschweißanlage [40]; b) Reibauftragschweißkopf [59]

Ein universeller Beschichtungskopf zum Reibauftragschweißen ist in [59] beschrieben. Dieser kann z. B. an einen Roboterarm (Abbildung 23b) montiert werden. Das Gerät wurde hauptsächlich zum Auftragen von korrosionsbeständiger Beschichtung angewendet.

Außerdem gibt es Patente für die effektive Nutzung des Bolzens, zum Beispiel die Konstruktion des Bolzenhalters [P19]. Hierbei kann der Bolzen kontinuierlich zugestellt werden (Abbildung 24a). Die zweite Lösung nutzt ein zusätzliches Element [P14], wodurch der Bolzen effektiver genutzt werden kann (Abbildung 24b).

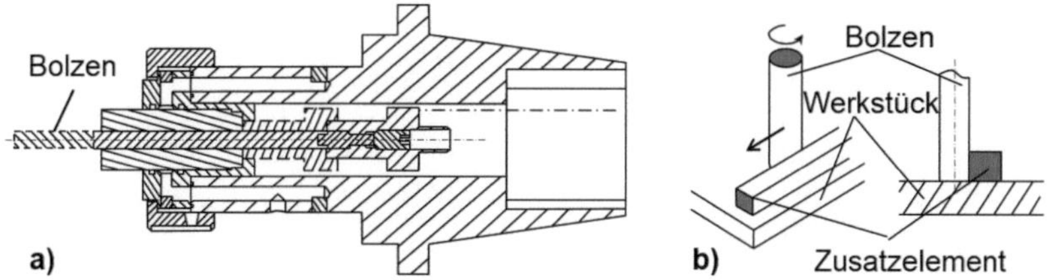

Abbildung 24: Die Lösung im Zusammenhang mit Bolzen a) [P19], b) [P14]

Ein Überblick zu allen gesichteten Literaturquellen und Patenten zur Anlagetechnik für das Reibauftragschweißen ist in Anlage 1 zusammengefasst. Aus diesen Beiträgen bzw. Patenten werden folgende Schlussfolgerungen abgeleitet:

Die Entwicklung der Anlagetechnik auf der Basis der konventionellen Werkzeugmaschinen hat mehrere Einschränkungen, zum Beispiel, dass nicht alle Einflussparameter zugreifbar bzw. zu ändern sind. Weiterhin sind die Messergebnisse wie Drehmoment, Drehgeschwindigkeit und weitere nur schwer zu erfassen. Für die Forschung bzw. für eine industrielle Anwendung ist das nur bedingt geeignet, und nur dann wirtschaftlicher, wenn eine Werkzeugmaschine für den Umbau zur Verfügung steht.

Die beschriebenen Anlagen zum Reibauftragschweißen sind in den meisten Fällen für die Beschichtung mit härten Materialien auf einem ebenen weichen Werkstück geeignet. Dabei liegen die Schichtdicken im Bereich von 0,5 mm bis mehreren Millimetern. Außerdem gehören die Konstruktionen zum Betriebsgeheimnis, somit ist es notwendig eine eigene Konstruktion zu entwickeln. Die erfassten Parameter dienen dabei als Eckdaten für die Entwicklung.

5.2 Konstruktive Umsetzung der Anlage für das Reibauftraglöten

Die Konstruktionsphase der Reibauftraglöten-Anlage ist in dem Großen Beleg von Hauser [145] zu finden. Die Lösungsauswahls wurde außerdem im Anhang 2 ausgearbeitet.

Die Lösungsauswahl aus Anhang 2 wurde konstruktiv umgesetzt. In der Abbildung 25 links ist das Grobmodell in zwei Ansichten zu sehen. Die Versuchsanlage zum Reibauftraglöten ist auf der Abbildung 25 rechts dargestellt. Die wichtigsten technischen Daten werden in der Tabelle 4 beschrieben. Prinzipiell besteht die Anlage aus den zwei Hauptmodulen Beschichtungseinheit und Welleneinheit.

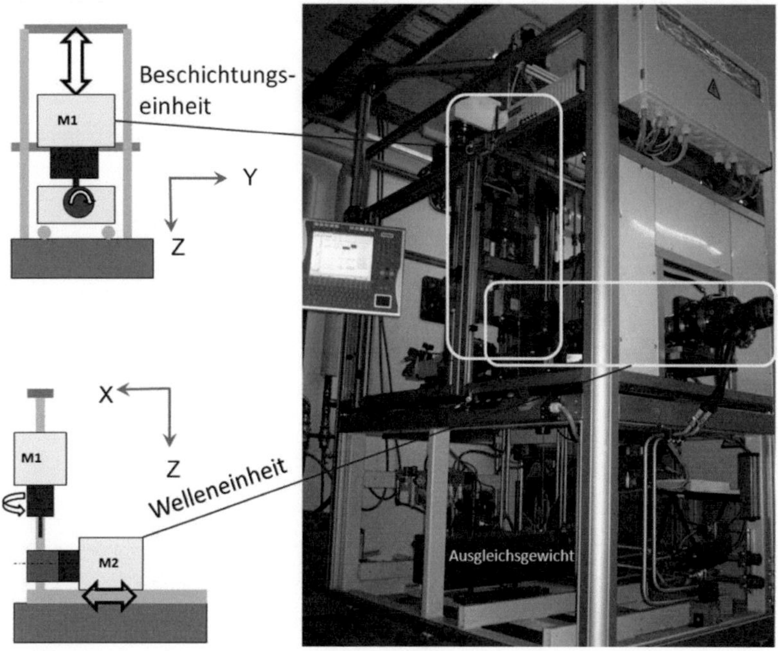

Abbildung 25: Versuchsanlage zum Reibauftraglöten

Tabelle 4: Technischen Daten der Reibauftraglötensanlage

Parameter	Arbeitsbereich
Anpresskraft (F)	0,5 - 16 kN
Bolzendrehzahl (n_B)	680 - 2800 U/min
Wellendrehzahl (n_W)	0,2 - 130 U/min
Wellenlänge	bis 200 mm
Wellendurchmesser (d_W)	20 - 120 mm
Bolzendurchmesser (d_B)	2 - 22 mm

5.2.1 Beschichtungseinheit

Da die Beschichtungseinheit die Axialkraft erzeugen soll, wurde das bei Pressen häufige verwendete Prinzip der Säulenführung angewendet. Dieses Prinzip wurde konstruktiv, wie in der Abbildung 26 dargestellt, umgesetzt. Es geht hier um das Gestellmodul, welche aus 2 Säulen, einer Grundplatte und einer Traverse besteht. Der hydraulische Zylinder („Presszylinder") wurde auf die Traverse montiert, von wo die Anpresskraft über den

„Kraftmessbolzen", das „Gestell 1", die „Wellenlagerung" und das Spanfutter geleitet wird. Das „Gestell 1" kann sich entlang der beiden Säulen mit Hilfe der vier Kugelbüchsen translatorisch bewegen. Das Wegmesssystem im Presszylinder misst dabei die Position des „Gestells 1". Außerdem gewährleisten die vier Kugelbüchsen, dass keine Verkippung während des Pressvorganges stattfinden kann.

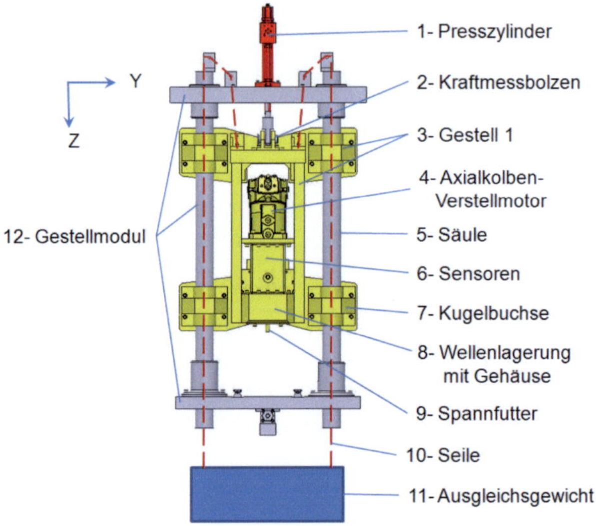

Abbildung 26: Beschichtungseinheit der Reibauftraglötanlage

Das „Gestell 1" wird dabei durch sein Eigengewicht nach unten geführt. Wenn nun eine Anpresskraft benötigt würde, welche kleiner wäre als das Gesamtgewicht des „Gestells 1", würde das zu einem großen Problem führen. In diesen Fall müsste der Hydraulikzylinder um den Betrag der restlichen Gewichtskraft entlastet werden. Wenn die gewünschte Anpresskraft für den Beschichtungsprozess in etwa genauso groß wie die Gewichtskraft ist, wird es auch problematisch. Da ist es notwendig, um einen konstanten Druck zu erhalten, eventuell auftretende Schwankungen auszugleichen. In diesem Fall müsste der Hydraulikzylinder schnell von Druck auf Zug oder umgekehrt umschalten können, was wegen der mechanischen Trägheit und der Trägheit des Fluides schwer zu realisieren ist. Um das Problem einfach und wirtschaftlich zu lösen, wurde ein Ausgleichgewicht (s. Abbildung 26, Po. 11), welches schwerer als das Gewicht des gesamten „Gestell 1" ist, eingesetzt. Das „Gestell 1" wurde nach dem Fahrstuhl-Prinzip mittels Seilen (Po. 10) über Umlenkrollen mit dem Ausgleichsgewicht verbunden.

Die Rotationsbewegung des Bolzens wird vom hydraulischen „Axialkolben-Verstellmotor“ über die Klauenkupplung, die Sensoren, die Wellenlagerung und das Spannfutter übertragen. Diese Rotationsbewegungskette wurde in dem „Gestell 1“ so ausgelegt, dass sich die Axialkraft nicht auf den Axialkolben-Verstellmotor und die Sensoren auswirkt. Die Sensoren (Abbildung 26 - Po. 6) ermitteln Drehmoment und Drehzahl.

Zur Beschichtungseinheit gehört noch das Pyrometer (s. Abbildung 27), um die Temperatur in der Beschichtungszone zu überwachen.

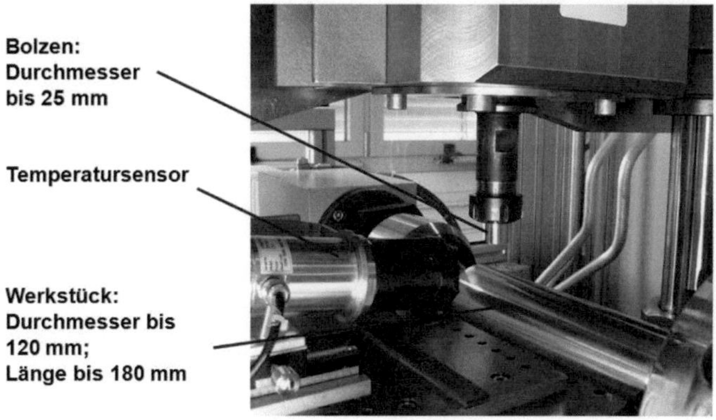

Abbildung 27: Beschichtungsbereich

5.2.2 Welleneinheit

Die Welleneinheit wurde auf 2 Platten (Abbildung 28 – Position 6 und 7) aufgebaut. Mit Hilfe eines Hydraulikzylinders (Po. 8) kann die „Platte 2“ (Po. 7) in X-Richtung bewegt werden. Außerdem kann eine Verstellung in Y-Richtung zwischen der „Platte 1“ und „Platte 2“ mechanisch realisiert werden.

Mit Hilfe eines Spannbackenfutters (Po. 3) wurde das Werkstück (Welle) fixiert. Bei längeren Werkstücken kann der Reitstock (Po. 1) zum Einsatz kommen. Die Rotationsbewegung des Werkstücks wird vom Hydraulikmotor über die Getriebe (Po. 9), die Klauenkupplungen, die Sensoren (Po. 5) und die Lager (Po. 4) bis zum Spannbackenfutter (Po. 3) geführt. Die Drehzahl und das Drehmoment wurden mit Hilfe von Sensoren (Po. 5) ermittelt. Ein Multiturn-Absolut-Winkelsensor liefert zudem die Winkelposition des Werkstücks.

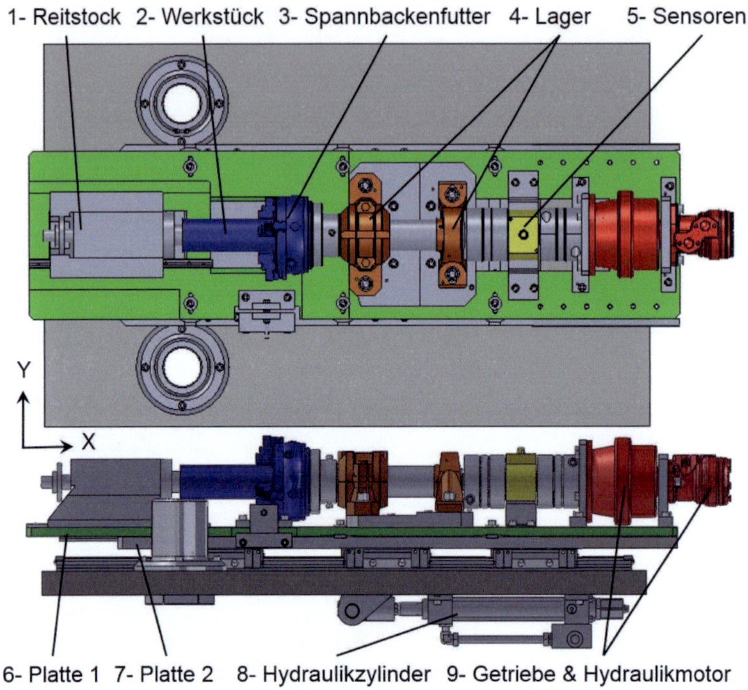

Abbildung 28: Welleneinheit der Reibauftraglötanlage

5.3 Steuerungskonzept der Anlage für das Reibauftraglöten

Die gesamte Anlage wird mit Hilfe einer hydraulischen Steuerung (HNC) und einer Beckhoff Soft-SPS (auf einem Industrie-PC) gesteuert. Dadurch können verschiedene Prozessabläufe programmiert werden. Ein Prozessablauf (Prozessablauf 1), welcher für die Versuche benutzt wurde, kann wie folgt beschrieben werden:

Der Bolzen fährt zuerst zur Position 1 (s. Abbildung 29, links), prinzipiell 0,5 bis 1 mm oberhalb der Werkstückoberfläche und fängt dann an zu drehen. Wenn die vorgegebene Drehzahl (n_{B1}) erreicht wird, fährt der Bolzen weiter nach unten (Position 2, Abbildung 29, rechts) um die gewünschte Anpresskraft (F_1) zu erzeugen (Kraftregelung). Ist die Anpresskraft (F_1) erreicht, wird eine gewisse Erwärmungszeit (t_s) gewartet, bis die Kontaktzone „warm" genug ist. Wenn die Erwärmungszeit vorbei ist, dreht die Welle mit vorgegebener Drehzahl. Während der Drehung der Welle wird die Anpresskraft immer konstant ($F = F_1$) geregelt. Durch einen definierten Vorschub in X-Richtung der sich drehenden Welle, kann eine spiralförmige Beschichtung erzeugt werden. Ohne diesen Vorschub wird eine ringförmige Beschichtung aufgetragen.

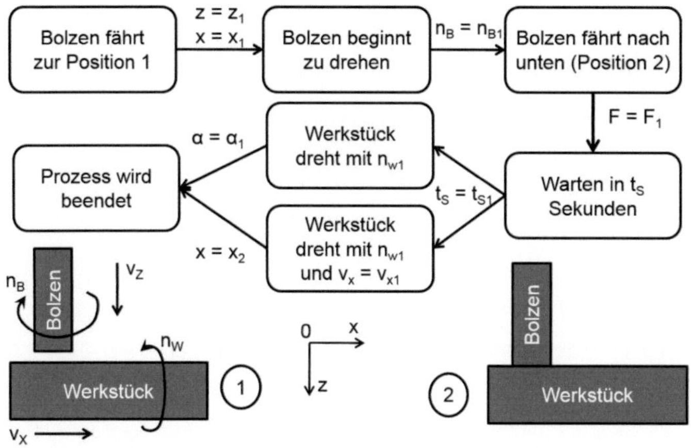

Abbildung 29: Prozessablauf 1 der Reibauftraglötanlage

Bei ringförmiger Beschichtung können die Anpresskraft (F) und die Bolzendrehzahl (n_B) vor dem Prozessende geändert werden, d. h.: Ist die Winkelposition der Welle $\alpha = \alpha_2$ ($\alpha_2 < \alpha_1$) erreicht, ändert sich die Anpresskraft zu F_2 und die Bolzendrehzahl zu n_{B2}. Diese Änderung führt zur Verbesserung des Übergangs zwischen Anfangs- und Endpunkt der Beschichtung.

Es wurden außerdem noch zwei weitere Prozessabläufe, welche aus dem Prozessablauf 1 resultieren, getestet. Ein Prozessablauf heißt „Kraftsteuerung und Temperatur" (Prozessablauf 2), welcher wie folgt abläuft: Ist die Anpresskraft (F_1) erreicht, wird eine gewisse Zeit gewartet, bis eine vorgegebene Temperatur der Beschichtungszone erreicht wird. Der restliche Prozess läuft weiter wie im Prozessablauf 1 ab.

Der dritte Prozessablauf heißt „Bolzenvorschubsteuerung". Bei diesem Prozess fährt der Bolzen immer mit einem vorgegebenen Vorschub (v_{z1}) nach unten (Position 2, Abbildung 29, rechts) um die gewünschte Anpresskraft (F_1) zu erzeugen. Ist die Anpresskraft (F_1) erreicht, dreht die Welle mit vorgegebener Drehzahl los. Während der Drehung der Welle wird der Bolzenvorschub immer konstant ($v_z = v_{z1}$) geregelt

Die Prozessparameter bzw. Messdaten während des Prozessablaufs werden nach Prozessende in einer ASCII-Datei gespeichert.

6 Verfahrensentwicklung des Reibauftraglötens

6.1 Probegeometrie

Die Probegeometrie wurde nach folgenden Forderungen ausgewählt:

- Beschichtung rotationssymmetriescher Bauteile
- Wellenmaterial wird am meisten im Maschinenbau eingesetzt
- kostengünstig

Deshalb sind die Proben lange Wellen aus C45-Stahl mit unterschiedlichen Abmessungen (s. Abbildung 30). Auf einer Welle können somit mehrere Versuche durchgeführt werden. Die Beschichtungsflächen wurden definiert mechanisch (Drehen) bearbeitet, so dass die mittlere Oberflächenrauheit $R_Z \approx 6{,}3$ µm beträgt.

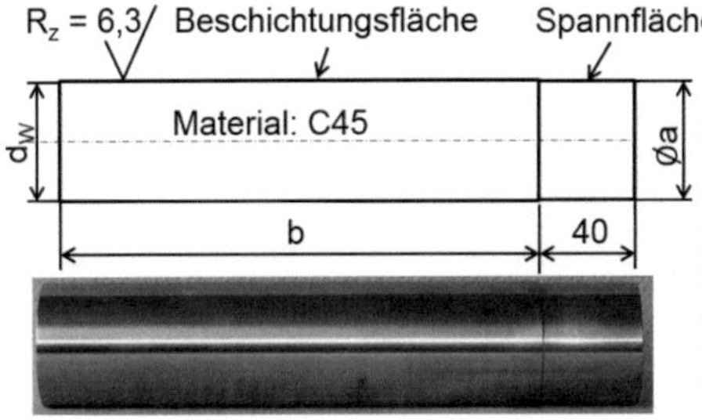

d_W [mm]	20	29	39	49	59	69
a [mm]	18	28	38	48	58	68
b [mm]	80	120	160	200	200	200

Abbildung 30: Wellengeometrie für die Hauptversuche

Die Bolzen haben einen Durchmesser (d_B) von 10, 14 oder 22 mm und eine Länge von 60 mm (Abbildung 31). Die Stirnfläche wurde durch Drehen so bearbeitet, dass die mittlere Oberflächenrauheit $R_Z \approx 6{,}3$ µm beträgt. Als Bolzenmaterialien wurden Kupfer (CW004A), Aluminium (Al99,5) und Zink (99,995%) verwendet (s. Tabelle 5).

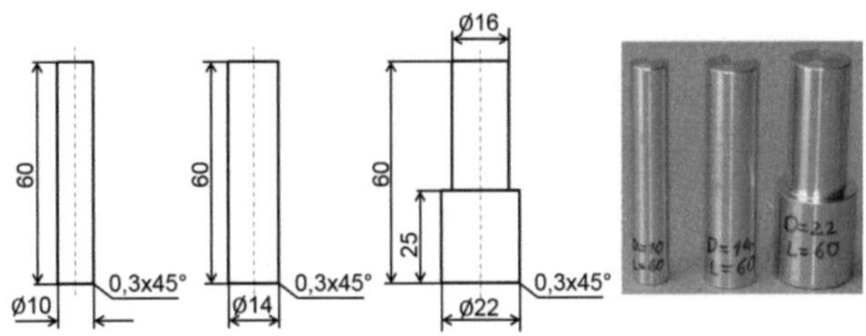

Abbildung 31: Bolzengeometrie für die Hauptversuche

Tabelle 5: Werkstoffdaten der Bolzen und Stahl [102]

	Kupfer CW004A	Zink 99,995%	Aluminium - Al99,5 EN AW1050	C45 - EN10083
E [GPa]	130	80	65 - 70	210
R_m [MPa]	196	150	100	580
Schmelztemperatur [° Grad]	1083	419,53	658	1460 - 1536
Schmelzwärme [kJ/mol]	13,1	7,35	10,7	15
Wärmeleitfähigkeit [W/mK]	400	120	235	73,269

6.2 Vorversuch

Das Reibauftraglöten hat eine Vielzahl von Prozessparametern, die außerdem in breiten Bereichen variierbar sind. Deshalb ist es notwendig, die Prozessparameter für verschiedene Werkstoffkombinationen einzuschränken. Dies wurde in Vorversuchen realisiert.

6.2.1 Versuchsplanung

Aus der Literatur, den Materialeigenschaften des Bolzens und den technischen Daten von der Reibauftraglöten-Anlage wurden die Parameterbereichen (Tabelle 6) für die Vorversuche festgelegt.

Tabelle 6: Parameterbereiche der Vorversuche

Bolzenmaterial	**Zink**	**Aluminium**	**Kupfer**
n_W [U/min]	0,3 - 17,1	1,5 - 16,5	1,6 - 28
n_B [U/min]	680 - 2800	680 - 2800	680 - 2800
F [kN]	0,3 - 2	0,5 – 2	0,3 - 3
t_S [s]	1 - 2	1 – 6	1 - 4
e [mm]	0,2	0,2	0,2
d_W [mm]	49	49	49
d_B [mm]	10	10	10

Weiterhin wurde eine Matrix (siehe Abbildung 32) für jedes Bolzenmaterial entworfen, somit sind insgesamt 81 Versuche notwendig.

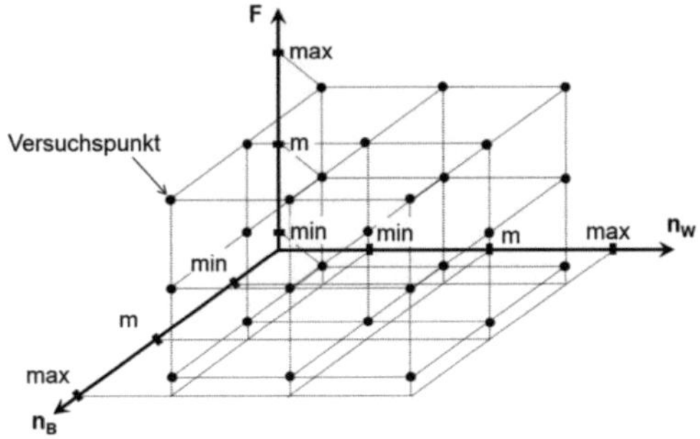

Abbildung 32: Versuchspunkte für die Vorversuche; „min": kleinste Werte; „m" Mittelwert; „max": größten Wert

6.2.2 Versuchsdurchführung

Die Versuche wurden auf der Reibauftraglötenanlage (s. Abbildung 27) durchgeführt. Der Bolzen wurde in dem Spannzangenfutter mit einem bestimmten Bolzenüberstand je nach Bolzenmaterial (Zink: 10 - 12 mm; Aluminium: 8 - 10 mm; Kupfer: 12 – 15 mm) eingespannt. Bevor die Versuche durchgeführt wurden, wurden die Welle und die Bolzen mit Aceton gereinigt. Aus einigen Stichversuchen wurde die Drehrichtung der Bolzen und Welle hauptsächlich als Rechtslauf ausgewählt, d. h.: die Drehrichtung ist gleich mit der Uhrzeigersinn, wenn die Betrachtungsrichtung von der Antriebe schauend ist (Abbildung 33).

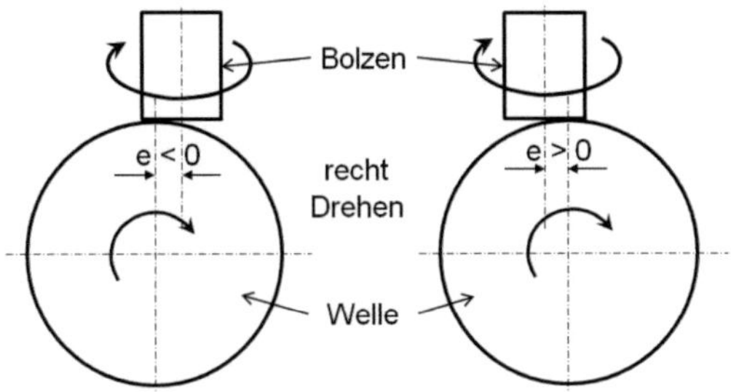

Abbildung 33: Exzentrizität und Drehrichtung

Die Auswahl der Exzentrizität wurde aus der Literatur und den Stichversuchen getroffen. Es wurde in [3] gezeigt, dass die Schichtdicke mit der Exzentrizität korreliert. In Stichversuchen konnten sehr gute Beschichtungsergebnisse mit einer Exzentrizität von

0,2 mm (Abbildung 33 rechts) erreicht werden. Deshalb wurde diese Exzentrizität für die Vorversuchen gewählt.

Die Verdrehung der Welle beträgt 360 ° (nur eine Umdrehung der Welle), die Vorschubgeschwindigkeit in X-Richtung der Welle war überwiegend gleich Null. Nach jedem Versuch wurde ein neuer Bolzen eingesetzt.

Wenn in einer Parametervariation ein nicht erfolgreicher Versuch resultierte (z. B. Prozessparameter konnten nicht erreicht werden, starke Verformung des Bolzens, sehr schlechte Beschichtungsqualität) wird entsprechend die gesamte Matrix angepasst. Ein Beispiel: In der Variation der Anpresskraft wurde festgestellt, dass der Bolzen unter einer Anpresskraft von 2 kN stark fließt bevor die Welle gedreht wird, so wird diese Anpresskraft für die Matrix als obere Grenze definiert und in weiteren Versuchen dieser Versuchsreihe nicht mehr erhöht.

Die gesamten Vorversuche sind in der Anlage 5 detailliert beschrieben.

6.2.3 Versuchsergebnisse und Versuchsauswertung

Ziel der Vorversuche war, die Parameterbereichen einzuschränken, hierfür wurden die Versuchsergebnisse ausgewertet, d. h. die Schichtdicke und Schichtbreite wurde gemessen. Außerdem wurde die Beschichtung optisch begutachtet. Die gesamten Messergebnisse sind in der Anlage 5 zu sehen.

Eine Beschichtung ist gut, wenn die Schicht gleichmäßig und auf dem ganzen Wellenumfang aufgetragen wird. Außerdem sollte die Schichtdicke im Bereich von 10 bis mehreren 100 µm liegen.

6.2.3.1 Versuchsreihe mit Zinkbolzen

Insgesamt wurden 33 Versuchen durchgeführt. Die erreichten Schichtdicken liegen im Bereich von 9 bis 145 µm und Schichtbreite von 4,1 bis 9,4 mm. In der Abbildung 34 sind einigen Beschichtungsergebnisse zu sehen. Die zwei linken Bilder der Abbildung 34 sind gute Beschichtungen. Die fünf rechten Bilder der Abbildung 34 zeigen einige schlechte Beschichtungsergebnisse. Die Schichten sind ungleichmäßig (Probe 3L4, 3F4), oder der Schichtränder ist unregelmäßig gewellt, "ausgefranst" (Probe 3E2), oder der Bolzen ist abgenutzt bevor die Welle auf dem ganzen Umfang beschichtet wurde.

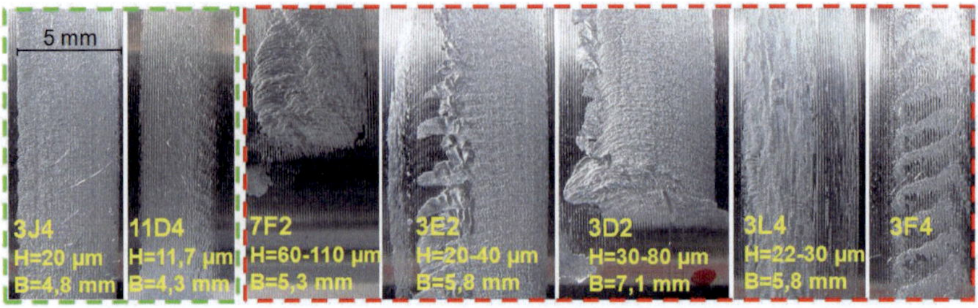

Abbildung 34: Zinkschicht; links: gute Beschichtung; rechts: schlechte Beschichtung

6.2.3.2 Versuchsreihe mit Aluminiumbolzen

Es wurde 27 Versuchen durchgeführt. Die erreichte Schichtdicke und Schichtbreite liegen im Bereich von 20 bis 280 µm und 5,2 bis 11,1 mm. Im grünen linken Bereich der Abbildung 35 sind die guten Beschichtungen zu beobachten. Die schlechten Beschichtungen sind im roten rechten Bereich der Abbildung 35 zu sehen.

Abbildung 35: Aluminiumschicht (links „gut“, rechts „schlecht“)

6.2.3.3 Versuchsreihe für Kupferbolzen

Es wurde 31 Versuche durchgeführt. Die erreichten Schichtdicken und Schichtbreiten liegen im Bereich von 20 bis 220 µm und 4,6 bis 10,8 mm. Im grünen linken Bereich der Abbildung 36 sind die guten Beschichtungen zu sehen. Die schlechten Beschichtungen sind im roten rechten Bereich der Abbildung 36 zu sehen.

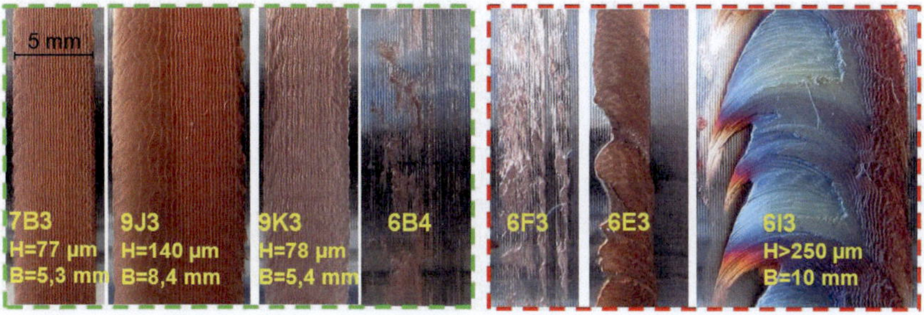

Abbildung 36: Kupferschicht (links „gut“, rechts „schlecht“)

6.2.3.4 Auswertung der Vorversuche

Aus den Versuchsergebnissen wurde festgestellt, dass die Beschichtungen nicht gelingen, wenn:

- die Bolzendrehzahl und oder die Anpresskraft zu groß, und die Wellendrehzahl zu klein sind. Z. B. bei Zink: n_B = 1600 U/min; F = 1,2 kN; n_W = 1,8 U/min; Abbildung 34 - 7F2; bei Aluminium n_B = 2800 U/min; F = 1,2 kN; Abbildung 35 - 8K; bei Kupfer: n_B = 2800 U/min; F = 2 kN; n_W = 9 U/min; Abbildung 36 - 6I3.
- die Anpresskraft ist kleiner als 0,5 kN (Abbildung 34 - 3F4; Abbildung 35 - 5A2; Abbildung 36 - 6F3)
- die Wellendrehzahl klein (kleiner als 4 U/min, d. h. v_U < 10,26 mm/s) ist (Abbildung 34 - 3L4; Abbildung 35 - 8D2; Abbildung 36 - 6B4).

Die Zusammenfassung der Auswertung kann in Tabelle 7 abgelesen werden.

Tabelle 7: Matrix für die Vorversuchsergebnisse

Farbe				
Bedeutung	funktioniert	funktioniert NUR bei Kupfer	funktioniert NICHT bei Kupfer	funktioniert nicht

n_{Bmin}, n_{Wmin}, F_{min}	n_{Bmin}, n_{Wmin}, F_m	n_{Bmin}, n_{Wmin}, F_{max}
n_{Bmin}, n_{Wm}, F_{min}	n_{Bmin}, n_{Wm}, F_m	n_{Bmin}, n_{Wm}, F_{max}
n_{Bmin}, n_{Wmax}, F_{min}	n_{Bmin}, n_{Wmax}, F_m	n_{Bmin}, n_{Wmax}, F_{max}
n_{Bm}, n_{Wmin}, F_{min}	n_{Bm}, n_{Wmin}, F_m	n_{Bm}, n_{Wmin}, F_{max}
n_{Bm}, n_{Wm}, F_{min}	n_{Bm}, n_{Wm}, F_m	n_{Bm}, n_{Wm}, F_{max}
n_{Bm}, n_{Wmax}, F_{min}	n_{Bm}, n_{Wmax}, F_m	n_{Bm}, n_{Wmax}, F_{max}
n_{Bmax}, n_{Wmin}, F_{min}	n_{Bmax}, n_{Wmin}, F_m	n_{Bmax}, n_{Wmin}, F_{max}
n_{Bmax}, n_{Wm}, F_{min}	n_{Bmax}, n_{Wm}, F_m	n_{Bmax}, n_{Wm}, F_{max}
n_{Bmax}, n_{Wmax}, F_{min}	n_{Bmax}, n_{Wmax}, F_m	n_{Bmax}, n_{Wmax}, F_{max}

Um die Ergebnisse besser zu erklären, wird die Energie beim Reibauftraglöten betrachtet. Die Kontaktfläche beim RALö, welche stark von der Anpresskraft, der Oberflächentemperatur und Exzentrizität abhängt, ist in der Abbildung 37 Mitte vergrößert dargestellt. Diese Kontaktfläche wird als ein Rechteck mit der Breite h und Länge d_B (Abbildung 37 rechts) vereinfacht angenommen. Auf dieser Kontaktfläche wurde ein unendlich kleines Reibflächenelement, das durch den Radius r und dr gekennzeichnet ist, untersucht.

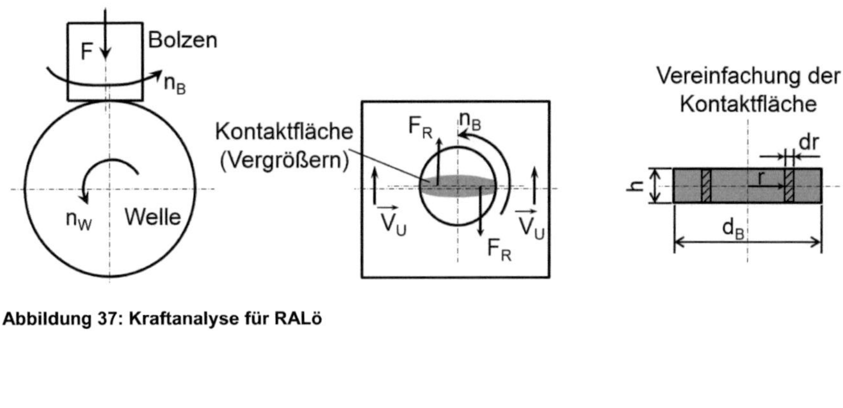

Abbildung 37: Kraftanalyse für RALö

Auf die Fläche dA = 2·h·dr wirkt das Reibungskraftelement (dF_R):

$$dF_R = \mu \cdot p \cdot dA = 2 \cdot h \cdot p \cdot \mu \cdot dr$$ **Gleichung 9**

Das resultierende Moment (M) ergibt sich aus dem in Gleichung 9 errechneten Reibungskraftelement, welches um die Bolzendrehachse wirkt:

$$dM = r \cdot dF_R = 2 \cdot r \cdot h \cdot p \cdot \mu \cdot dr$$ **Gleichung 10**

Der Kontaktdruck in der Gleichung 10 hängt dabei von der Anpresskraft und der Kontaktfläche ab. Die Kontaktbreite h ist von der Anpresskraft, der Oberflächentemperatur und dem Werkstoff abhängig. Der Reibwert ist eine Funktion des Werkstoffs, der Temperatur, der Anpresskraft und der Gleitgeschwindigkeit [126]. Damit ist die Gleichung 10 ohne vereinfachende Voraussetzungen nicht lösbar. Es wird angenommen, dass h, p, μ konstant sind. Dann ergibt sich die Näherung des Moments wie folgt:

$$M \approx \frac{1}{4} \cdot d_B^2 \cdot h \cdot p \cdot \mu$$ **Gleichung 11**

Für dieses Moment wird die Leistung (W_R) durch die Gleichung 12 berechnet:

$$W_R \approx M \cdot \omega_B = \frac{1}{4} \cdot d_B^2 \cdot h \cdot p \cdot \mu \cdot 2 \cdot \pi \cdot n_B = \frac{1}{2} \cdot \pi \cdot d_B^2 \cdot h \cdot p \cdot \mu \cdot n_B$$ **Gleichung 12**

Beim Beschichten wird diese Leistung auf dem Beschichtungsweg verteilt. Die Leistung während Beschichtung kann als Energiedichte (w_R^*) betrachtet werden:

$$w_R^* \approx \frac{W_R}{V_U} = \frac{\frac{1}{2} \cdot \pi \cdot d_B^2 \cdot h \cdot p \cdot \mu \cdot n_B}{\frac{n_W \cdot d_W \cdot \pi}{60}} = \frac{30 \cdot d_B^2 \cdot h \cdot p \cdot \mu \cdot n_B}{n_W \cdot d_W}$$ **Gleichung 13**

Aus der Gleichung 13 ist es ersichtlich, dass die oben genannte Aussage für eine nicht erfolgreiche Beschichtung einer zu niedrigen oder zu großen Energiedichte entspricht.

6.3 Hauptversuch

Nach der Parameterabgrenzung in den Vorversuchen ist es notwendig die Einflüsse der Parameter auf die Beschichtung zu finden. Dies wurde in Hauptversuchen herausgefunden.

6.3.1 Versuchsplanung

Aus den Vorversuchen wurden folgende Bereichen für die Hauptversuchsparameter erstellt (Tabelle 8):

Tabelle 8: Parameterbereiche der Hauptversuche

Bolzenmaterial	Zink	Aluminium	Kupfer
n_W [U/min]	4 - 8 (bedingt bis 20)	4 - 8 (bedingt bis 16)	4 - 8 (bedingt bis 20)
n_B [U/min]	700 - 2800	700 - 2800	700 – 2800
F [kN]	0,5 - 1,4	0,5 - 1,4	0,8 - 2,4
t_s [s]	> 1	> 1	> 1

In 2.6.6 wurde gezeigt, dass Anpresskraft, Bolzendrehzahl und Wellendrehzahl wichtig für das Reibauftragschweißen sind. Da Reibauftragschweißen und Reibauftraglöten das gleiche Verfahrensprinzip haben, sind die genannten Parameter auch für das Reibauftraglöten wichtig. Aber wie diese Parameter die Schichtqualität beeinflussen, muss noch untersucht werden.

Die Erwärmungszeit in den Vorversuchen wurde abgeschätzt. Inwieweit die Erwärmungszeit den Beschichtungsvorgang beeinflusst sollte auch noch untersucht werden.

In den Vorversuchen wurde gezeigt, dass die Beschichtung bei einer Exzentrizität von 0,2 mm gut funktioniert. Auf der anderen Seite hat sich in [3] gezeigt, dass die Beschichtung bei einer positiven Exzentrizität auch gut funktioniert. Aber in [3] war es ein Reibauftragschweißprozess. Beim Reibauftraglöten ist das Bolzenmaterial weicher, weswegen sich der Bolzen bei größerer Exzentrizität stark verformen könnte. Deshalb sollte der Einfluss der Exzentrizität untersucht werden.

Die Drehrichtung des Bolzens und der Welle wurde in den Vorversuchen hauptsächlich als Rechtslauf ausgewählt. Theoretisch ist die relative Geschwindigkeit zwischen Bolzen und Welle bei unterschiedlicher Drehrichtung nicht gleich. Es könnte zu unterschiedlichen Effekten führen. Diese Effekte sollten durch die Untersuchung der unterschiedlichen Drehrichtungen erforscht werden.

Die Beschichtung findet auf Wellen statt, d. h. wenn der Wellendurchmesser sich ändert, ändert sich die Kontaktbedingung zwischen Welle und Bolzen. Inwieweit die Änderung eine Beeinträchtigung ergibt, sollte über den Einfluss des Wellendurchmessers erklärt werden.

Aus dem Vorversuch wurde beobachtet, dass die größte erreichte Schichtbreite etwa gleich dem Bolzendurchmesser ist. Eine offene Frage ist, ob die Schichtbreite durch eine Vergrößerung des Bolzensdurchmessers oder die Beschichtung mit Vorschub vergrößert werden könnte. Versuche mit unterschiedlichen Bolzendurchmessern und Vorschüben sollten deshalb durchgeführt werden.

Im Maschinenbau wird die Beschichtung nicht nur auf den glatten Wellen, sondern auch auf anderen Positionen der Wellen wie auf dem Absatz, bündig mit der Stirnfläche (s. Abbildung 38) durchgeführt. Auf unterschiedlichen Beschichtungspositionen wird die Kontaktbedingung zwischen Bolzen und Welle geändert. Deshalb sollten die Beschichtungen auf unterschiedlichen Wellentypen erfolgen.

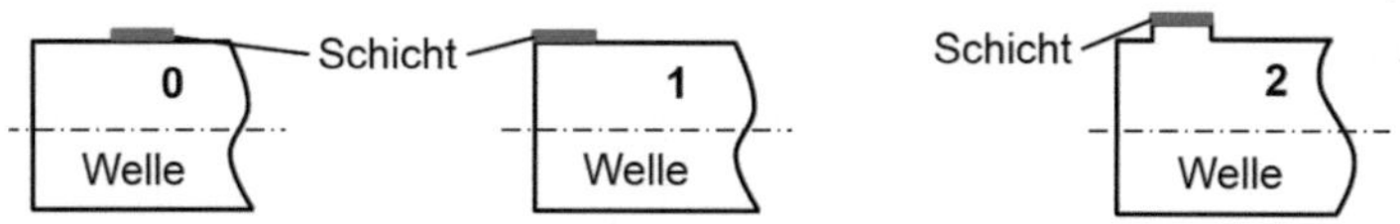

Abbildung 38: Beschichtungsposition auf unterschiedlichen Wellen

Mit obengenannten Untersuchungsbedarf und Parameterbereichen wurden die kommenden Versuchsmatrizen für unterschiedliche Einflussfaktoren erzeugt.

Tabelle 9: Versuchsmatrix für die Einflüsse der Anpresskraft, Bolzen- und Wellendrehzahl im Fall des Zinkbolzens

e = 0,2 mm; d_W = 49 mm; d_B = 10 mm; v_{Wx} = 0; DR_B, DR_W: rechts																			
n_B [U/min]		700			1200			1600			2000			2400			2800		
n_W [U/min]		4	6	8	4	6	8	4	6	8	4	6	8	4	6	8	4	6	8
F [kN]	0,5	1	0	x	3	0	x	1	3	1	3	1	3	1	3	1	3	1	3
	0,8	3	0	x	1	3	1	3	1	3	1	3	1	3	1	3	x	x	1
	1,1	1	3	1	3	1	3	1	3	1	3	1	3	x	x	x	x	x	x
	1,4	3	1	3	1	3	1	x	1	3	x	x	x	x	x	x	x	x	x

Tabelle 10: Versuchsmatrix für die Einflüsse der Anpresskraft, Bolzen- und Wellendrehzahl im Fall des Aluminiumbolzens

e = 0,2 mm; d_W = 49 mm; d_B = 10 mm; v_{Wx} = 0; DR_B, DR_W: rechts																			
n_B [U/min]		700			1200			1600			2000			2400			2800		
n_W [U/min]		4	6	8	4	6	8	4	6	8	4	6	8	4	6	8	4	6	8
F [kN]	0,5	1	3	1	3	1	3	1	3	1	3	1	3	1	3	1	3	1	3
	0,8	3	1	3	1	3	1	3	1	3	1	3	1	x	1	3	x	x	1
	1,1	1	3	1	3	1	3	x	3	1	x	x	x	x	x	x	x	x	x
	1,4	3	1	3	1	3	1	x	1	x	x	x	x	x	x	x	x	x	x

Tabelle 11: Versuchsmatrix für die Einflüsse der Anpresskraft, Bolzen- und Wellendrehzahl im Fall des Kupferbolzens

e = 0,2 mm; d_W = 49 mm; d_B = 10 mm; v_{Wx} = 0; DR_B, DR_W: rechts																			
n_B [U/min]		700			1200			1600			2000			2400			2800		
n_W [U/min]		4	6	8	4	6	8	4	6	8	4	6	8	4	6	8	4	6	8
F [kN]	0,8	1	3	1	3	1	3	1	3	1	3	1	3	1	3	1	3	1	3
	1,2	3	1	3	1	3	1	3	1	3	1	3	1	3	1	3	1	3	1
	1,6	1	3	1	3	1	3	1	3	1	3	1	3	1	3	1	x	x	x
	2	3	1	3	1	3	1	x	x	3	x	x	1	x	x	x	x	x	x
	2,4	1	3	1	3	1	3	x	x	x	x	x	x	x	x	x	x	x	x

Matrix für die Beschichtung mit Vorschub ($v_{Wx} \neq 0$):

Aus den guten Beschichtungsergebnissen der Ringbeschichtung wurde der Versuchsparameter verwendet, um die spirale Beschichtung herzustellen. Damit es keinen Spalt zwischen den Beschichtungsbahnen gibt, sollte der Vorschub anhand der Schichtbreite errechnet werden.

$$v_{Wx} \leq \frac{Bn_W}{60} \left[\frac{mm}{s}\right] \qquad \textbf{Gleichung 14}$$

(B: mittlere Schichtbreite der Versuch wenn v_{Wx} = 0 [mm]; n_W: Wellendrehzahl [U/min])

Tabelle 12: Versuchsmatrix für die Einflüsse der Drehrichtung

DR_B	R	R	L	L
DR_W	R	L	L	R

Tabelle 13: Versuchsmatrix für die Einflüsse der Exzentrizität im Fall des Zinkbolzens

n_W = 6 [U/min]; d_W = 49 mm; d_B = 10 mm; v_{Wx} = 0; DR_B, DR_W: rechts																			
n_B [U/min]		700			1200			1600			2000			2400			2800		
e [mm]		-2	2	4	-2	2	4	-2	2	4	-2	2	4	-2	2	4	-2	2	4
F [kN]	0,5		1	0	1	1	0		3	0		1	0	1	3	4		1	0
	0,8	1	1	0	2	3	4	1	1	1	2	3	0	1	1	0		x	x
	1,1		3	2	1	1	0	2	1	0		x	x		x	x		x	x
	1,4		1	0	2	3	0		x	x		x	x		x	x		x	x

Tabelle 14: Versuchsmatrix für die Einflüsse der Exzentrizität im Fall des Kupferbolzens

n_W = 8 [U/min]; e = 2 mm; d_W = 49 mm; d_B = 10 mm; v_{Wx} = 0; DR_B, DR_W: rechts						
n_B [U/min]		700	1200	1600	2000	2400
F [kN]	0,8	3	3			
	1,2		1	3	3	1
	1,6		3			

Tabelle 15: Versuchsmatrix für den Einfluss des Wellendurchmessers im Fall des Zinkbolzens

n_W [U/min]; e = 0,2 mm; d_W [mm]; d_B = 10 mm; v_{Wx} = 0; DR_B, DR_W: rechts							
n_B [U/min]		700	1200	1600	2000	2400	2800
F [kN]	0,5		1				
	0,8	1	3	1	3	1	1
	1,1		1				
	1,4		3				

Damit die relative Geschwindigkeit zwischen Bolzen und Wellen konstant gehalten wird, muss die Wellendrehzahl für jeden Wellendurchmesser mittels der Tabelle 16 umgerechnet werden.

Tabelle 16: Wellendrehzahl im Zusammenhang mit Durchmesser

bei d_W = 49 mm; n_W = 6 [U/min] → v_U = 15,39 mm/s; $n_W = \frac{60v}{\pi d_W}$ [U/min]						
d_W [mm]	49	20	29	39	59	69
n_W [U/min]	6	14,7	10,14	7,54	4,98	4,26

Außerdem wurden die Versuchen wie in der Tabelle 15 bei dem Wellendurchmesser von 29 mm aber mit einer Exzentrizität (e) von 2 mm durchgeführt.

Tabelle 17: Versuchsmatrix für den Einfluss des Bolzendurchmessers im Fall des Zinkbolzens

e = 0,2 mm; v_{Wx} = 0; DR_B, DR_W: rechts																
n_B [U/min]		700			1200			1600			2000			2400		
n_W [U/min]		6		14,7	6		14,7	6		14,7	6		14,7	6		14,7
d_W [mm]		49		20	49		20	49		20	49		20	49		20
d_B [mm]		14	22	22	14	22	22	14	22	22	14	22	22	14	22	22
F [kN]	0,5				1											
	0,8	1	1	1	3	3	3	1	1	1	3	3	3	1	1	1
	1,1				1											
	1,4				3											

Tabelle 18: Versuchsmatrix für den Einfluss der Beschichtungsposition im Fall des Zinkbolzens

v_U = 15,39 mm/s; e = 0,2 mm; F = 800 N; v_{Wx} = 0; DR_B, DR_W: rechts							
n_B [U/min]; d_W [mm]; d_B [mm]		1200; 59; 14	1600; 59; 14	2000; 59; 14	2400; 59; 14	1600; 20; 10	2000; 29; 10
Position	0	2	1	1	1	1	3
	1			1		2	1
	2	2	2	1	2		

6.3.2 Versuchsdurchführung

Die Versuche wurden auf der Reibauftraglötanlage (Abbildung 25) durchgeführt. Der angewendete Prozessablauf war kraftgesteuert (s. Kapitel 5.3). Bevor die Versuche durchgeführt wurden, wurden Welle und Bolzen mit Aceton gereinigt. Der Bolzen wurde im Spannzangenfutter mit einem bestimmten Bolzenüberstand (Abbildung 39 rechts) je nach Bolzenmaterial (Zink: 10 - 12 mm; Aluminium: 8 - 10 mm; Kupfer: 12 – 15 mm) eingespannt. Ein Dreibackenfutter spannt die Welle auf der Spannfläche, und damit sich die Welle unter der Einpresskraft des Bolzens nicht verbiegt, wurde die andere Seite mit Hilfe eines Reitstockes festgehalten (Abbildung 39 – links).

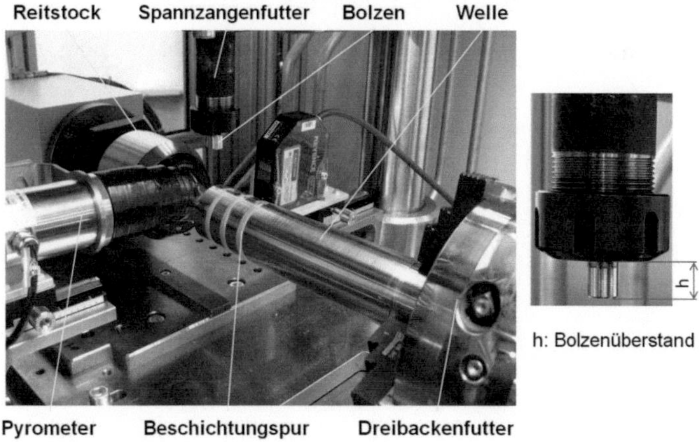

Abbildung 39: Versuchstand – Beschichtungsbereich

Der Abstand zwischen der Bolzenkante und der Stirnfläche bzw. der Abstand zwischen zwei Versuchen auf einer Welle wurde auf mindesten 5 mm (s. Abbildung 40) festgelegt. Nach jedem Versuch wurde der Bolzen durch einen neuen Bolzen gewechselt.

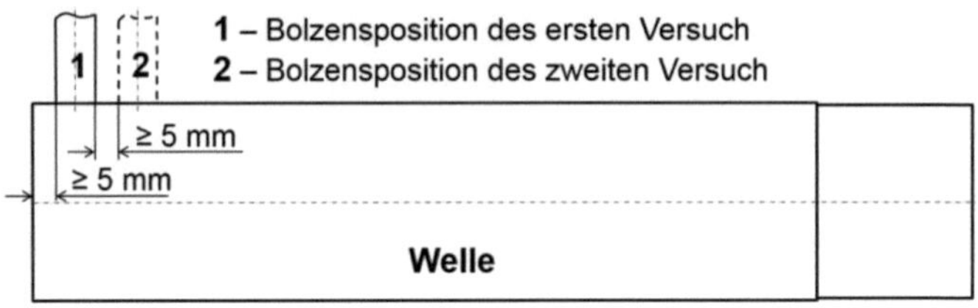

Abbildung 40: Bolzensposition der Versuche auf einer Welle

Während der Versuche wurde die Temperatur der Kontaktzone mittels Pyrometer gemessen. Die Anpresskraft, Bolzendrehzahl, Wellendrehzahl, Wellenvorschub, Bolzenvorschub, Position in X-, Y-, Z-Richtung, Drehmoment des Bolzens, Drehmoment der Welle und Winkelposition der Welle wurden gemessen und gespeichert.

6.4 Versuchsergebnisse

Insgesamt wurden ca. 700 Versuche durchgeführt. Die gesamten Versuchsdaten können in der Anlage 6 gelesen werden. Die erreichten Schichtdicken und Schichtbreiten werden in der Tabelle 19 gezeigt. In Abhängigkeit vom Bolzenmaterial variieren die realisierten Schichtdicken stark. Diese betragen für Kupfer 54 … 135 µm, für Aluminium 22 … 145 µm und für Zink 11 … 50 µm. Im Fall von ringförmigen Beschichtungen liegen die Schichtbreiten im Bereich von 4 … 10 mm, d. h. sie sind kleiner oder gleich dem Bolzendurchmesser. Die Schichtbreite kann durch die Vergrößerung des Bolzendurchmessers oder die Anwendung der spiralförmigen Beschichtung erhöht werden.

Tabelle 19: Erreichte Schichtdicken und Schichtbreiten

Bolzenmaterial d_B = 10 mm	Kupfer	Aluminium	Zink
Schichtdicke [µm]	54 - 135	22 - 145	11 - 50
Schichtbreite [mm]	4,2 - 6,4	4,5 - 10,6	4,2 - 7

Bei der ringförmigen Beschichtung sind die Schichten in der Übergangszone (Anfangspunkt und Endpunkt des Beschichtungsvorganges) nicht ideal (Abbildung 41). Wurde der Bolzen am Endpunkt sofort hochgezogen, entstand eine Wulst am Endpunkt (Variant 1, rote Pfeile in Abbildung 41 - 1a). Während der Beschichtung wurde der Bolzen und die Schicht durch eine plastische Zone (rote Zone in Abbildung 41 - 1b) verbunden. Wenn der Bolzen am Ende hochfährt, haftet ein Teil dieser Zone an dem Bolzen und ein Teil bleibt an der Schicht zurück (Abbildung 41 - 1c). Dieses Problem kann vermieden werden, indem die Anpresskraft und Bolzendrehzahl kurz vor Ende des Beschichtungsprozess verringert werden (Variant 2, Abbildung 41 - 2b). Damit verschwindet die plastische Zone, bevor der Bolzen hochfährt. Die Abbildung 41 - 2a zeigt keine Wulst in der Schicht mehr. Trotzdem existiert ein anderes Problem, und zwar, dass die Schicht an der Übergangszone nicht gleichmäßig ist und bei einigen Versuchen besonderes bei Zink und Kupfer, sogar Teile der Schicht fehlen. Diese Ungleichmäßigkeit rührt aus der Erwärmungszeit her. Das ist auch der Grund für die fehlende Schicht, da durch das Verschwinden der plastischen Zone der Bolzen wie ein Fräser wirkt.

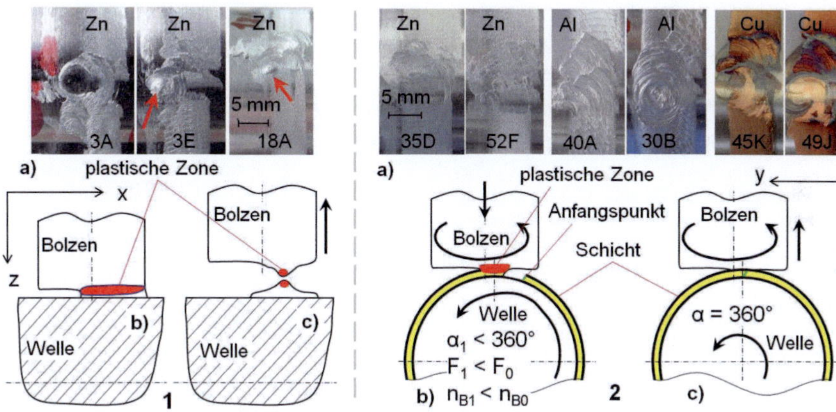

Abbildung 41: Übergangsposition der Beschichtung; 1-Variant 1; 2-Variant 2

Die Ungleichmäßigkeit kann durch die Variante 3 beseitigt werden, indem der Bolzen am Anfang an einer anderen Position x_1 erwärmt wird. Wenn der Bolzen genug aufgewärmt ist, fährt er zur Beschichtungsposition x_2 (Abbildung 42 - 3). Der erreichte Beschichtungsübergang ist dadurch verbessert worden (Abbildung 42 - 3 oben). Allerdings fehlen noch die weiter oben erwähnen Teile der Schicht, welche durch eine tangentiale Bewegung des Bolzens am Ende des Beschichtungsvorgangs

(Abbildung 42 - 4) gelöst werden können. D. h. kurz vor Ende des Beschichtungsvorgangs fährt der Bolzen in Querrichtung zur Welle seitlich weg. Durch diese Bewegung wird der Rest des plastischen Materials aufgetragen, bevor der Bolzen die Schicht abfräst. Diese Variante ist in der Versuchsmaschine nicht möglich.

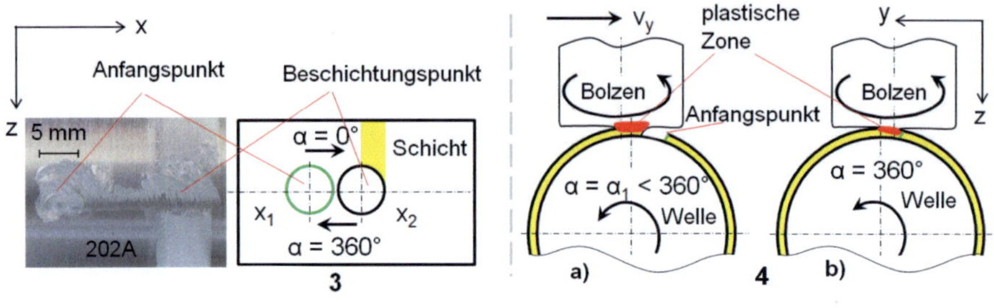

Abbildung 42: Optimierung der Übergangsposition der Beschichtung; 3-Variant 3; 4-Variant 4

6.5 Einfluss der Hauptparameter auf die Schichteigenschaften

6.5.1 Einfluss der Bolzendrehzahl

Die Abbildung 43, 44 und 45 zeigen die Abhängigkeit der Schicht, hinsichtlich der Schichtdicke, Schichtbreite und Oberflächenrauheit, von der Bolzendrehzahl.

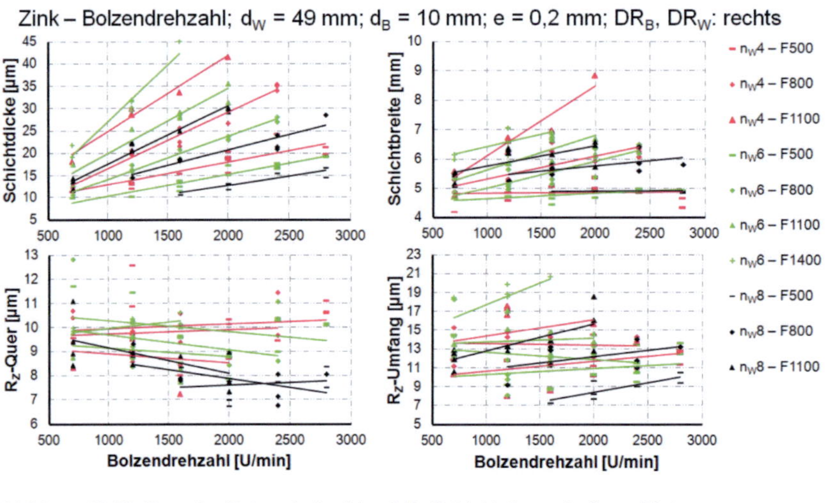

Abbildung 43: Einfluss der Bolzendrehzahl auf die Schichteigenschaften – Zink

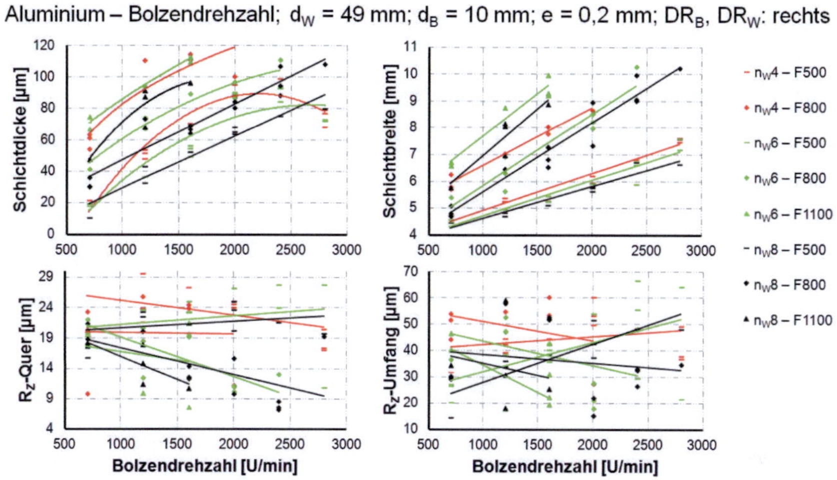

Abbildung 44: Einfluss der Bolzendrehzahl auf die Schichteigenschaften – Aluminium

Bei Zink und Aluminium ist es am deutlichsten zu erkennen, dass je größer die Bolzendrehzahl, desto größer werden Schichtdicke und Schichtbreite (Abbildung 43, Abbildung 44 oben; und Abbildung 46 oben links und mittig). Dies ist logisch, da bei höherer Bolzendrehzahl die Reibungsenergie größer ist, und somit mehr Bolzenmaterial aufgeschmolzen wird.

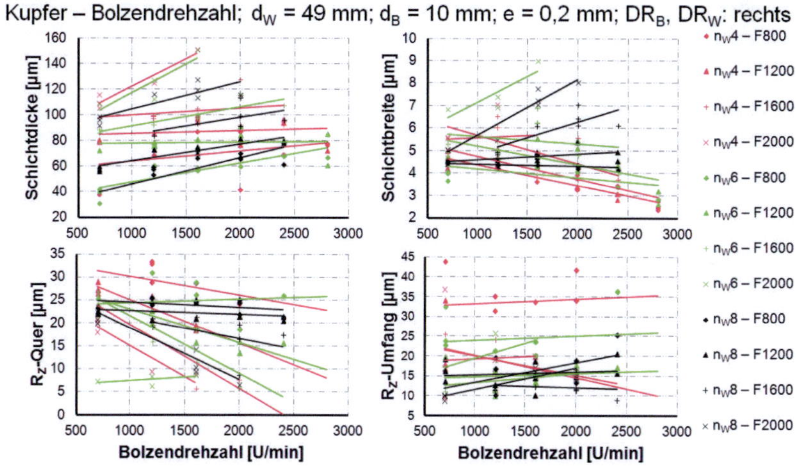

Abbildung 45: Einfluss der Bolzendrehzahl auf die Schichteigenschaften – Kupfer

Im Vergleich zu den Ergebnissen des Reibauftragschweißens auf ebener Fläche [21][31][33][47][68] sind diese Ergebnisse vollständig entgegengesetzt. Der Grund liegt im Unterschied des Materials und der Substratform.

Die Tendenzen hinsichtlich der Schichtdicke bei Kupfer (Abbildung 45 oben, links) sind ähnlich wie bei Zink und Aluminium, wobei aber das Verhältnis zwischen Bolzendrehzahl und Schichtbreite nicht gleich ist: je größer die Bolzendrehzahl bei kleiner Wellendrehzahl (n_W = 4 und 6 U/min) ist, desto kleiner sind die Schichtbreiten (Abbildung 46 oben rechts); bei großer Wellendrehzahl (n_W = 8 U/min) ist dies der umgekehrte Fall (Abbildung 45 oben, rechts).

Die Tendenzen bezogen auf die Oberflächenrauheit der Schicht in Querrichtung vom Zink, Aluminium und Kupfer sind nahezu gleich (Abbildung 43, 44, 45 unten, links). Die Rauheit nimmt bei steigender Bolzendrehzahl primär ab. D. h. die Oberfläche wird glatter. Dies ist trotz unterschiedlicher Materialien und Substratformen identisch mit dem Ergebnis von Nicolas [21]. In einigen Fällen, bei welchen die Anpresskraft klein ist (F = 500 N), stiegen die Rauheiten. Unter Betrachtung der Schichtprofile wurde erkannt, dass bei großen Bolzendrehzahlen die Schicht in 2 Zonen aufgeteilt wurde, wobei die Zonengrenze der Mittelpunkt des Bolzens ist. Auf der linken Seite ist die Schicht im Vergleich zur rechten Seite, ein wenig dicker (Abbildung 46 unten).

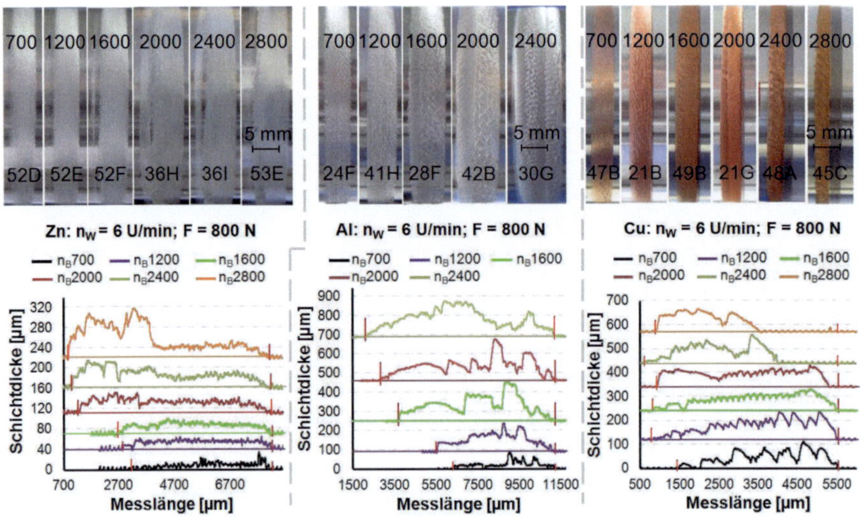

Abbildung 46: Beschichtungspuren unter Einfluss der Bolzendrehzahl

In der Umfangsrichtung ist die Tendenz eines jeden Bolzenmaterials unterschiedlich. Die Rauheit der Zinkschicht steigt vorwiegend mit steigender Bolzendrehzahl, aber bei der Aluminiumschicht nimmt die Rauheit in den meisten Fälle ab. Nur bei kleinen Anpresskräften (F = 500 N), steigt die Rauheit (Abbildung 43, Abbildung 44 unten, rechts). Die Tendenz bei der Kupferschicht ist nicht deutlich abzulesen.

6.5.2 Einfluss der Anpresskraft

Der Einfluss der Anpresskraft auf die Schichtdicke, Schichtbreite und Oberflächenrauheit der Schicht wird in der Abbildung 47, Abbildung 48 und Abbildung 49 gezeigt.

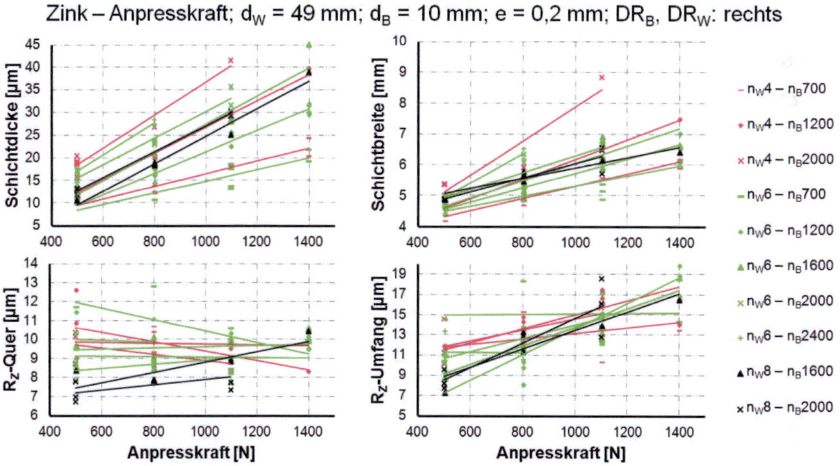

Abbildung 47: Einfluss der Anpresskraft auf die Schichteigenschaften – Zink

Die Tendenz, dass die Schichtdicke und Schichtbreite groß ist, wenn auch die Anpresskraft groß ist, ist bei Zink, Aluminium und Kupfer gleich (Abbildung 47, 48, 49 - oben). Auch hier gilt, dass bei einer größeren Anpresskraft die Reibkraft größer wird, was zur Energieerhöhung in der Kontaktzone führt. Außerdem kann die Schichtbreite bei den Versuchen mit großen Anpresskräften und Bolzendrehzahlen in 2 Bereichen (links und rechts) unterteilt werden. Die Grenze ist der Mittelpunkt des Bolzens. Auf der rechten Seite sieht die Schicht gut aus (Abbildung 50-Zink 16H), wohingegen die Schicht auf der linken Seite weniger gut aussieht, und dicker ist (s. Abbildung 50 unten). Der Grund ist in den unterschiedlichen relativen Geschwindigkeiten des Bolzens auf den beiden Seiten zu sehen.

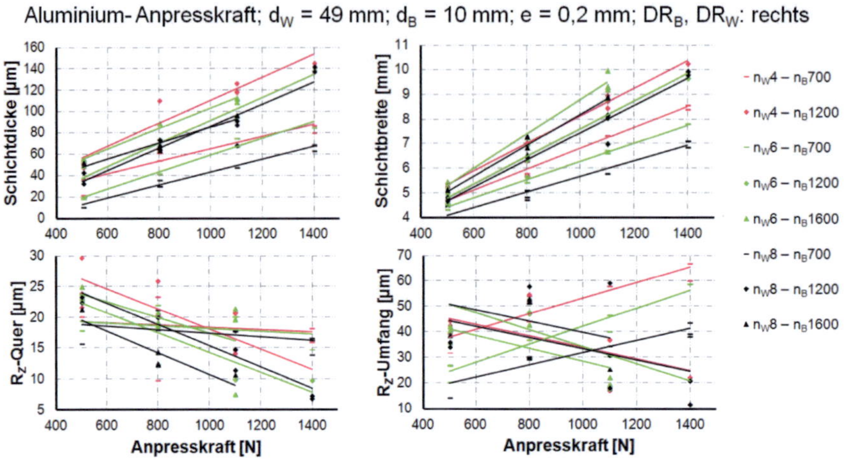

Abbildung 48: Einfluss der Anpresskraft auf die Schichteigenschaften – Aluminium

Ähnlich wie beim Einfluss der Bolzendrehzahl, ist auch hier die Rauheit der Aluminium- und Kupferschicht in Querrichtung umso kleiner, je größer die Anpresskraft (Abbildung 48 und Abbildung 49 unten, links) ist. Diese Tendenz ist ähnlich wie die Tendenz der Rauheit in Umfangsrichtung bei Aluminium für die Versuche mit großen Bolzendrehzahl (n_B > 700 U/min). Bei Versuchen mit kleiner Bolzendrehzahl (n_B = 700 U/min) vergrößert sich die Rauheit, wenn die Anpresskraft groß ist.

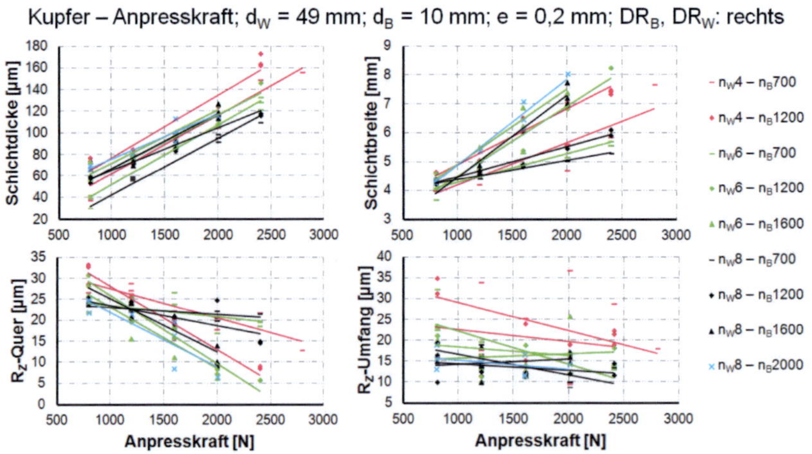

Abbildung 49: Einfluss der Anpresskraft auf die Schichteigenschaften – Kupfer

Die Rauheit in Umfangsrichtung der Kupferschicht zeigt keine eindeutige Tendenz auf. Trotzdem wurde festgestellt, dass die Rauheit einen großen Bereich abdeckt, in der sie bei großer Anpresskraft nicht streut.

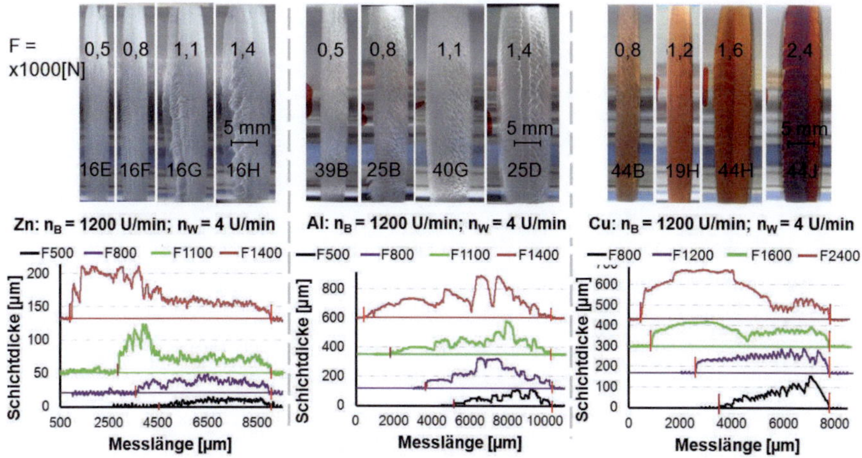

Abbildung 50: Beschichtungsspuren unter Einfluss der Anpresskraft

Die Tendenz der Rauheit in Querrichtung der Zinkschicht ist nicht so deutlich abzulesen. Die Rauheit steigt mit steigender Anpresskraft für die Fälle, bei welchen die Bolzendrehzahl groß ist. Im Gegensatz dazu ist die Tendenz der Rauheit in Umfangsrichtung der Zinkschicht sehr eindeutig. Die Rauheit ist bei großer Anpresskraft schlechter.

6.5.3 Einfluss der Wellendrehzahl

Eine große Wellendrehzahl verkleinert die Schichtdicke und die Schichtbreite (s. Abbildung 51, Abbildung 52, Abbildung 53 oben). Diese Tendenz stimmt mit der Tendenz der Beschichtung von hartem Metall auf weichem Metall in [52][63] überein.

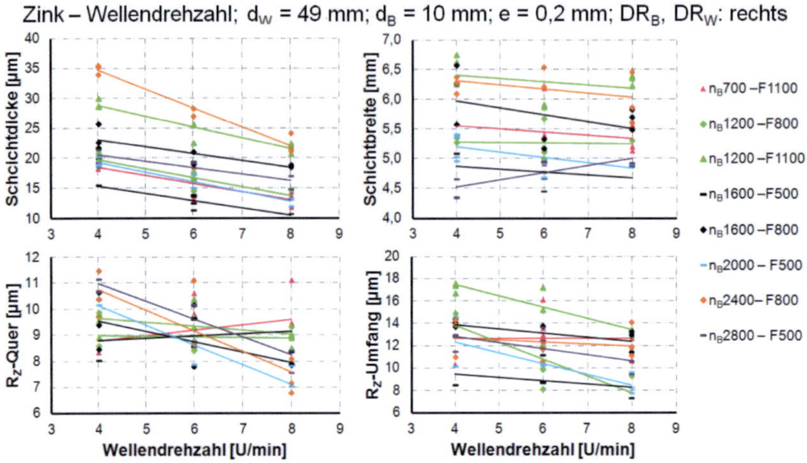

Abbildung 51: Einfluss der Wellendrehzahl auf die Schichteigenschaften – Zink

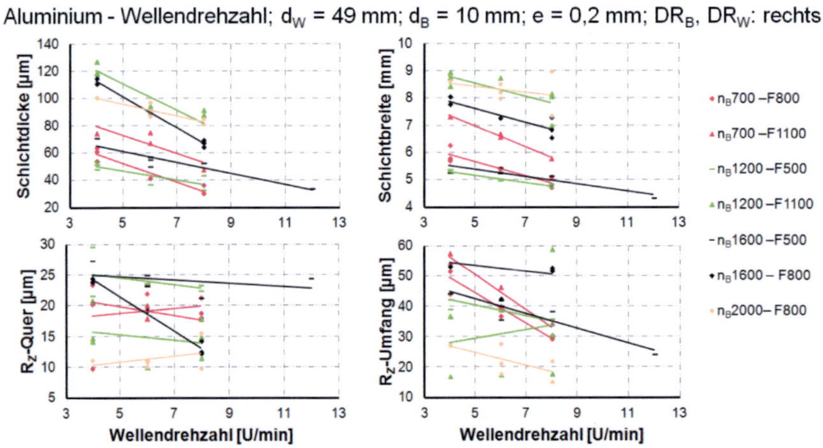

Abbildung 52: Einfluss der Wellendrehzahl auf die Schichteigenschaften – Aluminium

Bei der Kupferschicht gibt es einige besondere Fälle, bei denen die Schichtbreite größer ist, je größer die Wellendrehzahl ist. Dies tritt bei Kupferschichten auf, welche mit großen Bolzendrehzahlen und kleinen Anpresskräften (Abbildung 53, oben rechts, n_B2400-F1200, n_B2000-F800 & 1600) hergestellt wurden. Hier wurde die Schicht bei niedriger Wellendrehzahl in zwei Bereiche aufgetragen (Abbildung 54, links). Die linke Seite ist viel dicker als die rechte Seite, welche keinen erfolgreichen Beschichtungsvorgang aufweist. Bei großen Anpresskräften erscheint die linke Seite lilafarben und die rechten Seite weist die ursprüngliche Farbe von Kupfer (Abbildung 54, rechts) auf. Der Farb- und Schichtdickenunterschied verschwindet, wenn die Wellendrehzahl noch größer gewählt wird. Die Farbänderung beweist, dass die Reibungsenergie zu groß war.

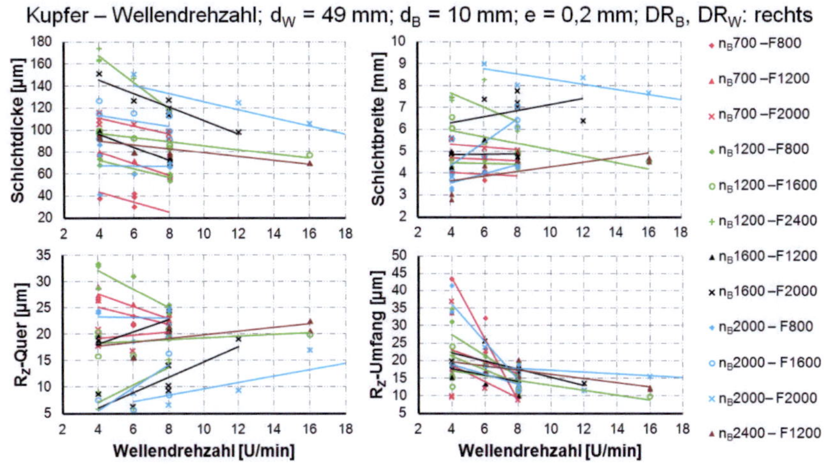

Abbildung 53: Einfluss der Wellendrehzahl auf die Schichteigenschaften – Kupfer

Die Rauheit der Zinkschicht sowohl in Querrichtung als auch in Umfangsrichtung ist primär kleiner geworden, wenn eine große Wellendrehzahl gewählt wurde. Nur bei kleiner Bolzendrehzahl vergrößert sich die Rauheit in Querrichtung leicht (Abbildung 51, oben, links). Die Draufsichten und Schichtprofile sehen besser aus (Abbildung 55 links).

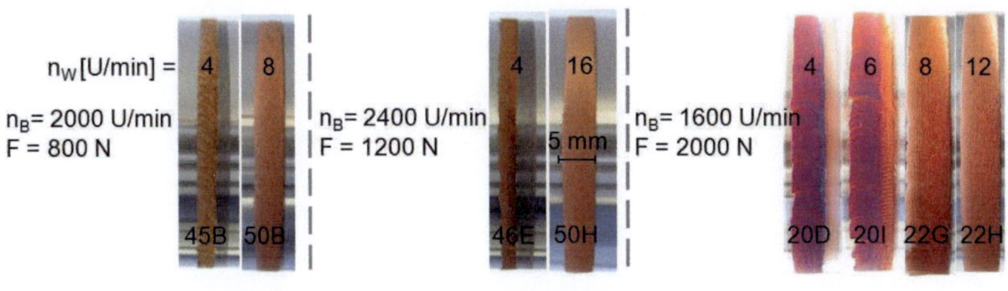

Abbildung 54: Einfluss der Wellendrehzahl auf die Schichtbreite – Kupfer

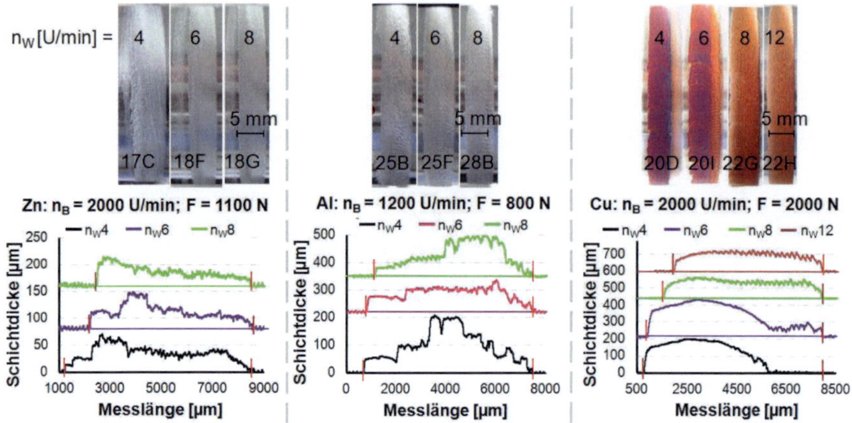

Abbildung 55: Einfluss der Wellendrehzahl auf die Schichtqualität

Bei Aluminium verringert sich die Rauheit in Umfangsrichtung auch bei großer Wellendrehzahl, aber eine Tendenz in Querrichtung ist nicht eindeutig (Abbildung 52, oben links) abzulesen. Die Kupferschicht hat auch die gleiche Tendenz in beiden Richtungen wie die Aluminiumschicht, aber in Querrichtung scheint es so, dass sich die Rauheit einem Bereich ($R_z \approx 20$ µm) annähert (Abbildung 53 unten links). Die Draufsichten und Schichtprofile der Aluminium- und Kupferschicht bei der großer Wellendrehzahl sind besser (Abbildung 55 Mitte und rechts), die Kupferschicht verteilt sich im Querschnitt besonders gleichmäßig.

6.5.4 Zusammenfassung der Einflüsse

In 6.5.1, 6.5.2 und 6.5.3 wurden die Einflüsse der einzelnen Prozessparameter beschrieben. Um die Einflüsse der gesamten Prozessparameter zu untersuchen, sollten diese durch mathematische Beziehungen beschrieben werden. Da eine Tendenz nur für die Schichtdicke (H) und die Schichtbreite (B) erkennbar ist, wurden auch nur dafür mathematische Beziehungen erstellt. Die Schichtdicke und Schichtbreite sind dabei Funktionen von der Bolzendrehzahl bzw. der Bolzenwinkelgeschwindigkeit (ω_B), Wellendrehzahl bzw. Wellenumfangsgeschwindigkeit (v_U) und Anpresskraft (F):

$$H = f(\omega_B; v_U; F) \qquad \textbf{Gleichung 15}$$

$$B = f(\omega_B; v_U; F) \qquad \textbf{Gleichung 16}$$

Die Betrachtung der Parameter geht auf das Kapitel 6.2.3.4 zurück, wobei die Energiedichte von der Anpresskraft, der Bolzendrehzahl und der Wellendrehzahl abhängig ist. Es wird angenommen, dass die Schichtdicke und Schichtbreite von der Reibungsenergiedichte abhängen, weshalb die Gleichung 15 und Gleichung 16 bezogen auf die Gleichung 13 wie folgt angenommen werden können:

$$H = k_h \cdot \omega_B^{h1} \cdot F^{h2} \cdot {v_U}^{h3}$$ **Gleichung 17**

$$B = k_b \cdot \omega_B^{b1} \cdot F^{b2} \cdot {v_U}^{b3}$$ **Gleichung 18**

Wobei: k_h, k_b, h_1, h_2, h_3, b_1, b_2, b_3 die Koeffizienten sind, welche gefunden werden müssen. Die Gleichung 17 und Gleichung 18 können durch Logarithmieren wie folgt geschrieben werden:

$$lnH = lnk_h + h_1 ln\omega_B + h_2 lnF + h_{31} lnv_u$$ **Gleichung 19**

$$lnB = lnk_b + b_1 ln\omega_B + b_2 lnF + b_{31} lnv_u$$ **Gleichung 20**

Die Gleichung 19 und Gleichung 20 sind lineare Gleichungen und die Koeffizienten konnten deshalb mit Hilfe einer Regressionsanalyse – Methode der kleinsten Quadrate [117][118][119] unter Anwendung der Software „Microsoft Excel" erzeugt werden. Die gesamten Ergebnisse sind in der Tabelle 20 zu sehen.

Tabelle 20: Ergebnisse aus der Regressionsanalyse

Material/ Parameter	ω_B - [rad/s]; F - [N]; v_U - [mm/s]	r^2	se_i
Zink H [µm]	$\ln(H_{Zn}) = 0{,}71389\ln(\omega_B) + 1{,}20766\ln(F) - 0{,}44627\ln(v_U) - 6{,}27160$	0,934335389	0,09178727
Zink B [mm]	$\ln(B_{Zn}) = 0{,}15756\ln(\omega_B) + 0{,}39227\ln(F) - 0{,}10700\ln(v_U) - 1{,}41276$	0,778962121	0,06583358
Aluminium H [µm]	$\ln(H_{Al}) = 0{,}91909\ln(\omega_B) + 1{,}15513\ln(F) - 0{,}50146\ln(v_U) - 6{,}59179$	0,865826379	0,18082294
Aluminium B [mm]	$\ln(B_{Al}) = 0{,}41298\ln(\omega_B) + 0{,}65309\ln(F) - 0{,}15038\ln(v_U) - 4{,}04512$	0,919694172	0,06914120
Kupfer H [µm]	$\ln(H_{Cu}) = 0{,}24551\ln(\omega_B) + 0{,}83488\ln(F) - 0{,}24584\ln(v_U) - 2{,}11066$	0,809663902	0,14799435
Kupfer B [mm]	$\ln(B_{Cu}) = -0{,}04497\ln(\omega_B) + 0{,}47427\ln(F) + 0{,}11892\ln(v_U) - 1{,}93379$	0,530907458	0,18184973

Wobei „r^2" das Bestimmtheitsmaß ist. „se_y" ist der Standardfehler des Schätzwerts (H oder B). Aus der Tabelle 20 ist ersichtlich, dass das Bestimmtheitsmaß der Kupferschichtbreite niedrig (0,53) ist. Es bedeutet, dass nur 53% der Schätzwerte durch die Prozessparameter erklärt werden können. Bei Zink und Aluminium ist eine sehr gute Korrelation festzustellen.

Die Koeffizienten der Gleichung 19 und Gleichung 20 zeigen die Einflussintensität der Prozessparameter. Die Koeffizienten der Anpresskraft sind am größten, d. h. die

Anpresskraft hat den größten Einfluss auf die Schichtdicke und Schichtbreite. An der zweiten Stelle steht die Bolzendrehzahl. Der Parameter mit dem geringsten Einfluss ist die Umfangsgeschwindigkeit der Welle. In den meisten Fällen hat der Koeffizient der Wellenumfangsgeschwindigkeit ein Minuszeichen, d. h. Schichtdicke und Schichtbreite sind umgekehrt proportional zu Wellenumfangsgeschwindigkeit. Dies stimmt mit der Annahme überein, dass die Wellenumfangsgeschwindigkeit einen Einfluss auf die Verteilung der Reibungsenergie hat.

6.6 Einfluss der anderen Parameter auf die Schichteigenschaften

6.6.1 Einfluss der Erwärmungszeit (t_s)

Die Erwärmungszeit hat einen gewissen Einfluss auf die Überdeckung der Schicht am Anfang des Beschichtungsvorganges. Bei einer ungenügend langen Erwärmungszeit ist entweder die Schichtbreite kleiner (Abbildung 56 links) oder es fehlen Teile der Beschichtung (Abbildung 56 rechts).

Al; n_B = 1200 U/min; n_W = 6 U/min; F = 800 N; d_W = 49 mm; d_B = 10 mm; e = 0,2 mm

Zn; n_B = 2000 U/min; n_W = 4 U/min; F = 500 N; d_W = 49 mm; d_B = 10 mm; e = 0,2mm

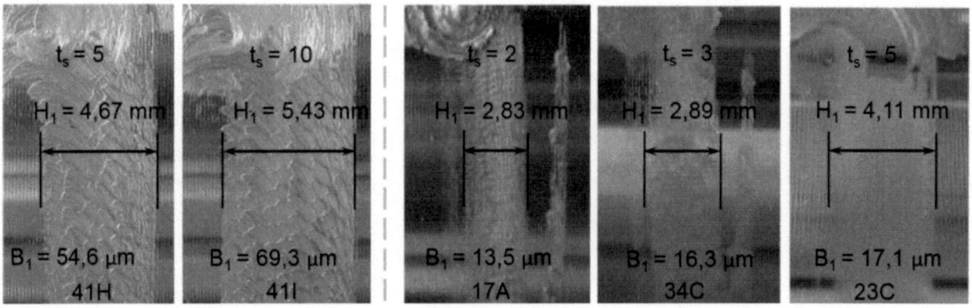

Abbildung 56: Schichtverläufe unter Einfluss verschiedenster Erwärmungszeiten

Die richtige Erwärmungszeit für jeden Versuchsparameter kann durch die Auswertung der Prozesstemperatur gewählt werden. Es wird dabei wie folgt vorgegangen: zu Beginn wurde eine Erwärmungszeit eingegeben und während des Beschichtungsprozesses wurde die Temperatur durch einen Pyrometer erfasst. Die mittlere Temperatur wurde später als ein Kriterium für den Steuerungsprozess angewendet, d. h. die Welle dreht sich, wenn die gemessene Temperatur gleich der Eingabetemperatur ist.

6.6.2 Einfluss der Drehrichtung

Die Drehrichtung wurde nach Tabelle 21 in Abkürzungen dargestellt:

Tabelle 21: Abkürzung für die Drehrichtung

DR_B	links	links	rechts	rechts	links	links	rechts	rechts
DR_W	links	rechts	links	rechts	links	rechts	links	rechts
e	>0	>0	>0	>0	< 0	< 0	< 0	< 0
Abkürzung	LLP	LRP	RLP	RRP	LLN	LRN	RLN	RRN

Um den Einfluss der Drehrichtung zu erklären, wurde zuerst das Prinzip des Beschichtungsvorgangs erklärt (s. Abbildung 57).

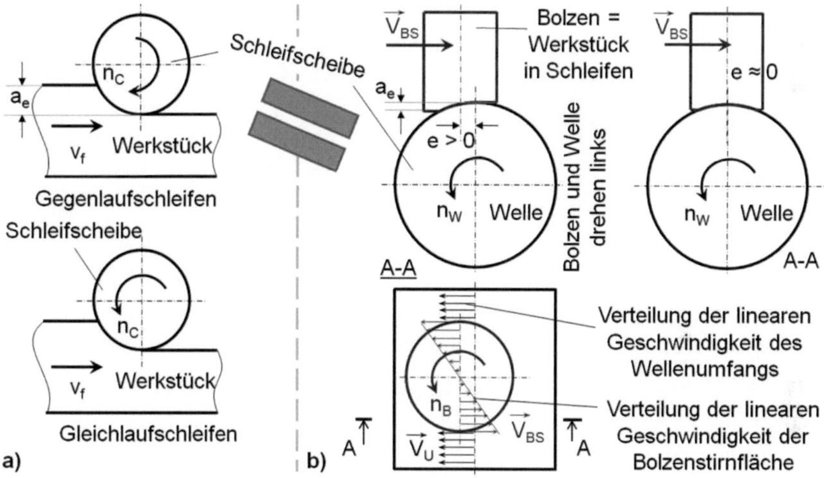

Abbildung 57: Prinzip des Beschichtungsvorgangs. a) Planschleifen [N14]; b) Reibauftraglöten

Da der Bolzen immer auf die Welle angepresst wird und das Bolzenmaterial weicher als das Wellenmaterial ist, verformt sich der Bolzen an der Stirnseite. Das bedeutet, dass in der Querschnittebene (A-A) (s. Abbildung 57b), welche senkrecht zur Wellenachse und parallel zur Bolzenachse ist, der Kontakt zwischen Bolzen und Welle ein Bogen ist. Aus diesen Grund kann der Beschichtungsvorgang in dieser Querschnittebene angenähert wie Planschleifen (s. Abbildung 57a) betrachtet werden. Die Welle spielt dabei die Rolle einer Schleifscheibe, der Bolzen das Werkstück. Die Geschwindigkeit des Bolzenmaterials an der Bolzenstirnseite ist beim Schleifen die Vorschubgeschwindigkeit, und die Drehzahl des Werkstücks n_W die Drehzahl der Schleifscheibe n_C. Beim Schleifen wird das Werkstückmaterial in Form von Spänen abgetragen, was beim Reibauftraglöten nicht der Fall ist. Zwar wird das Werkstückmaterial (Bolzenmaterial) auch abgetragen, aber die Späne bleiben auf der Schleifscheibe (Welle) haften.

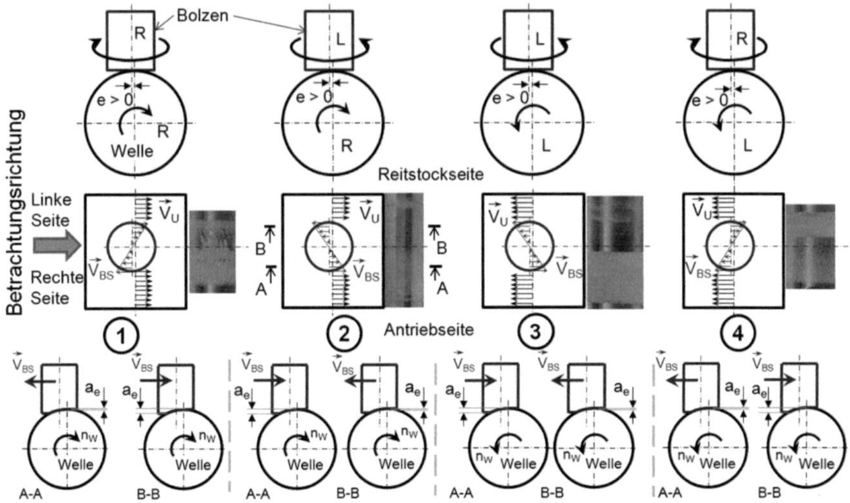

Abbildung 58: Kinematik des Bolzens und der Welle unter Einfluss der Drehrichtung

Planschleifen wird dabei in Gegenlaufschleifen und Gleichlaufschleifen unterteilt. Beim Gegenlaufschleifen dringen die Schneiden der Schleifscheibenumfangsfläche nahezu tangential zur fertigbearbeiteten Oberfläche in die Kontaktzone ein und verlassen diese an der Werkstückrohteiloberfläche. Beim Gleichlaufschleifen hingegen drehen sich die geschilderten Eingriffsverhältnisse um [122]. Beide Verfahren funktionieren beim Schleifen gut, da die Schnittgeschwindigkeit immer viel größer als die Vorschubgeschwindigkeit ($v_C >> v_f$) ist, was beim Reibauftraglöten nicht der Fall ist. Hier ist V_{BS} viel größer als V_U (der Bolzen dreht sich mehrere 100 mal schneller als die Welle). Dies führt dazu, dass nur beim Reibauftraglöten wie Gegenlaufschleifen das Abtragen stattfindet. Beim Reibauftraglöten wie Gleichlaufschleifen rutscht die Welle (Schleifscheibe) auf dem Bolzen (Werkstück).

Für die Fälle von Exzentrizitäten größer als Null, wurde die Kinematik des Bolzens und der Welle für unterschiedliche Drehrichtungen in der Abbildung 58 analysiert. Aus diesem oben genannten Grundprinzip des Beschichtungsvorgangs und dem Analysieren der relativen Geschwindigkeit zwischen Bolzen und Welle kann der Einfluss der Drehrichtung wie in der Tabelle 22 erklärt werden:

Tabelle 22: Erklärung für Drehrichtungseinfluss

Fall	DR_B	DR_W	Art des Prozesses an der rechten Bolzenseite	Art des Prozesses an der linken Bolzenseite
1 RRP	R	R	Gegenlauf von RALö mit $a_e \approx 0$ ➔ Gehaftet aber Schicht ungleichmäßig	Gleichlauf von RALö mit $a_e > 0$ ➔ Schlecht gehaftet
2 LRP	L	R	Gleichlauf von RALö mit $a_e > 0$ ➔ Schlecht gehaftet	Gegenlauf von RALö mit $a_e \approx 0$ ➔ Schlecht gehaftet
3 LLP	L	L	Gegenlauf von RALö mit $a_e > 0$ ➔ Gut gehaftet	Gleichlauf von RALö mit $a_e \approx 0$ ➔ Schlecht gehaftet
4 RLP	R	L	Gleichlauf von RALö mit $a_e \approx 0$ ➔ Schlecht gehaftet	Gegenlauf von RALö mit $a_e > 0$ ➔ Gut gehaftet

Aus der Tabelle 22 kann abgelesen werden, dass der 1. Fall auf der rechten Seite und der 2. Fall auf der linken Seite die gleichen Bedingungen haben. Deshalb sollten sie die gleichen Beschichtungsergebnisse aufweisen. In der Realität haftet die Schicht im 1. Fall aber nicht im 2. Fall (s. Abbildung 59 links).

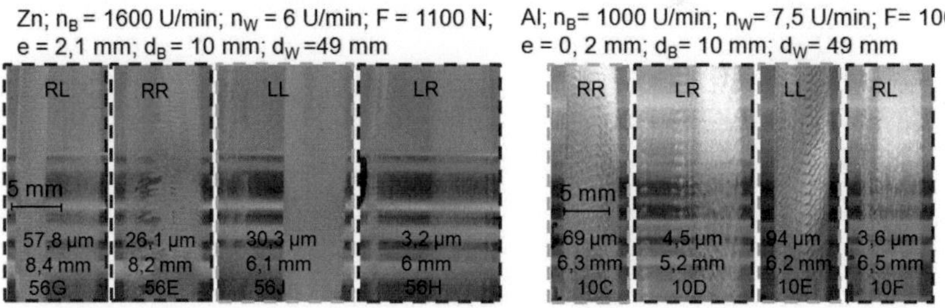

Abbildung 59: Schichtverläufe unter Einfluss der Drehrichtung

Dieser Unterschied kann durch den Unterschied des Kontaktdruckes zwischen linker und rechter Seite erklärt werden (s. Abbildung 60). Da die Welle zwischen dem Spannbackenfutter (rechte Seite) und dem Reitstock (linken Seite) eingespannt wird, ist die rechte Seite steifer als die linke Seite. D. h. unter eine Einwirkung einer Anpresskraft biegt sich die Welle an der linken Seite nach unten (s. Abbildung 60 rechts), was zu Unterschieden im Kontaktdruck, wie in der Abbildung 60 rechts darstellt, führt.

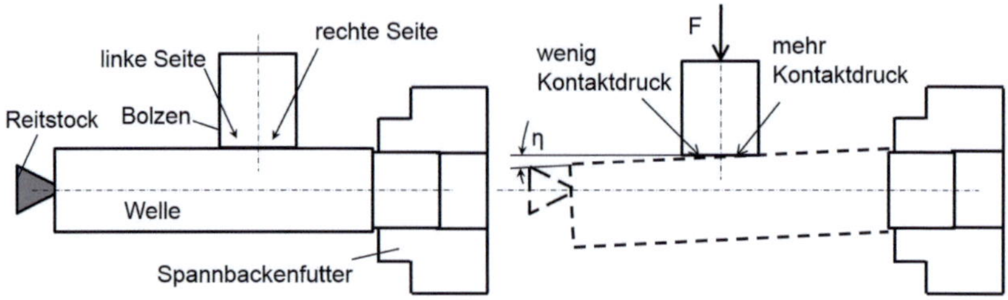

Abbildung 60: Unterschied des Kontaktdruckes auf Grund der Biegung der Welle

Aus allen oben genannten Gründen kann schlussgefolgert werden, dass der Beschichtungsvorgang nur beim Bolzendrehen mit Drehrichtung links und Wellendrehen mit Drehrichtung links (für positive Exzentrizität) richtig funktioniert hat (s. Abbildung 59 links). Da Welle und Bolzen symmetrisch sind, kann der Einfluss der Bolzendrehung für den Fall, bei dem die Exzentrizität negativ ist, analog erklärt werden. Wenn die Exzentrizität annähernd Null ist, funktioniert die Beschichtung nur, wenn die Wellen und Naben in die gleiche Richtung drehen (s. Abbildung 59 rechts).

6.6.3 Einfluss der Exzentrizität

Beim Bolzen- und Wellendrehen mit Drehrichtung rechts (RRP und RRN) nimmt die Schichtdicke ab, je größer der Absolutwert der Exzentrizität ist (s. Abbildung 61 links).

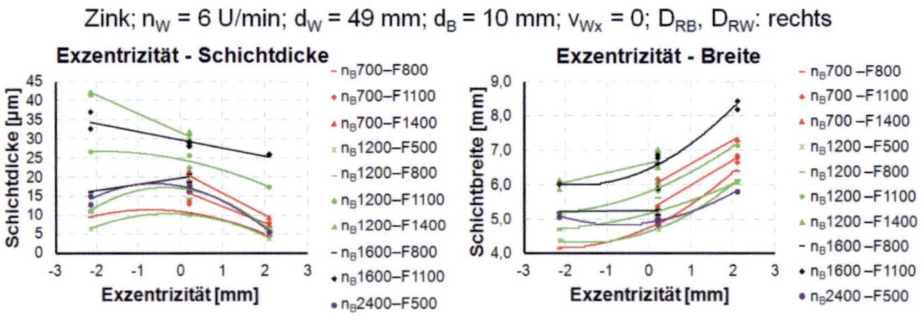

Abbildung 61: Einfluss der Exzentrizität auf die Schichtbreite und -dicke – Zink (Rechtsdrehen)

Aber bei großer Anpresskraft (F = 1100&1400 N) steigt die Schichtdicke, wenn die Exzentrizität klein (d. h. negativ) ist. Die Tendenz der Schichtbreite bei negativer Exzentrizität ist ähnlich wie die Tendenz der Schichtdicke, jedoch steigt bei positiver Exzentrizität die Schichtbreite (s. Abbildung 61 rechts). Die Schichtqualität ist jedoch bei positiver Exzentrizität viel schlechter als bei negativer Exzentrizität (s. Abbildung 63 -

roter Bereich). Die Schicht ist in dem Fall ungleichmäßig und nicht vollständig entlang der Breite abgedeckt.

Die Schichtdicke und Schichtbreite bei positiver Exzentrizität und Bolzen- und Wellendrehen mit Drehrichtung links (LLP) sind nahezu gleich wie bei negativer Exzentrizität und Rechtsdrehen (RRN) (s. Abbildung 62), d. h. die Schicht bei einer Exzentrizität gleich Null ist am dicksten, wenn die Anpresskraft klein ist; und am kleinesten, wenn die Anpresskraft groß ist. Die Schichtbreite ist dabei am größten.

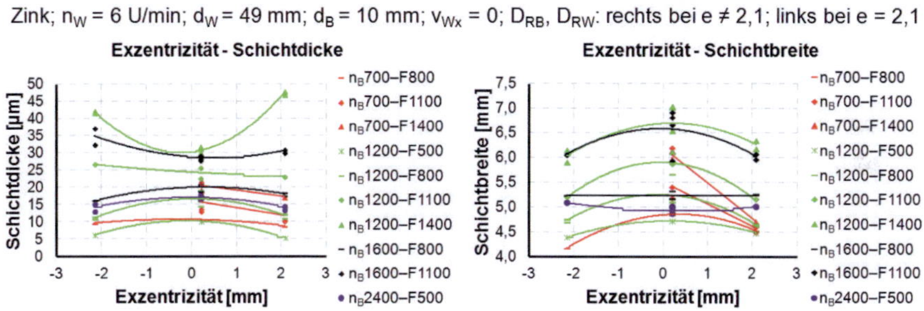

Abbildung 62: Einfluss der Exzentrizität auf die Schichtbreite und -dicke – Zink

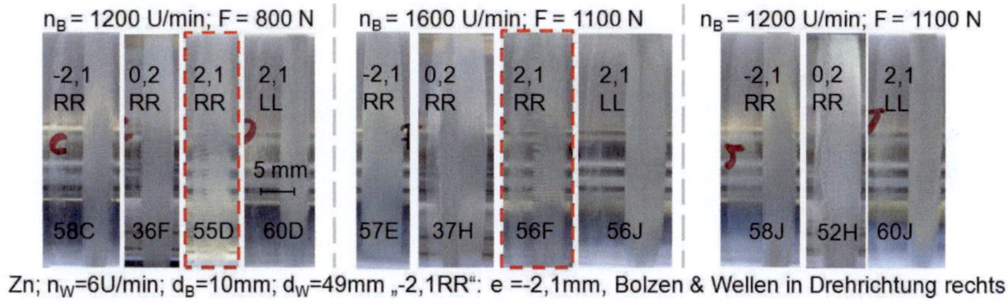

Abbildung 63: Schichtverläufe unter Einfluss der Exzentrizität

Die Schichten bei positiver Exzentrizität und Bolzen- und Wellendrehen mit Drehrichtung links (LLP) sind ähnlich der Schichten wie bei negativer Exzentrizität und Rechtsdrehen (RRN) (s. Abbildung 63). Im Vergleich zur Schicht bei einer Exzentrizität gleich Null, wurde die Schicht bei einer Exzentrizität ungleich Null nicht gleichmäßig entlang der Schichtbreite verteilt (s. Abbildung 64). Diese Effekt ist besonders groß, wenn die Anpresskraft groß ist (s. Abbildung 64 links).

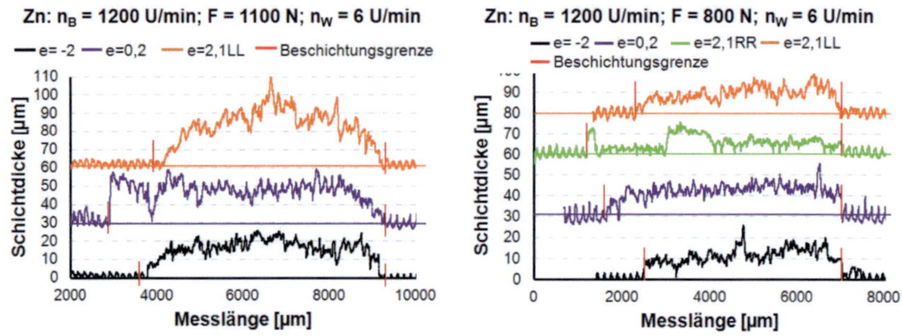

Abbildung 64: Schichtprofile bei unterschiedlichen Exzentrizitäten

6.6.4 Einfluss der Wellendurchmesser

Je größer der Wellendurchmesser ist, desto kleiner ist die Schichtdicke (Abbildung 65 links). Dieses Verhältnis kann beispielweise für die Prozessparameter n_B = 2000 U/min und F = 800 N über folgenden Gleichung dargestellt werden:

$$H = -0{,}1875 d_W + 31{,}153\ [\mu m] \qquad d_W\ [mm]$$ **Gleichung 21**

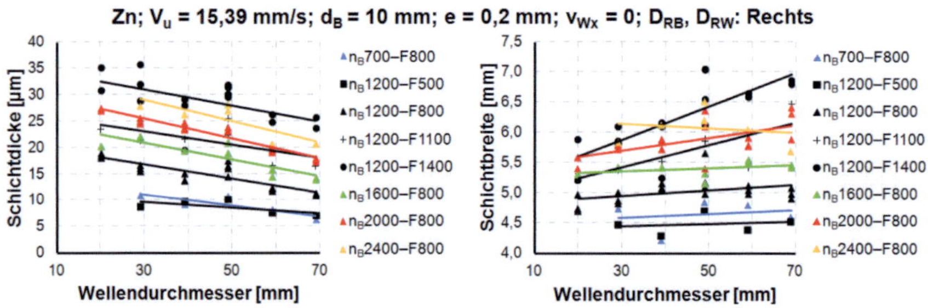

Abbildung 65: Einfluss des Wellendurchmessers auf die Schichtbreite und -dicke – Zink

Bei der Schichtbreite ist der Fall umgekehrt. Und zwar ist die Schicht breiter bei größerem Wellendurchmesser. Hier wurde deutlich erkannt, dass der Unterschied der Schichtbreite größer ist, wenn die Anpresskraft groß ist (n_B1200-F1400 Abbildung 65 rechts). Die Schichtprofile bzw. Rauheiten der Schicht ändern sich nicht (s. Abbildung 66).

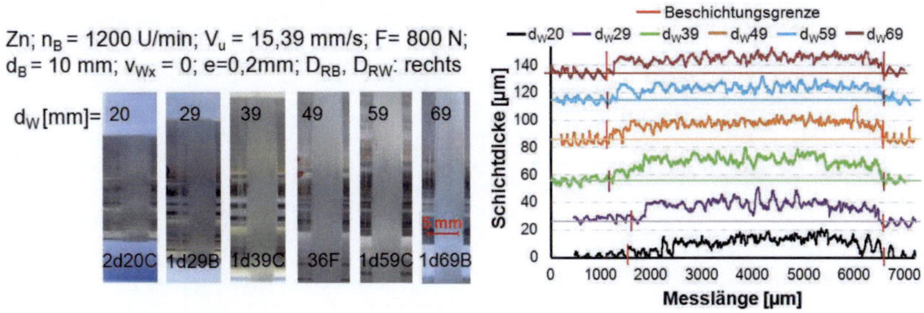

Abbildung 66: links: Schichtverläufe; rechts: Schichtprofile

Die Vergrößerung der Schichtdicke und die Verminderung der Schichtbreite kann durch die Abbildung 67 erklärt werden.

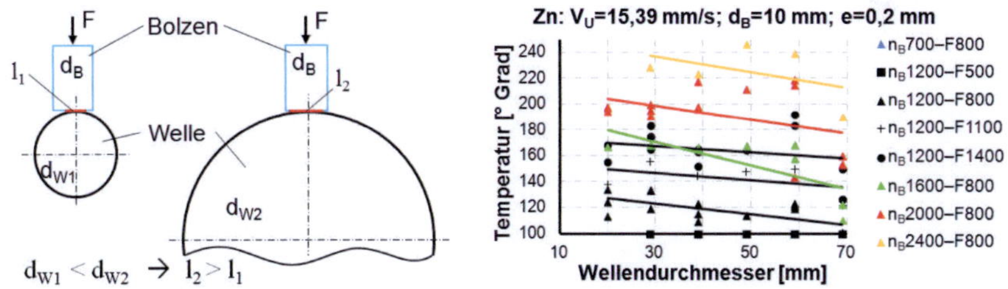

Abbildung 67: links: Verhältnis zwischen Wellendurchmesser und Kontaktlinien; rechts: Prozesstemperatur in Abhängigkeit vom Wellendurchmesser

Die Kontaktlinie zwischen Bolzen und Wellenoberfläche bei kleinem Wellendurchmesser (l_1) ist kleiner als bei einem größerem Wellendurchmesser (l_2 Abbildung 67 links). Dies führt zur Vergrößerung des Kontaktdruckes bei kleinerem Wellendurchmesser, damit wird der Bolzen wärmer. Diese Erklärung stimmt mit der gemessenen gemittelten Prozesstemperatur (Abbildung 67 rechts) überein.

6.6.5 Einfluss der Bolzendurchmesser

Die Schichtdicke bei kleinem Bolzendurchmesser ist leicht größer als bei großem Bolzendurchmesser (Abbildung 68 links). Diese Ergebnisse spiegeln die Theorie wider, dass bei kleinem Bolzendurchmesser der Kontaktdruck zwischen Bolzen und Welle größer ist (mit gleicher Anpresskraft). Allerdings kann die Schichtdicke bei großen Bolzendurchmessern auch größer sein, wenn die Erwärmungszeit viel größer ist (z. B.: n_B1600-F800 in Abbildung 68 links).

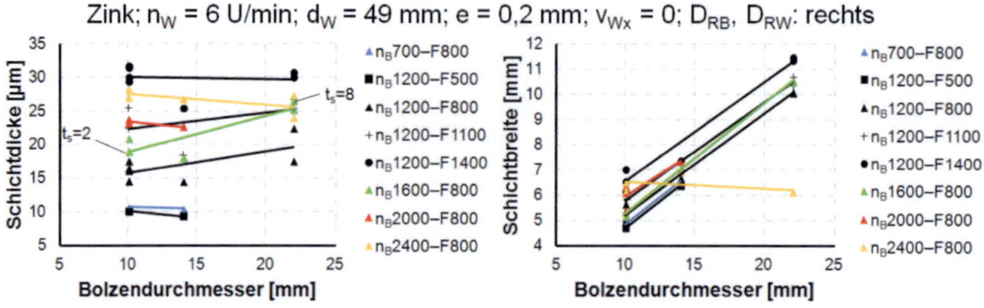

Abbildung 68: Einfluss des Bolzendurchmessers auf die Schichtbreite und -dicke – Zink

Die Schichtbreite ist proportional zu dem Bolzendurchmesser (Abbildung 68 rechts), aber bei großer Bolzendrehzahl ist die Schichtbreite kleiner (n_B2400-F800 in Abbildung 68 rechts). Dies kann wie folgt erklärt werden. Die rechte Kontaktzone zwischen Bolzen und Welle kann in zwei Zonen unterteilt werden (Abbildung 69). In der Zone 1 wurde das Bolzenmaterial aufgetragen, wohingegen sich in der Zone 2 kein Material angehaftet hat. In der Zone 2 wurde die Schicht zwar erst einmal aufgetragen, aber danach sofort wieder weggeschliffen, da die tangentiale Kraft sehr groß war. Mit den gleichen Versuchsbedingungen und Versuchsparametern aber einem kleineren Wellendurchmesser (d_W = 20 mm in Abbildung 69 links) verschwindet die zweite Zone. Der Grund dafür ist, dass die Arbeitseingriff (a_e - s. 6.6.2) in Fall von kleineren Wellendurchmesser größer als von größeren Wellendurchmesser ist.

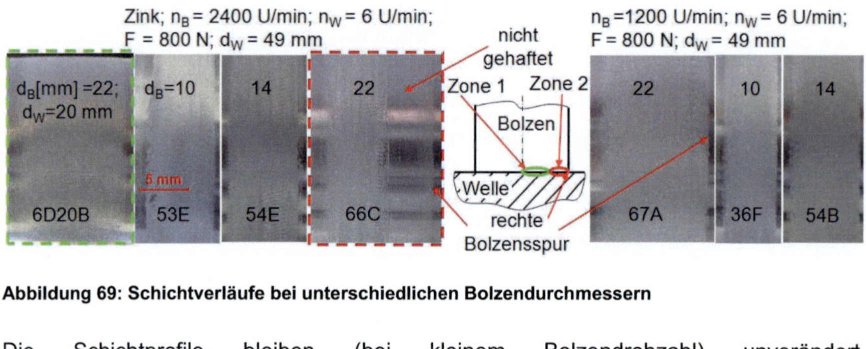

Abbildung 69: Schichtverläufe bei unterschiedlichen Bolzendurchmessern

Die Schichtprofile bleiben (bei kleinem Bolzendrehzahl) unverändert (s. Abbildung 70 links), allerdings ist die Schicht bei großem Bolzendurchmesser und großer Bolzendrehzahl ungleichmäßig (s. Abbildung 70 rechts).

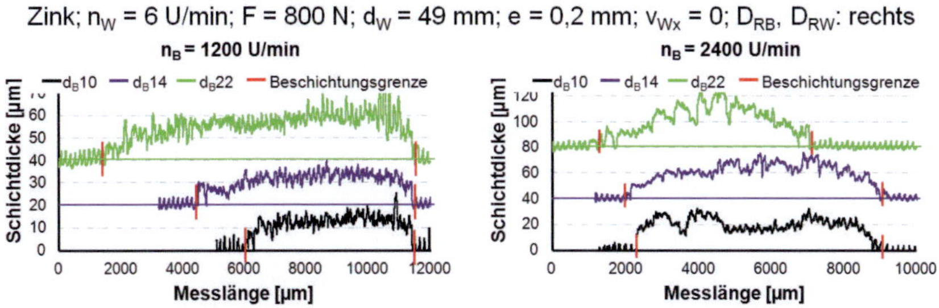

Abbildung 70: Schichtprofile bei unterschiedlichen Bolzendurchmesser

6.6.6 Beschichtung mit Vorschub

Bei der Beschichtung mit Vorschub wurde die Beschichtungslänge vorgegeben. Die Beschichtung hat bei Zink- und Aluminiumbolzen gut funktioniert, aber bei Kupfer ist der Schichtübergang nicht gut (s. Abbildung 71 b).

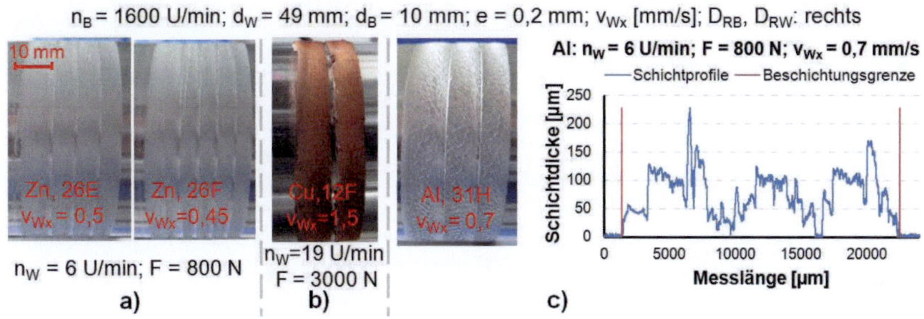

Abbildung 71: Spirale Beschichtung; a) Zinkschicht mit unterschiedlichem Vorschub; b) Kupferschicht; c) Aluminiumschicht und dazugehöriges Schichtprofile

Die Schichtprofile im Querschnitt sind wellenförmig (s. Abbildung 71 c), wobei jede Schichtspur eine Welle ist. Die Schicht an der Übergangszone zwischen 2 Schichtspuren ist entweder sehr dünn oder gar nicht vorhanden, wie dies beim Kupfer der Fall ist (s. Abbildung 71 b). Die Randschicht wurde durch den Kragen des Bolzens abgeschert. Da die Wärmeleitfähigkeit des Kupfers groß ist (s. Tabelle 5), kühlte sich der Kragen des Bolzens schnell ab. Der Kragen wird schnell hart und wirkt nun wie einen Messer, welches den Rand der vorherigen Schichtspuren abschert.

Die Schichtdicke der spiralen Beschichtung ist in etwa gleich der ringförmigen Beschichtung. Je kleiner die Vorschubgeschwindigkeit v_{Wx} wie in der Gleichung 14 berechnet ist, desto mehr Wellen weist das Schichtprofile auf (s. Abbildung 71 a). Falls der Vorschub zu klein ist, müssten allerdings längere Bolzen verwendet werden, damit die Beschichtungslänge vollständig beschichtet werden kann.

6.6.7 Einfluss der Beschichtungsposition

Bei Beschichtungen an unterschiedlichen Positionen (Abbildung 72 rechts) wurde herausgefunden, dass die Beschichtung auf dem Absatz (Beschichtungsposition 2 in der Abbildung 72) die größte Schichtdicke gebracht hat. Die Schicht kann bis ca. 10 µm (bei Zinkbolzen) dicker als die Schicht auf der glatten Welle (Beschichtungsposition 0) sein, bei der die Schichtdicke am geringsten ist.

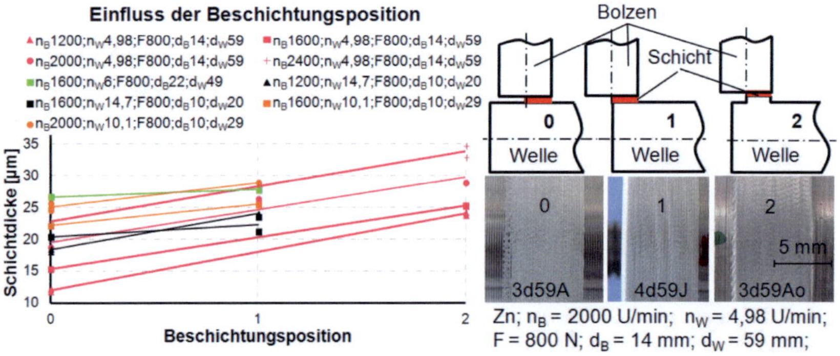

Abbildung 72: Einfluss der Beschichtungsposition, links: Schichtdicke unter unterschiedlichen Beschichtungsposition; rechts: Schichtverläufe und entsprechende Beschichtungsposition

Unter einem anderen Betrachtungsblick kann die Änderung der Beschichtungsposition wie eine Änderung des Kontaktdruckes gesehen werden. Bei den Positionen 0, 1 und 2 ist die Anpresskraft gleich, aber die Kontaktfläche in den Fällen 1 und 2 ist kleiner als im Fall 0. Dies führt zur Vergrößerung des Kontaktdruckes.

6.7 Schichthaftfestigkeit und Mikrohärte

6.7.1 Schichthaftfestigkeit

Die Schichthaftfestigkeit wurde mit Hilfe des Abreißversuchs [N10] gemessen. Dafür wurde ein Prüfstempel auf die zu untersuchende Schicht aufgeklebt und nach dem Aushärten mit einer Zugprüfmaschine abgezogen (s. Abbildung 73). Die Schichthaftfestigkeit σ_H wurde durch die Gleichung 22 berechnet.

$$\sigma_H = f = \frac{F}{A}$$ **Gleichung 22**

Wobei: A - Fläche des Prüfstempels (A = 86,39 mm²); F – die Abreißkraft [N]; f: Spannung in Zugrichtung

Abbildung 73: Versuchstand zur Haftfestigkeitsmessung

Da die Beschichtungsfläche zylindrisch ist, wurde der Prüfstempel wie in der Abbildung 74 links angepasst.

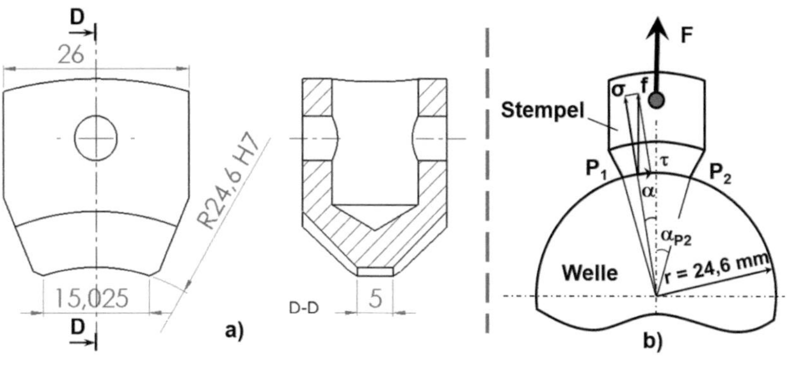

Abbildung 74: Schichthaftfestigkeitsmessung; a) Stempel; b) Kraftanalysieren

Diese Anpassung führt zu einem gewissen Messfehler, da in der Schicht an der Stempelrandzone (P_1 und P_2 in der Abbildung 74) sowohl Zugspannungen (σ) als auch Schubspannungen (τ) entstehen. D. h. die reale Haftfestigkeit ist kleiner als der gemessene Wert. Der Messfehler kann dabei annähend durch die Gleichung 23 abgeschätzt werden.

$$\sigma_{P1} = \sigma_{P2} = \sigma_{min} = f.\,cos\alpha_{P2} = f.\,0{,}95223 \qquad \textbf{Gleichung 23}$$

Die gesamten Ergebnisse bzw. Informationen über die Haftfestigkeitsmessung wurden in der Anlage 4 ausgearbeitet sowie in dem Großen Beleg von Kleditzsch [148] beschrieben.

In Abhängigkeit von den Prozessparametern des Beschichtungsvorgangs variieren die erreichten Haftfestigkeiten. Diese betragen für Zink 34 … 76 MPa, für Aluminium 43 … 72 MPa und für Kupfer 29 … 89,5 MPa. Die häufigste Bruchart bei Zink ist der Schichtbruch, d. h.: ein Teil der Schicht wurde abgezogen. Bei Kupfer und Aluminium ist die am häufigsten aufgetretene Bruchart der Kohäsionsbruch, der Bruch erfolgte im Klebstoff.

Außerdem wurde die Haftfestigkeit der galvanischen Schicht mit gemessen. Sie beträgt zwischen 46 bis 67 MPa, womit sie mit der Haftfestigkeit der RALö-Zinkschicht vergleichbar ist.

6.7.2 Mikrohärte der Schicht

Die gesamten Ergebnisse der Mikrohärtemessung sind in der Tabelle 23 zu sehen.

Bei allen Versuchen ist die Mikrohärte des Substrates (Welle) leicht gestiegen (von 219,6 HV 0,1 bis etwa 230 HV 0,1). Der Grund dafür war die sehr schnelle Abkühlung der Kontaktzone nach dem Beschichtungsvorgang. Die Mikrohärteänderung der Schicht ist dabei unterschiedlich.

Bei niedriger Anpresskraft ist die Mikrohärte der Schicht ein wenig kleiner als die des Bolzens (Zink: vor 43,14 HV 0,005, nach 35,4 HV 0,005 bei F = 0,8 kN; Aluminium: vor 33,72 HV 0,005, nach 31,88 HV 0,005 bei F = 0,8 kN; Kupfer: vor 90,47 HV 0,005, nach 84,88 HV 0,005 bei F = 1,2 kN). Die Schichtmikrohärte ist bei größerer Anpresskraft leicht gestiegen (Zink: zu 47,52 HV 0,005; Aluminium: zu 54,94 HV 0,005; Kupfer: zu 91,7 HV 0,005).

Tabelle 23: Mikrohärte der Schicht und des Substrats vor und nach dem Beschichten

Material	n_B [U/min]	F [kN]	n_W [U/min]	t_s [s]	H_m [µm]	B_m [mm]	T_m [°C]	HV 0,005 B.vor	HV 0,005 Schicht	HV 0,1 W.vor	HV 0,1 W.nach	Nr.
Zink	2000	0,8	6	2	24,25	5,6	141,9	43,14	***35,4***	219,6	***257***	32B
Zink	700	1,4	4	3	24,5	6,4	100,0	43,14	***40,3***	219,6	***238***	32D
Zink	1600	1,2	11,69	2	23,68	7,6	186	43,14	***34,86***	219,6	***219,6***	11F
Zink	1600	2	11,80	2	40,04	9,3	260	43,14	***47,52***	219,6	***242,4***	11G
Aluminium	700	1,4	4	3	105,5	8,3	126,4	33,72	***54,94***	219,6	***231,6***	32G
Aluminium	2800	0,8	8	4	99,7	9,6	311,1	33,72	***31,88***	219,6	***243,6***	32H
Aluminium	2800	0,8	16	4	92,2	7,7	221,5	33,72	***35,52***	219,6	***258,2***	32I
Kupfer	700	2,4	4	2	123	5,8	147,8	90,47	***91,7***	219,6	***247,8***	32K
Kupfer	2000	1,2	8	2	68,9	5,4	215,5	90,47	***84,88***	219,6	***259***	32L
Kupfer	2000	2	20	2	107	6,5	257,8	90,47	***78,14***	219,6	***243,4***	32M

(Wobei: **HV 0,005 B.vor**: Mikrohärte des Bolzens; **HV 0,005 Schicht**: Mikrohärte der Schicht; **HV 0,1 W.vor**: Mikrohärte des Substrates (Welle) vor der Beschichtung. **HV 0,1 W.nach:** Mikrohärte des Substrates nach der Beschichtung)

6.8 Bindemechanismus beim Reibauftraglöten

6.8.1 Probenpräparation

Um die metallphysikalischen Vorgänge bei der Verbindungsbildung zu analysieren, wurden 13 Beschichtungsspuren auf einer Welle (s. Abbildung 75) aufgetragen.

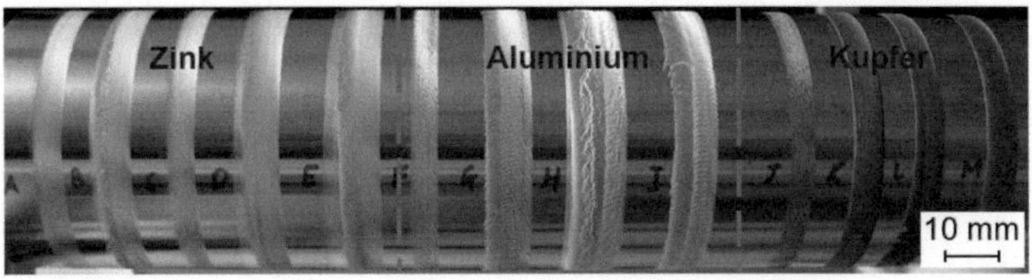

Abbildung 75: Fotografische Aufnahme einer mehrfach beschichteten Welle

Die Versuchsparameter wurden in der Tabelle 24 eingetragen. Nach Vermessung der Dicke und Breite der Schicht wurde die Welle in Scheiben zersägt. Jede dieser Scheiben wurde zerteilt und ein Querschliff vorbereitet, sodass in der Draufsicht die Trennschicht erkennbar ist. Da beim Schleifen und Polieren die Werkstoffe in der Grenzschicht mechanisch verschmiert werden, wurden die Proben abschließend mittels Ar-Ionenstrahl geätzt.

Tabelle 24: Versuchsparameter für die Untersuchung der Verbindungsbildung

Material	n_B [U/min]	F [kN]	n_W [U/min]	t_s [s]	Schichtdicke [µm]	Schichtbreite [mm]	T_{max} [°C]	Nr.
Zink	2800	0,5	8	2	16,85	4,98	213	32A
Zink	2000	0,8	6	2	24,25	5,61	214	32B
Zink	700	0,5	4	5	11,1	4,795	100	32C
Zink	700	1,4	4	3	24,5	6,385	125,8	32D
Zink	1600	1,4	6	2	42,15	7,09	235,6	32E
Aluminium	700	0,5	4	5	26,35	4,5	109,7	32F
Aluminium	700	1,4	4	3	105,5	8,315	210	32G
Aluminium	2800	0,8	8	4	99,7	9,55	413	32H
Aluminium	2800	0,8	16	4	92,2	7,73	422,8	32I
Kupfer	700	0,8	4	5	59,75	4,345	163	32J
Kupfer	700	2,4	4	2	123	5,76	261	32K
Kupfer	2000	1,2	8	2	68,9	5,425	345	32L
Kupfer	2000	2	20	2	107	6,505	404	32M

Von den Grenzflächen aller Proben wurden REM-Aufnahmen angefertigt. Weiterhin wurde jeweils eine qualitative Flächenanalyse (EDX-Mapping) durchgeführt sowie Konzentrations-Weg-Kurven (EDX-„Linescan“) mit einer Schrittweite von 200 nm aufgenommen. Diese Ergebnisse wurden in folgenden Abschnitten ausgewertet.

6.8.2 Kupferbeschichtung auf Stahl C45

Abbildung 76 zeigt die REM-Aufnahme der Grenzfläche zwischen Kupferschicht und Stahlsubstrat. Wie bekannt, ist die Korngröße im Substrat in der Nähe der Grenzfläche im Vergleich zum Grundgefüge deutlich kleiner, was bereits bei der Herstellung der Wellenoberflächen durch Drehen entstand (Abbildung 76 rechts). Durch das Reibauftraglöten wird keine Änderung der Korngröße beobachtet.

Abbildung 76: REM-Aufnahmen der Grenzfläche Kupfer - Stahl

Die eigentliche Kupferbeschichtung ist sehr dicht. In der Nähe der Grenzfläche werden kleine Poren beobachtet. Eine mögliche Deutung besteht in der Auffassung, dass die großen Kräfte in der Nähe der Kontaktstelle zu einer starken Erhöhung der Versetzungsdichte führen, in deren Folge es zur die Bildung von Leerstellencluster kommen kann, die so groß werden, dass diese optisch sichtbar sind. Mit dem Pyrometer wurde während des Versuchs eine Temperatur (Tabelle 24) von 400 °C gemessen, d. h. es fand kein Schmelzprozess statt. Nach dem Zustandsdiagramm Fe-Cu [116] sind bei Temperaturen unter 850 °C sowohl Kupfer in festen α-Eisen als auch Eisen in Kupfer nur in geringen Konzentrationen (Mischkristallbildung) löslich. Ob sich diese Mischkristalle bei den Versuchsbedingungen bilden können, d. h. ein sogenanntes mechanisches Legieren auftritt, ist nicht ausgeschlossen.

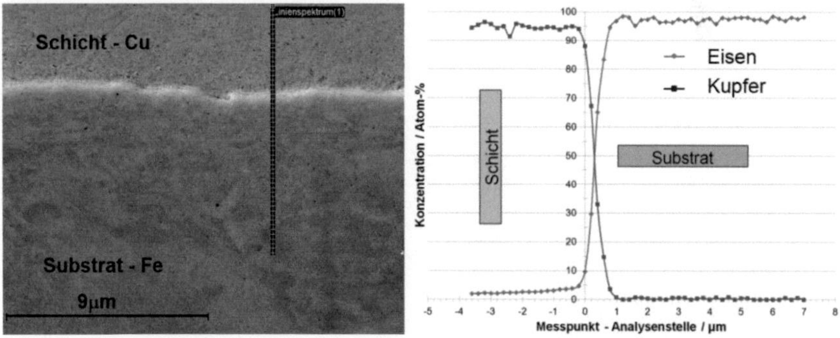

Abbildung 77: EDX-Linescan an der Probe 32M (Kupfer - Stahl) - Schrittweite 200 nm

Die in Abbildung 77 wiedergegebenen Konzentration-Weg-Kurven geben keinen Hinweis auf einen derartigen Mechanismus (Diffusion). Es ist aber möglich, dass bei noch höherer Ortsauflösung ein Beweis für die Mischkristallbildung erbracht werden kann.

6.8.3 Aluminiumbeschichtung auf Stahl C45

Abbildung 78 zeigt REM-Aufnahmen von der Grenzfläche Aluminium-Stahl. Im linken Bildteil sind noch die Drehspuren erkennbar. Der rechte Bildteil zeigt das Substrat nach dem Ionen-Ätzen. Durch diese Probenbearbeitung wird das Material nicht gleichmäßig abgetragen, wodurch fälschlicherweise auf eine vorhandene Grenzschicht geschlussfolgert werden kann. Auch hier ist die Kornverkleinerung in der Verformungsschicht in Folge der mechanischen Drehbearbeitung sichtbar.

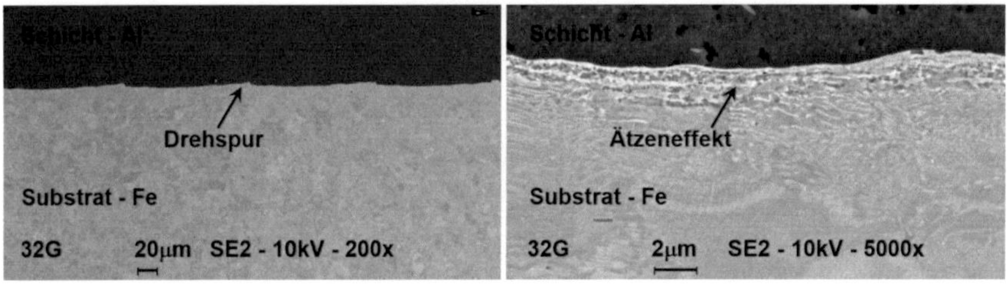

Abbildung 78: REM-Aufnahmen der Grenzfläche Aluminium-Stahl

Die gemessene Temperatur (Tabelle 24) beträgt ca. 420 °C, d. h. es fand kein Schmelzprozess statt. Das Zustandsdiagramm Fe-Al [116] weist im Temperaturbereich unterhalb 655 °C mehrere intermetallische Phasen auf. Diese könnten sich aus thermodynamischen Gründen beim Reibauftraglöten bilden. Die hochaufgelösten Konzentrations-Weg-Kurven (Abbildung 79) deuten jedoch nicht auf die Existenz einer intermetallischen Phase hin. Hinsichtlich der Bildung von Mischkristallen Fe in Al bzw. Al in Fe reicht auch hier das Ortsauflösungsvermögen der Elektronenstrahl-Mikroanalyse nicht aus.

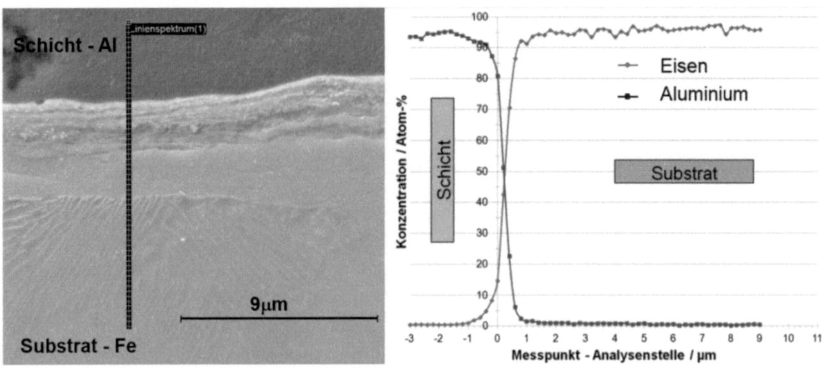

Abbildung 79: EDX-Linescan an der Probe 32G (Aluminium - Stahl) - Schrittweite 200 nm

6.8.4 Zinkbeschichtung auf Stahl C45

Die Abbildung 80 und Abbildung 81 zeigen REM-Aufnahmen des Grenzbereiches zwischen Zink und Stahl. In Abbildung 80 ist zusätzlich das analysierte Gebiet der Konzentrations-Weg-Kurve eingezeichnet. Die Schrittweite betrug dabei 100 nm.

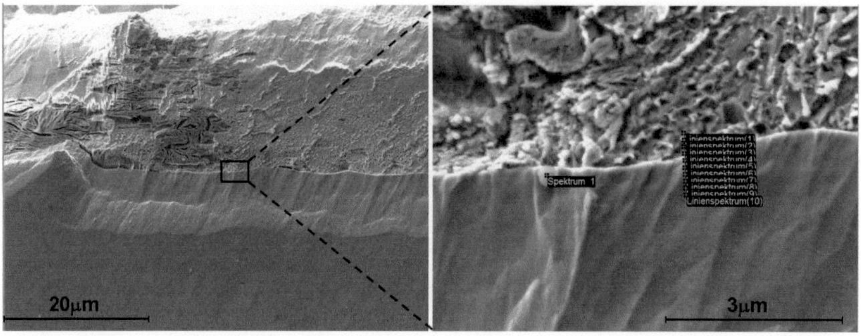

Abbildung 80: EDX-Linescan an der Probe 32E (Zink - Stahl) – Schrittweite 100 nm

Die gemessene Temperatur (Tabelle 24) beträgt ca. 240 °C, d. h. es fand kein Schmelzprozess statt. Das Zustandsdiagramm Fe-Zn [116] weist im Temperaturbereich unterhalb 419,5 °C mehrere intermetallische Phasen auf. In der Zinkschicht lassen sich deutlich Plateaus nachweisen. Im Zustandsdiagramm von Fe-Zn [116] werden bei 90 Masse% Zink die δ-Phase und bei 80 Masse% Zink die Γ_2-Phase ausgewiesen. Bei diesen Konzentrationen treten in der Konzentrations-Weg-Kurve (Abbildung 81 rechts) gerade die Plateaus sowohl für Zink als auch für Eisen auf, die diesen intermetallischen Verbindungen entsprechen. Dies ist ein Beweis für das Auftreten von intermetallischen Phasen beim Reiblöten von Zink auf Stahlsubstrat unter den gegeben Bedingungen.

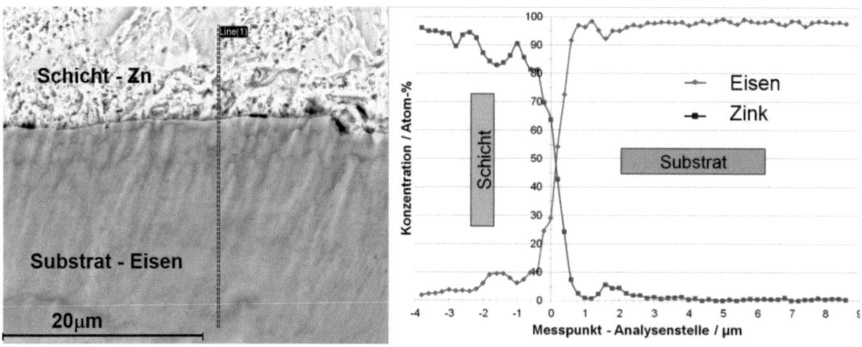

Abbildung 81: EDX-Linescan an der Probe 32E (Zink - Stahl) - Schrittweite 200 nm

6.8.5 Fazit

Die hochaufgelösten REM-Untersuchungen haben gezeigt, dass bei der Kombination von Kupfer/Stahl bei einer Prozesstemperatur von 400 °C und Aluminium/Stahl bei einer Prozesstemperatur von 420 °C keine Mischkristallzone aufzutreten scheint. Zwischen der Zinkschicht und der Stahloberfläche existieren hingegen bei einer Prozesstemperatur von 240 °C intermetallische Phasen. Es gibt mehrere Gründe für das Fehlen der Mischkristallzone von Aluminium/Stahl und Kupfer/Stahl und die Existenz der intermetallischen Phasen von Zink/Stahl. Im Zustandsdiagramm von Fe-Zn [116] ist die intermetallische Phasenzone sehr groß, währenddessen ist bei Fe-Al nur ein Streifen darstellt. Außerdem wurde in 2.4.2.1 erwähnt, dass die Temperatur oberhalb der Rekristallisationstemperatur fördernd auf die Diffusionsvorgäge wirkt. In diesem Fall war die Prozesstemperatur (240 °C) bei der Beschichtung von Zink viel größer als die Rekristallisationstemperatur von Zink (10...80 °C) und nähert sich an die Schmelztemperatur von Zink - im Vergleich zum Kupfer (Prozesstemperatur 400°C / Schmelztemperatur 1083°C) und Aluminium (Prozesstemperatur 440°C / Schmelztemperatur 660 °C). Ein weiterer Grund ist, dass Eisen, Kupfer und Aluminium eine ähnliche Kristallstruktur (Eisen: kubisch raumzentriert, Kupfer und Aluminium: kubisch flächenzentriert) haben. Dies führt zur Entstehung der Mischkristalle, welche nur mittels der Röntgendiffraktometrie detektiert werden können. Andererseits haben Zink und Eisen eine unterschiedlich Kristallstruktur (Zink: hexagonal), dies fördert die Bildung der intermetallischen Phasen, welche mittels REM detektiert werden können.

7 Eignungsuntersuchungen von reibauftraggelöteten und kaltgasgespritzten Schichten für PV-PLV

7.1 Versuchsplanung und Probengeometrie

7.1.1 Versuchsplanung

Kapitel 2 zeigt, dass die Qualität der PV-PLV vom mehreren Faktoren abhängig ist. Deshalb wurde folgenden Untersuchungen durchgeführt:

- Eignung des RALö für die PV-PLV mit unterschiedlichen Geometrie (Fügelänge, Fügedurchmesser und Gestaltung)
- Eignung des RALö und Kaltgasspritzen für die PV-PLV mit unterschiedlichen Lotwerkstoffen
- Eignung des RALö für die PV-PLV mit unterschiedlichen Lotschichtdicken
- Eignung des RALö und Kaltgasspritzen für die PV-PLV mit unterschiedlichen Fugendruck
- Eignung des RALö für die PV-PLV unter der Betrachtung des Trainierprozesses

Als Referenz wurden diese Untersuchungen auch mit galvanischer Beschichtung realisiert.

7.1.2 Probengeometrie

Die Probengeometrie wurde so gestaltet, dass diese mit einfachen Fertigungsmitteln herzustellen ist und somit insgesamt eine kostengünstige Variante gegenüber den realen Maschinenelementen darstellt. Außerdem müssen die gewünschten Ziele durch die Probe untersucht werden können. Dafür wurden Versuchsproben in vier Gruppen, wie in der Tabelle 25 dargestellt, entworfen.

Die Gruppe D20L10, D485L5 und D485L10 dienen hauptsächlich zur Untersuchung der Eignung des Reibauftraglötens für PV-PLV. Die Probegruppe D57L7 wurde zur Untersuchung der Eignung des Kaltgasspritzens für PV-PLV und zum Vergleichen mit Reibauftraglöten und Galvanik hergestellt. In dieser Gruppe gibt es einen kleinen Geometrieunterschied zwischen der mit RALö beschichteten Proben und der mit Kaltgasspritzen und Galvanik beschichteten Proben und zwar ist die Welle für RALö länger als beim Kaltgasspritzen und Galvanik (s. Abbildung 82). Aber die Fügelänge und der Fügedurchmesser sind gleich. Die konkrete Probegeometrie befindet sich in der Anlage A7.1.

Tabelle 25: Zuordnung der Versuchsproben

Probe	D20L10	D485L5	D485L10	D57L7
Beschichtung-position	bündig mit der Stirnfläche	weit von Stirnfläche	weit von Stirnfläche	- hohle Welle - Beschichtung auf dem Absatz
Beschichtung-material	Zink	Zink, Aluminium, Kupfer	Zink	Zink, Aluminium
Beschichtung-verfahren	RALö, GAL	RALö, GAL	RALö	RALö, GAL, KS
Probebilder		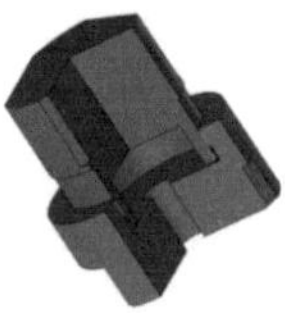	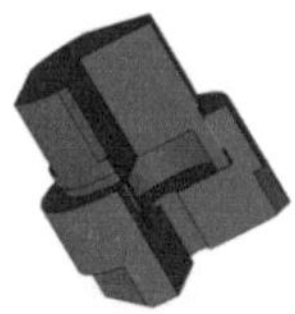	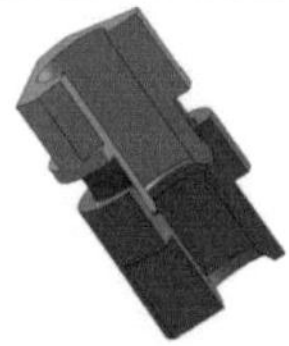
Geometrie	D_F = 20 mm l_F = 10 mm	D_F = 48,5 mm l_F = 5 mm	D_F = 48,5 mm l_F = 10 mm	D_F = 57 mm l_F = 7 mm
Werkstoffe	St35	Nabe C45 Welle 16MnCr5	Nabe C45 Welle 16MnCr5	16MnCr5
Ziel für PV-PLV	Gestaltung und D_F	Gestaltung; l_F; Lotwerkstoff, Schichtdicke, Fugendruck	Gestaltung; l_F; Schichtdicke; Fugendruck	Fugendruck, Verfahren, Lotwerkstoff

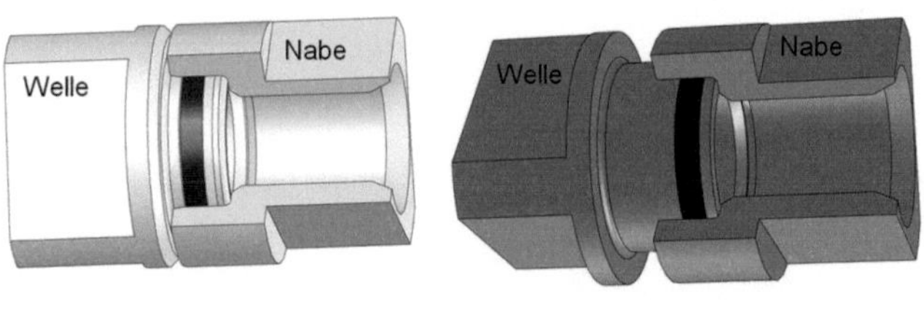

Abbildung 82: Geometrieunterschied in der Probegrupe D57L7; links: für Kaltgasspritzen und Galvanik; rechts: für RALö

Für die statistische Absicherung der Ergebnisse wurden die Versuchsparameter mindesten 3 mal wiederholt, die Probeanzahl ist in der Tabelle 26 zu sehen.

Tabelle 26: Probenanzahl für die Eignung der Beschichtungsverfahren für PV-PLV

Lotwerkstoff		Zn RALö	Al RALö	Cu RALö	Zn GAL	Al GAL	Zn KS	Al KS
Proben	D20L10	28			4			
	D485L5	12	12	9	3			
	D485L10	16						
	D57L7	8	6		8	5	10	10

7.1.3 Berechnung des Fugendruckes

Aus vorherigen Untersuchungen [99] ist bekannt, dass die Spannungsspitzen an den Nabenkanten den Fugendruckverlauf stark beeinflussen können. Außerdem sind die Proben dünnwandig, weshalb der Fugendruck mittels Simulation berechnet werden muss. Bei der Erstellung der FEM-Modelle wurden folgende Annahmen bzw. Vereinfachungen getroffen:

- elastisches Werkstoffverhalten (ideal-elastisches Werkstoffmodell)
- Der Einfluss des Lotwerkstoffs wurde vernachlässigt, d. h. der Wellendurchmesser ist gleich dem gemessenen Wellendurchmesser nach dem Beschichten
- Nutzung von 2D-Modellen (die Gesamtgeometrie wurde abgebildet)
- Netz generiert durch "PLANE82-Elemente"
- Kontakt durch Kontaktelemente generiert (Reibungszahl konstant μ = 0,3)

Das Netz wurde zur Fügezone hin verfeinert, um die Spannungsverteilung genauer abbilden zu können. Die Simulationsergebnisse sind in den Abbildung 83 bis Abbildung 86 zu sehen. Die Simulation hat auch gezeigt, dass der Einfluss des Geometrieunterschieds auf den Fugendruck in der Probegruppe D57L7 vernachlässigt werden kann.

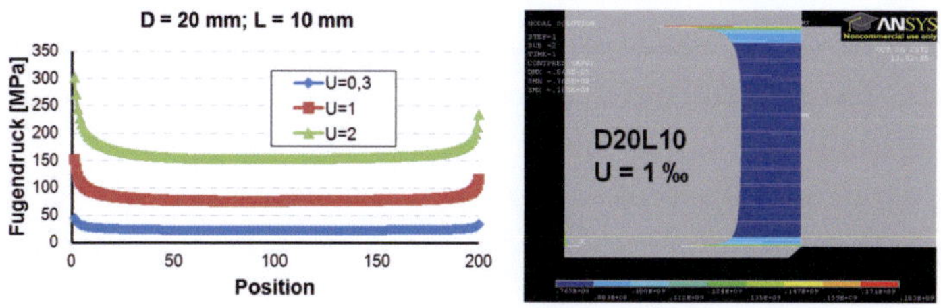

Abbildung 83: Simulationsergebnisse der Fugendruckverteilung der Probereihe D20L10

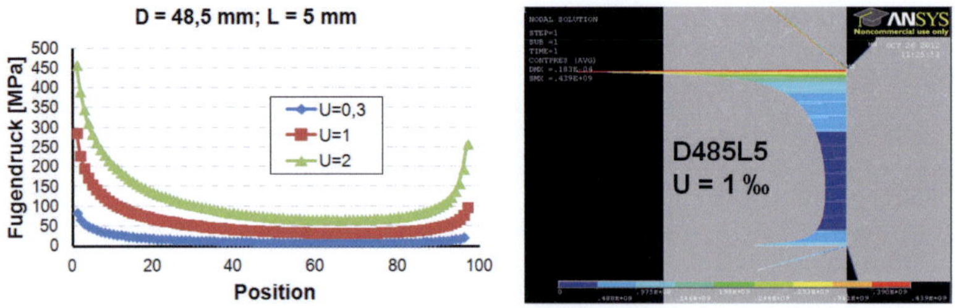

Abbildung 84: Simulationsergebnisse der Fugendruckverteilung der Probereihe D485L5

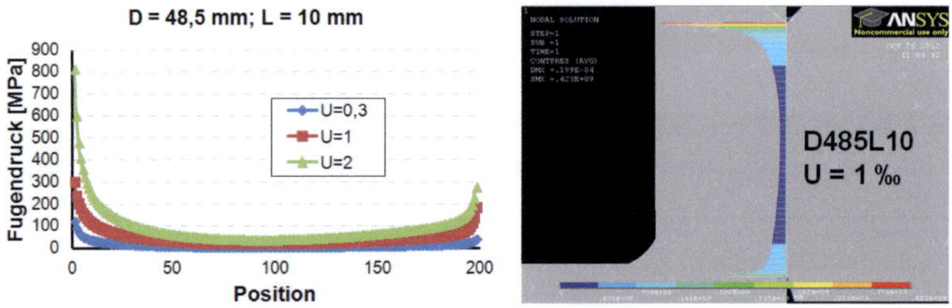

Abbildung 85: Simulationsergebnisse der Fugendruckverteilung der Probereihe D485L10

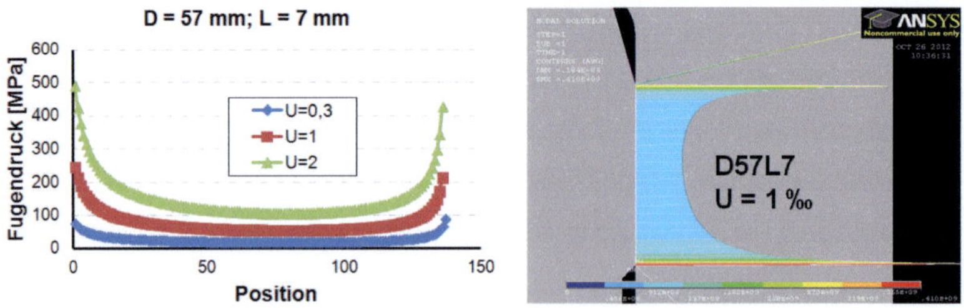

Abbildung 86: Simulationsergebnisse der Fugendruckverteilung der Probereihe D57L7

Aus den Simulationsergebnissen ergibt sich für jede Probereihe der gemittelte Fugendruck entsprechend dem relativen Übermaß (Tabelle 27). Mit diesen Ergebnissen wurden die Verhältnisse zwischen dem Fugendruck und dem Übermaß für jede Probereihe berechnet. Da für den Werkstoff ein elastisches Verhalten angenommen wurde, kann das Verhältnis durch die Konstante **k** dargestellt werden.

Tabelle 27: Mittelwerte des Fugendrucks und errechnetes Verhältnis

Probereihe	D [mm]	U [‰]	U [µm]	p [MPa]	Konstante k
D20L10	20	0,3	6	24,190	4,039
D20L10	20	1	20	80,710	
D20L10	20	2	40	161,580	
D485L5	48,5	0,3	14,55	17,580	1,211
D485L5	48,5	1	48,5	58,660	
D485L5	48,5	2	97	117,490	
D485L10	48,5	0,3	14,55	13,630	0,939
D485L10	48,5	1	48,5	45,480	
D485L10	48,5	2	97	91,160	
D57L7	57	0,3	17,1	22,984	1,347
D57L7	57	1	57	76,700	
D57L7	57	2	114	153,660	

Unter Betrachtung des Einflusses der Rauheit kann der Fugendruck wie in der Gleichung 24 errechnet werden:

$$p_m = k \cdot U_W \text{ [MPa]}$$ **Gleichung 24**

(k - Konstante (s. Tabelle 27); UW - wirksames Übermaß [µm])

7.2 Versuchsdurchführung

7.2.1 Probenherstellung

Die Wellen und Naben wurden mechanisch wie folgt bearbeitet:

- Die Naben der Probereihe D485L5, D485L10, D20L10 und die Wellen der Probereihe D485L10 wurden gedreht und nicht wärmebehandelt.
- Die Wellen der Probereihe D485L5 wurden auf Durchmesser von 49 mm gedreht und danach mit einer Härtetiefe von 3 mm einsatzgehärtet. Danach wurden die Wellen bis zum Durchmesser von 48,5 mm hartgedreht. Die Härte der Fügefläche betrug 660 HV 0,1.

- Die Wellen der Probereihe D20L10 wurden geschliffen und nicht wärmebehandelt.
- Die Wellen und Naben der Probereihe D57L7 wurden aus 16MnCr5 hergestellt. Im anschließenden Wärmebehandlungsprozess wurden die Proben carbonitridiert, unter Schutzgas gehärtet und angelassen. Dadurch ergaben sich relativ „saubere" Oberflächen nach der Wärmebehandlung sowie nur geringe Verzüge. Der Großteil der Proben wurde danach nicht mehr mechanisch bearbeitet.

Die mittlere Oberflächenrauheit der Fügeflächen sind in der Tabelle 28 sichtbar.

Tabelle 28: Oberflächenbeschaffenheit der Proben vor dem Beschichten

Probe	D20L10	D485L5	D485L10	D57L7
R_{ZN} [µm]	1,8 – 3,2	4,1 - 9	5,8 - 10,7	5,7 - 8
R_{ZW} [µm]	1,4 – 2,6	2,2 – 9,2	3,2 - 7,8	0,5 – 6,5

Die hergestellten Wellen und Naben sind in der Abbildung 87 dargestellt.

Abbildung 87: Versuchsproben für die Eignungsuntersuchungen von PV-PLV

7.2.2 Probenbeschichtung

7.2.2.1 Anwendung des Reibauftraglötens

Vor der Beschichtung wurden die Wellen mit Fliesse gereinigt, dann mit Aceton abgewischt (Abbildung 88). Die Wellen wurden auf der RALö-Anlage (Abbildung 25) wie in der Abbildung 89 links eingespannt und dann mit entsprechenden Bolzen beschichtet. Da die Beschichtungsposition für jede Probenreihe unterschiedlich ist, spielt die Anfangsposition des Bolzens in der X-Richtung eine bedeutende Rolle. Auf der rechten Seite der Abbildung 89 sind diese Positionen zu sehen.

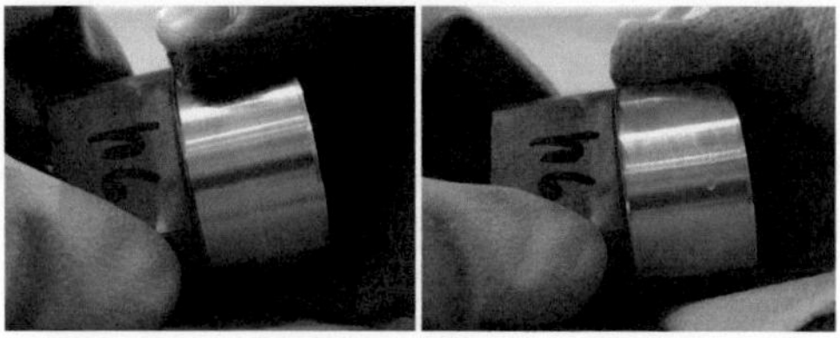

Abbildung 88: Reinigung der realen Proben

Die Wellen der Probereihe D485L5Cu und D485L5Al wurden mit einem Bolzendurchmesser von 10 mm beschichtet. Der Bolzen mit Durchmesser von 22 mm wurde für die Probereihe D485L10Zn, D20L10Zn, und D57L7Al angewendet. Die Probereihe D57L7Zn und D485L5Zn wurde mit Hilfe des Bolzens mit einem Durchmesser von 14 mm beschichtet. Näherer Information über die Beschichtungsparameters sind in der Anlage 7.2 zu finden.

Abbildung 89: Beschichtungsvorgänge der realen Proben

Die beschichteten Wellen (Abbildung 90) wurden nicht nachgearbeitet, d. h. der Übergang zwischen dem Anfangspunkt und dem Endpunkt des Beschichtungsvorgangs wurde nicht nachgedreht.

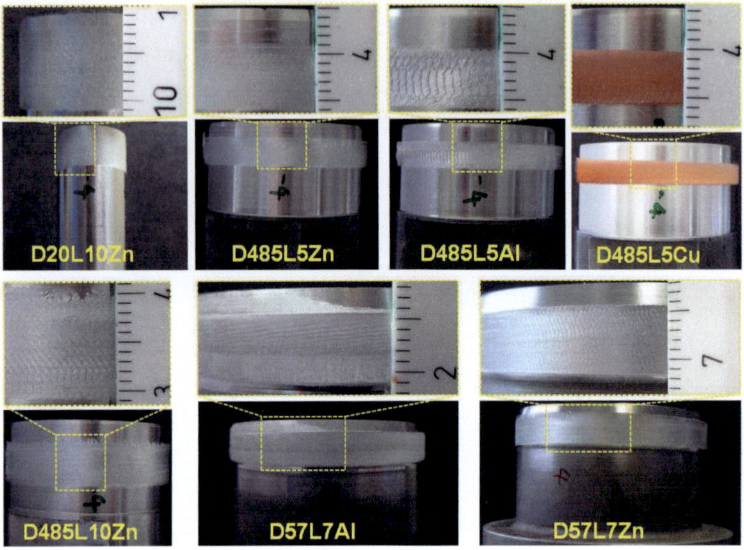

Abbildung 90: Beschichteten Proben

Nach der Beschichtung wurden die Schichtdicke, Durchmesser und Rauheit gemessen. Die erreichden Schichtdicken und Rauheiten sind in der Tabelle 29 gekennzeichnet. Der gemessenen Durchmesser und weitere gemessene Parameter sind in der Anlage 7.2 zu sehen. Nach dem Vermessen wurden die Wellen und Naben paarweise sortiert, damit das Übermaß in gewünschten Bereich liegt (Tabelle 29).

Tabelle 29: Schichteigenschaften nach dem Beschichten

Schicht	D485L5Al	D485L5Cu	D485L5Zn	D485L10Zn	D20L10Zn	D57L7Zn	D57L7Al
H [µm]	50 - 75	66 - 92	17 - 32	23 - 36	18 - 34	24 - 34	52 - 75
R_{ZWB} [µm]	17 - 27	8 - 20	10 - 13	12 - 17	9 - 13	10 - 13	17 - 22
Übermaß [‰]	2,2 - 4	1,3 - 3,2	1,4 - 1,9	1,2 - 2,1	1,6 - 3,5	1,6 - 2,2	1,7 - 2

7.2.2.2 Anwendung des Kaltgasspritzens und der Galvanik

Die Versuchsproben wurden entweder durch Kaltgasspritzen oder mittels Galvanik beschichtet. Zusätzlich sollte in diesem Zusammenhang die Eignung von Aluminium als Lotwerkstoffes noch einmal bestätigt und die erreichbare Verbindungsfestigkeit ermittelt werden. Die Proben wurden extern beschichtet. Die beschichteten Proben sind in der Abbildung 91 und Abbildung 92 zu sehen.

Die galvanischen Beschichtungen (Abbildung 92) weisen, wie erwartet, eine homogene, gleichmäßige Schicht auf, bei der das Oberflächenprofil der beschichteten Bauteiloberfläche bekanntlich der Substratoberfläche entspricht. Die kaltgasgespritzten Schichten (Abbildung 91) weisen hingegen eine breitere Schwankung der Schichtdicken und deutlich höheren Oberflächenrauheit auf.

Abbildung 91: Kaltgasspritzen - Proben

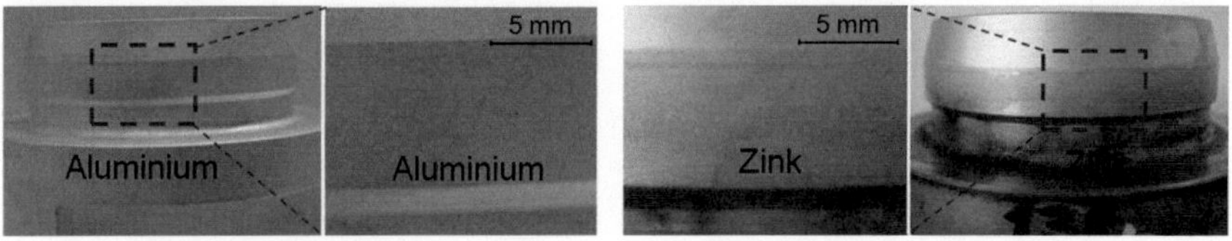

Abbildung 92: Galvanik - Proben

Nach der Beschichtung wurden die Schichtdicke und –oberflächenrauheit erneut vermessen, danach wurden die Wellen und Naben in Paare sortiert, um den Fugendruck in den gewünschten Bereichen zu realisieren. Die Zusammenfassung der Beschichtungsphase bzw. Schichteigenschaften wurde in Tabelle 30 beschrieben.

Tabelle 30: Beschichtungen und Schichteigenschaften

Beschichtungs-verfahren	Beschichtungs-werkstoff	Mittelrauheit R_{ZW} [µm]	Schichtdicke -bereich [µm]	Übermaß [‰]
Galvanik	Zink	5	6,4	0,95 – 1,22
Kaltgasspritzen	Zink	45,6	17,9 - 26	0,95 – 1,82
Galvanik	Aluminium	8,53	7	1 – 1,2
Kaltgasspritzen	Aluminium	52,2	10,5 – 87	1,14 – 2,34

7.2.3 Herstellung der Press-Presslöt-Verbindung

Vor dem Fügen wurden die Wellen und Naben mit Aceton gereinigt. Der Füge- und Trainierensvorgang fand auf der PV-PLV Anlage (Abbildung 7) statt. Für jede Probegruppe wurde eine Spannvorrichtung angewendet, ein Beispiel ist in der Abbildung 93 zu sehen. Die Welle wurde in die Naben längsgepresst und anschließend trainiert.

Abbildung 93: Beispiel für Spannvorrichtung

Es wurden konstante Füge- und Trainierparameter bei allen Versuchsreihen gewählt:

- Fügegeschwindigkeit: 3 mm/s
- Trainiergeschwindigkeit: 10 Grad/Sekunde
- Trainierwinkel: + / - 45 ° (bzw. 90 ° in beide Richtungen)

Bei den meisten Versuchen wurde die Welle gegen die Nabe ca. 15 bis 18 Zyklen verdreht. Um den Einfluss des Trainierzyklen auf die Ausbildung der Presslötverbindungen später mikroskopisch untersuchen zu können, wurden bei einigen

Proben der Trainiervorgang nach 5 Zyklen unterbrochen. Einige gefügte Baugruppe sind in der Abbildung 94 dargestellt.

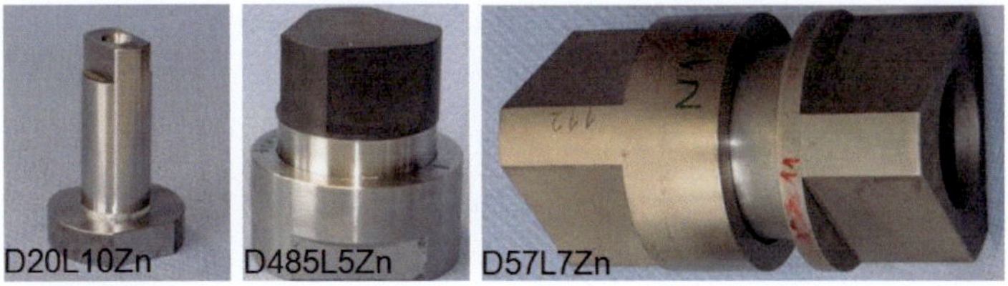

Abbildung 94: gefügten Baugruppen

7.3 Versuchsergebnisse und Auswertung für Reibauftraglöten

7.3.1 Verbindungsfestigkeit

7.3.1.1 Probereihe D20L10Zn

Das Anfangsmoment d. h. Übertragungsmoment vor dem Trainieren liegt bei ca. 200 Nm bei beiden Beschichtungsverfahren (RALö- und GAL-Proben). Das Übertragungsmoment bei RALö-Proben erreicht das Maximum zu Beginn des Trainierzyklus (Abbildung 95, rechts), im Vergleich dazu erreicht die GAL-Probe das höchste Moment erst nach einigen Tranierzyklen (8 Zyklen in der Abbildung 95 links), jedoch liegen die erreichten Verbindungsfestigkeiten ca. 25% höher als bei den RALö-Proben.

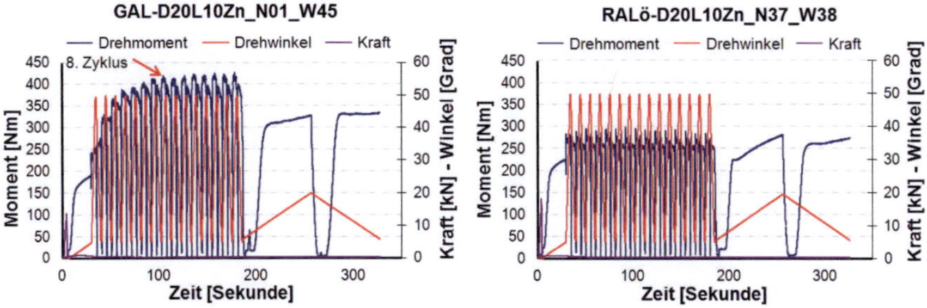

Abbildung 95: Parameterverläufe beim Fügen und Trainieren der Probereihe D20L10Zn

Die Steigerung des Übertragungsmoments bei RALö-Proben nach dem Trainieren ist nicht groß, das Übertragungsmoment nach dem Trainieren liegt über 200 Nm.

7.3.1.2 Probereihe D485L5 und D485L10

Die mit Kupfer beschichteten Proben erreichen das höchste Übertragungsmoment direkt nach dem erstem Zyklus, danach sinkt dieses ab (Abbildung 96 links). Das erreichte Übertragungsmoment bis ca. Zyklus 8 beträgt in Mittelwert 1463 Nm und nach Zyklus 15 nur noch 684 Nm.

Bei Aluminium stieg das Moment bis zum höchsten Betrag in ca. 2 Zyklen und ab ca. Zyklus 8 bleibt dieses konstant (Abbildung 96 rechts). Das Übertragungsmoment nach dem Trainieren beträgt ca. 958 Nm.

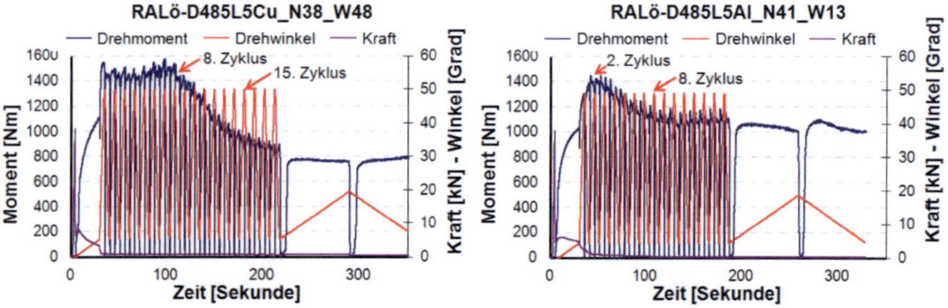

Abbildung 96: Parameterverläufe beim Fügen und Trainieren der Probereihe D485L5Cu und D485L5Al

Die mit Zink beschichteten Proben haben ähnliche Ergebnisse wie die Probenreihe D20L10Zn gebracht, d. h. das größte Übertragungsmoment wird nahezu direkt nach Zyklus 1 erreicht, und bleibt anschließend konstant (Abbildung 97 rechts und Abbildung 98).

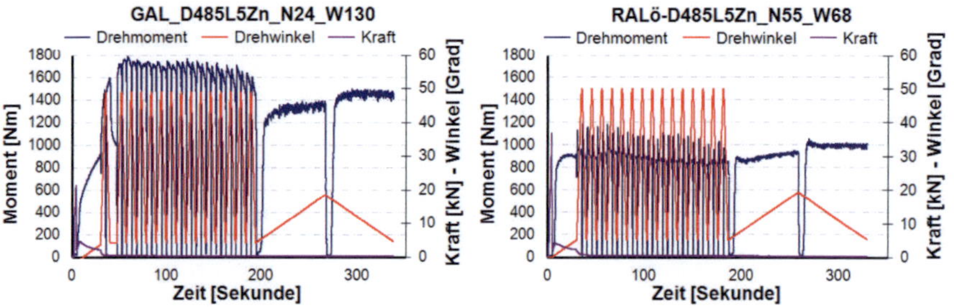

Abbildung 97: Parameterverläufe beim Fügen und Trainieren der Probereihe D485L5Zn

Das Übertragungsmoment der mit Zink beschichteten Proben D485L5Zn (RALö) liegt nach dem Trainieren bei ca. 926 Nm, es ist geringfügig kleiner als die mit Zink galvanisch beschichteten Proben (ca. 1277 Nm). Die Probereihe mit doppelter Fügelänge

D485L10Zn hat ein Übertragungsmoment von 1229,4 Nm erreicht. Die prinzipiellen Verläufe sind ähnlich wie bei den vorherigen Zink-Reihen.

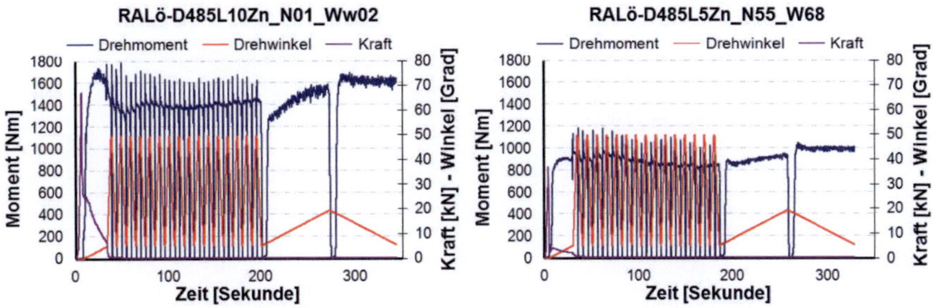

Abbildung 98: Parameterverläufe beim Fügen und Trainieren der Probereihe D485L10Zn und D485L5Zn

7.3.1.3 Probereihe D57L7

Auch die Ergebnisse dieser Versuchsreihen sind Parameterverlaufen ähnlich wie die Versuchsreihen mit dem Fügedurchmesser von 20 und 48,5 mm. Bei dieser Versuchsreihe sind die statischen Übertragungsmomente vor dem Trainieren und nachdem Trainieren annähernd gleich. Wie aus dem gemessenen Moment-Zeit-Diagramm (Abbildung 99) zu sehen ist, lag das primärer Losbrechmoment bei ca. 2000 Nm und lässt sich durch das Trainieren nur geringfügig steigern. Das Übertragungsmoment der mit Zink beschichteten Proben beträgt 1995 Nm, es ist größer als die mit Aluminium beschichtete Proben (ca. 1617 Nm).

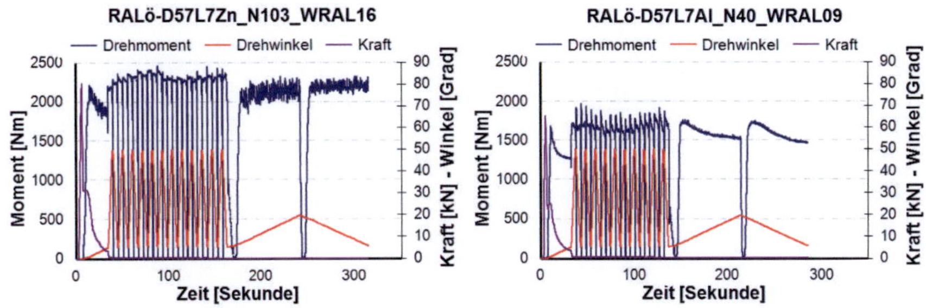

Abbildung 99: Parameterverläufe beim Fügen und Trainieren der Probereihe D57L7Zn und D57L7Al

7.3.2 Versuchsauswertung

Die gesamten durchgeführten Versuche können in der Anlage A7.3 gelesen werden. Um die Eignung des RALö für PV-PLV auszuwerten, wurde die Torsionsscherfestigkeit aus dem ermittelten Übertragungsmoment über die Gleichung 25 berechnet:

$$\tau = \frac{M \cdot 1000}{\frac{\pi}{2} \cdot D_F^2 \cdot l_F} \ [\text{N/mm}^2]$$ **Gleichung 25**

Der gesamte Überblick der Torsionsscherfestigkeit vor und nach dem Trainieren ist in der Abbildung 100 zu sehen. Nach dem Fügen weisen die zinkbeschichteten RALö-Proben die höchste Verbindungsfestigkeit (ca. 50 MPa - Abbildung 100 links) auf. Diese Ergebnisse nähern sich den Ergebnissen von Pejko [99], welche aus galvanisch beschichteten Proben stammen, **jedoch die Torsionsfestigkeit in [99] (ca. 40 MPa) ist kleiner (bei gleichem Fugendruckbereich – 100 bis 120 MPa)**. Außerdem erzielten einige Kupferproben die Torsionsfestigkeit gleich der Torsionsfestigkeit von Zink.

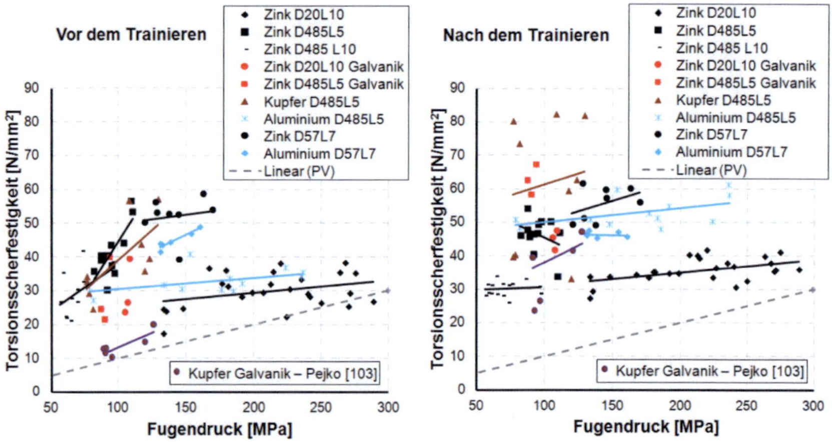

Abbildung 100: Erreichte Verbindungsfestigkeit beim Reibauftraglöten

Nach dem Trainieren wurde die höchste Verbindungsfestigkeit der zinkbeschichteten RALö-Proben bei ca. 60 MPa entsprechend des Fugendruckes von ca. 150 MPa (Abbildung 100 rechts) beobachtet. **Dieser Wert ist vergleichbar mit der Verbindungsfestigkeit der mittels Galvanik zinkbeschichteten Proben (ca. 60 MPa) und ist ähnlich dem Wert von Pejko [99].** Die Zinkschicht hat sich in der Verbindung gut verteilt (Abbildung 101 rechts). Nach der Verbindungsöffnung wurde sichtbar, dass die Wellen- und Nabenoberfläche unbeschädigt (Abbildung 101 links) und die Zinkschicht durch die PV-PLV auch an der Nabenoberfläche (Abbildung 101 Mitte) angehaftet sind.

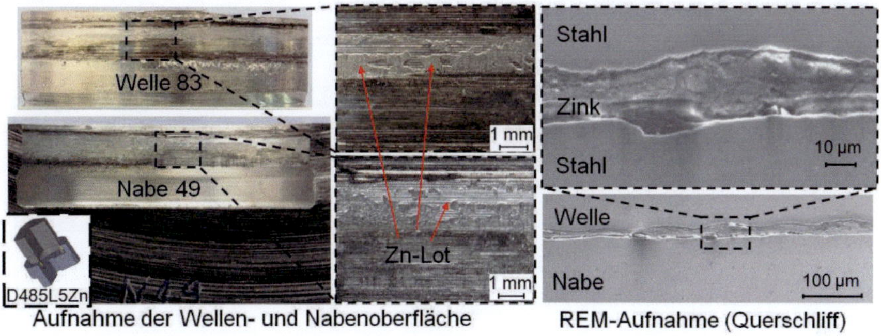

Abbildung 101: Oberflächen- und Querschliffaufnahmen zinkbeschichteter Proben

Ein unerwartetes Ergebnis ergab sich bei kupferbeschichteten Proben. Wenn der Trainierzyklus kleiner als zehn ist, hat die Torsionsfestigkeit der Kupferprobe den höchsten Wert (ca. 80 MPa), d. h.: **doppelt so groß als die erreichte Torsionsfestigkeit in [99]** (ca. 40 MPa) für mittels Galvanik unter Anwendung von sauren Bädern beschichteten Kupferschichten. **Wenn der Trainierzyklus größer als zehn ist, erreicht die Torsionsfestigkeit den gleichen Wert wie von Pejko [99] (ca. 40 MPa).** Dieses Ereignis kann durch die REM-Aufnahmen (Abbildung 102 und Abbildung 103 rechts) erklärt werden.

Abbildung 102: Oberflächen- und Querschliffaufnahmen kupferbeschichteter Proben (Trainierzyklus = 5)

Abbildung 103: Oberflächen- und Querschliffaufnahmen kupferbeschichteter Proben (Trainierzyklus = 15)

In der Abbildung 102 befindet sich ein Hohlraum zwischen der Schicht und der Nabenoberfläche, welcher in der Abbildung 103 nicht zu erkennen ist. Da die Kupferschicht härter als die Zink- bzw. Aluminiumschicht (s. Tabelle 23) ist, wurden die Rauheitsspitzen der Schicht nach nur wenigen Trainierzyklen nicht eingeebnet. Bei ausreichenden Trainierzyklen (hier größer als 10 Zyklen) wurden die Rauheitsspitzen eingeebnet, was zur Verkleinerung des Fugendruckes führt. Die Naben- und Wellenoberfläche waren in beiden Fällen unbeschädigt, außerdem gingen Teile der Kupferschicht auf die Nabenfläche über. Dies beweist eine erfolgreiche PV-PLV bei der Kupferschicht.

Die Aluminiumproben haben trotz der kleinen Scherfestigkeit (τ_{Al} = 80 MPa) die Torsionsfestigkeit der Zinkproben (ca. 60 MPa) erreicht. Dies kann mit der zinkbeschichteten Probe verglichen werden. Die REM-Aufnahme (Abbildung 104 recht) zeigt die gute Verteilung der Aluminiumschicht in der Verbindung. Außerdem hat die Oberflächenaufnahme (Abbildung 104 links) nach der Verbindungsöffnung bewiesen, dass die Aluminiumschicht an der Nabenoberfläche verlötet wurde. Diese oben genannten Ergebnisse bestätigen **die gute Eignung des Aluminiums für PV-PLV**.

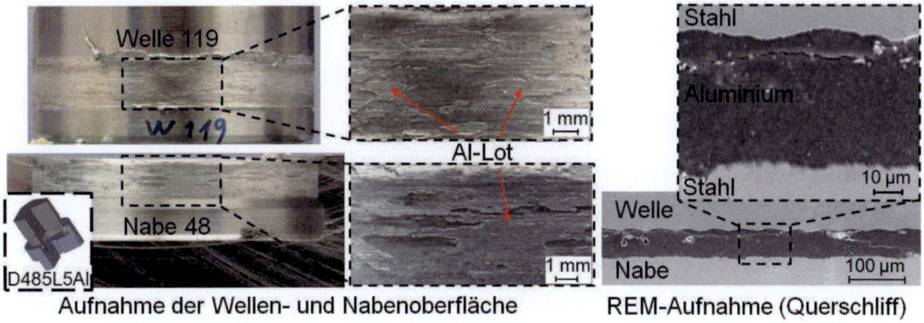

Abbildung 104: Oberflächen- und Querschliffaufnahmen aluminiumbeschichteter Proben

7.3.3 Einfluss des Fugendrucks

Vor dem Trainieren **steigt die Torsionsfestigkeit** bei allen Versuchsreihen bei **Zunahme des Fugendruckes** (Abbildung 105 links).

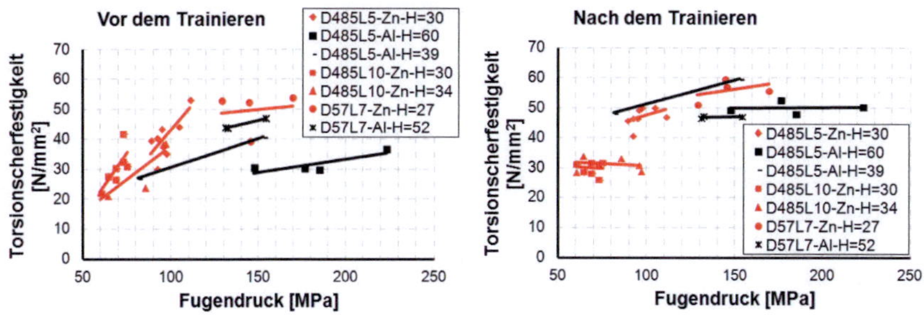

Abbildung 105: Erreichte Verbindungsfestigkeit bei RALö unter Einfluss der Schichtdicke

Die Steigerungsintensität der Probegruppe D485 ist besonders groß. Die Tendenz der Torsionsfestigkeit nach dem Trainieren aller Probegruppen außer D485L10 ist gleich wie die Tendenz vor dem Trainieren, jedoch ist der Steigerungsgrad kleiner (Abbildung 105 rechts). Bei der Probegruppe D485L10 bleibt die Torsionsfestigkeit nach dem Trainieren mit unterschiedlichen Fugendrücken nahezu konstant. Die Steigerung der Torsionsfestigkeit beim zunehmenden Fugendruck kann wie folgt erklärt werden: Der große Fugendruck führt zur Erhöhung der Deformationen, was die zunehmende Erzeugung von Kontaktflächen zwischen Lot und Werkstück zur Folge hat. Außerdem steigt die Reibungsenergie bei großem Fugendruck während des Trainiervorgangs, was die Generierung der Presslötverbindungen fördert.

7.3.4 Einfluss der Schichtdicke

Die Schichtdicke hat Einfluss auf die Torsionsfestigkeit der PV-PLV, **welche leicht abnimmt, wenn die Schicht dicker wird** (s. Abbildung 106).

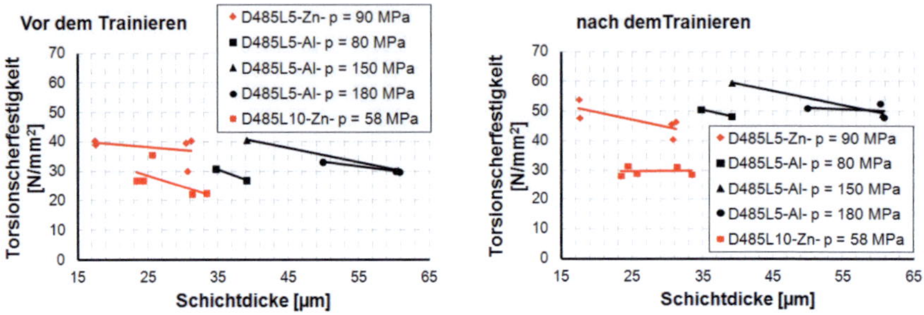

Abbildung 106: Erreichte Verbindungsfestigkeit bei Reibauftraglöten unter Einfluss der Schichtdicke

Dies kann durch die Änderung des Fugendrucks erklärt werden. Bisher wurde die Fugendruckberechnung ohne Einfluss des Lotwerkstoffes durchgeführt. Die elastische Formänderung (Δl) der Welle mit Lotwerkstoff wird nach Hookeschem Gesetz wie in Gleichung 26 berechnet.

$$\Delta l = \Delta l_S + \Delta l_W = \frac{l_S \cdot \sigma}{E_S} + \frac{l_W \cdot \sigma}{E_W}$$ **Gleichung 26**

Diese elastische Formänderung besteht aus der Formänderung der Welle und des Lotwerkstoffes (s. Abbildung 107).

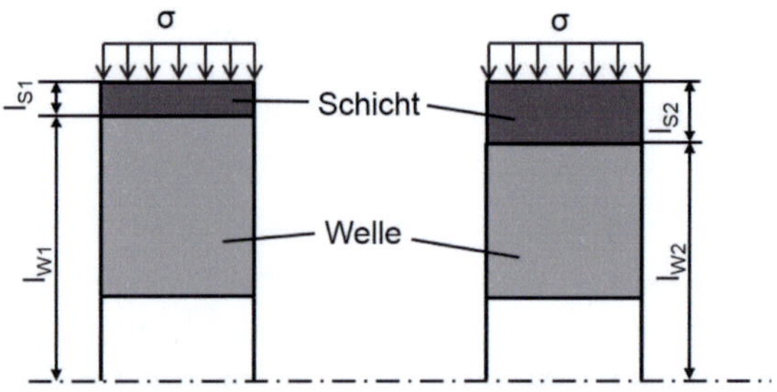

Abbildung 107: Formänderung bei unterschiedlicher Schichtdicke

Da der Elastizitätsmodul der Welle (in diesem Fall Stahl E_{Stahl} = 210 GPa) viel größer als der des Lotwerkstoffes (in diesem Fall Aluminium E_{Al} = 70 GPa oder Zink E_{Zn} = 95 GPa) ist, hängt der Unterschied der Formänderung zwischen den Wellen hauptsächlich vom Lotwerkstoff ab. Daraus ergibt sich, dass eine Welle mit größerer Schichtdicke unter gleichen Anfangsfugendruck eine größere Formänderung erfährt, was in Gleichung 27 dargelegt ist. Die Formänderung führt zur Fugendruckänderung.

$$l_{S2} > l_{S1} \rightarrow \frac{l_{S2} \cdot \sigma}{E_S} > \frac{l_{S1} \cdot \sigma}{E_S} \rightarrow \Delta l_2 > \Delta l_1 \text{ [mm]}$$ **Gleichung 27**

7.3.5 Fazit

Die oben genannten Ergebnisse (7.3.1 bis 7.3.4) haben die Eignung des Reibauftraglötens für die Herstellung der PV-PLV bewiesen. Die erreichte Torsionsfestigkeit beträgt für die zinkbeschichteten RALö-Proben und aluminiumbeschichteten RALö-Probe in einigen Fällen ca. 60 MPa und für die kupferbeschichtete Proben bis 80 MPa. Die theoretische Eignung des Aluminiums für PV-PLV wurde damit experimentell bestätigt.

Es wurde auch gezeigt, dass die PV-PLV bei dicken Lotschichten (mehrere Zehntel Mikrometer) gut funktionieren. Allerdings nimmt die Torsionsfestigkeit bei dickeren Schichten leicht ab.

Es ist zu erkennen, dass bei zunehmendem Fugendruck die Torsionsfestigkeit größer wird.

7.4 Versuchsergebnisse und Auswertung für Kaltgasspritzen

7.4.1 Verbindungsfestigkeiten vor und nach dem Trainieren

Die Ergebnisse werden nachfolgend für jede Beschichtungsart ausgewertet.

7.4.1.1 Kaltgasspritzen

Bei aluminiumbeschichteten KS-Proben steigt das Übertragungsmoment bei gedrehten Fügeflächen (Abbildung 108 rechts) nach dem Trainieren, aber der Steigerungsgrad war trotz des hohen Fugendrucks (zw. 100 und 200 MPa) und langen Trainierregims gering. Das Übertragungsmoment nach dem Trainieren beträgt bis 963 Nm.

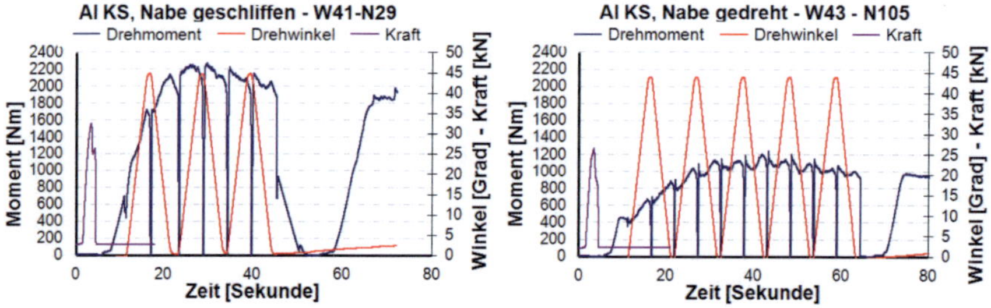

Abbildung 108: Parameterverläufe beim Fügen und Trainieren; links: geschliffene Oberfläche; rechts: gedrehte Oberfläche – Aluminium KS-Proben

Bei den geschliffenen Oberflächen (Nabe) wurden hohen Übertragungsmomente bei kurzem Trainieren (3 Zyklen) erreicht (Abbildung 108 links). Das Übertragungsmoment nach dem Trainieren liegt im Bereich von 1400 Nm bis 1850 Nm. Im Vergleich zu den Proben mit den gedrehten Naben ist das Übertragungsmoment deutlich größer. Diese Ergebnisse bestätigen noch einmal die Ergebnisse von Pejko [99].

Bei den zinkbeschichteten Proben wurden mehrere Trainierzyklen gebraucht, um das maximale Übertragungsmoment zu erreichen (s. Abbildung 109). Die geschliffenen Proben haben weniger Tranierzyklen gebraucht. Das Übertragungsmoment der gedrehten Proben (Beispiel Abbildung 109 rechts) liegt zwischen 650 Nm und 1250 Nm, und das der geschliffenen Proben (Beispiel Abbildung 109 links) ist im Bereich von 655 Nm bis 767 Nm.

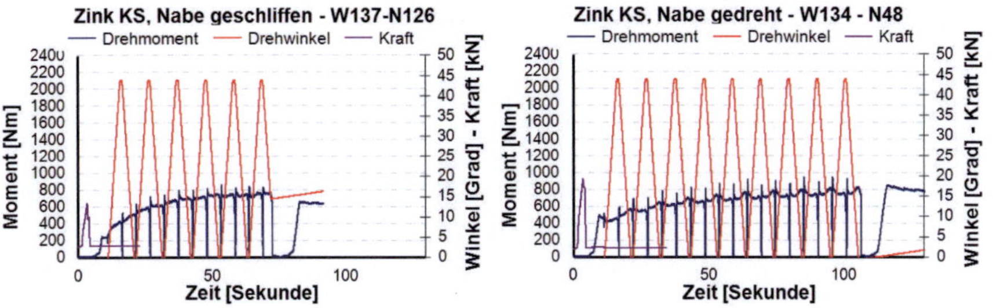

Abbildung 109: Parameterverläufe beim Fügen und Trainieren; rechts: gedrehte Oberfläche; links: geschliffene Oberfläche – Zink KS-Proben

7.4.1.2 Galvanische Beschichtung

Ähnlich wie beim Kaltgasspritzen steigt das Übertragungsmoment nach dem Trainieren. Das gemitteltes Übertragungsmoment vor dem Trainieren ist 860 Nm und nach dem Trainieren 1255 Nm, d. h. ungefähr 1,5 mal größer. In der Abbildung 110 sind Beispiele der Parameterverläufe beim Fügen und Trainieren.

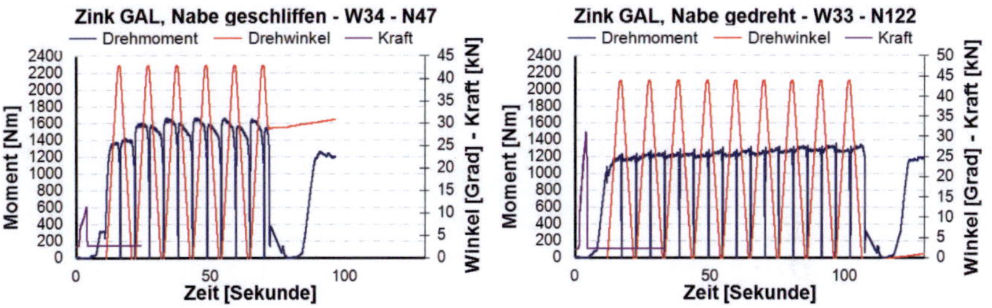

Abbildung 110: Parameterverläufe beim Fügen und Trainieren; links: geschliffene Nabe; rechts gedrehte Nabe - Zink GAL-Proben

Bei der geschliffenen Nabe ist das Verhältnis zwischen dem Übertragungsmoment nach und vor dem Trainieren fast 4 mal größer (Abbildung 110 links). Bei gleichem Fugendruck sind die Übertragungsmomente deutlich höher als mit den gedrehten Naben.

Bei der Aluminiumschicht lag das Übertragungsmoment über 1000 Nm und stieg nicht mehr nach dem Trainieren (Abbildung 111) an.

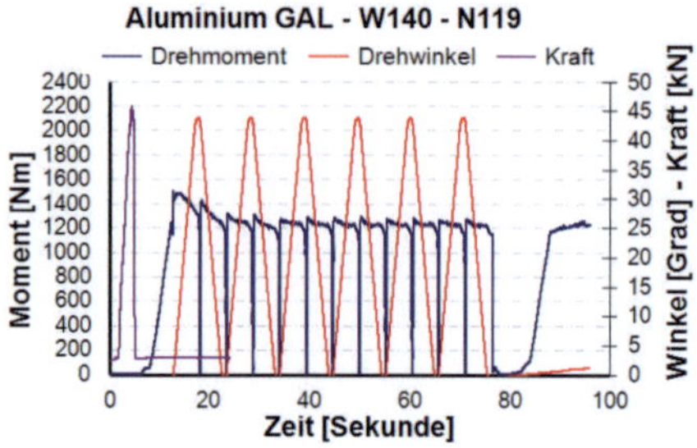

Abbildung 111: Parameterverläufe beim Fügen und Trainieren; gedrehte Oberflächen – Aluminium GAL-Probe

7.4.1.3 Auswertung der Messergebnisse

Die gesamten ausgeführten Versuche können in der Anlage A7.3 gelesen werden. In Abbildung 112 sind die Übertragungsmomente vor und nach dem Trainieren dargestellt. Vor dem Trainieren haben die KS-Proben trotz hohem Fugendruck eine vergleichbare Torsionsfestigkeit mit den GAL-Proben (ca. 20 MPa) erreicht. Diese Ergebnisse sind schlechter als die Ergebnisse von Pejko [99] (ca. 40 MPa), welche aus galvanisch beschichteten Proben stammen. Die RALö-Proben haben dabei deutlich die höchsten Torsionsfestigkeiten (ca. 50 MPa) gezeigt.

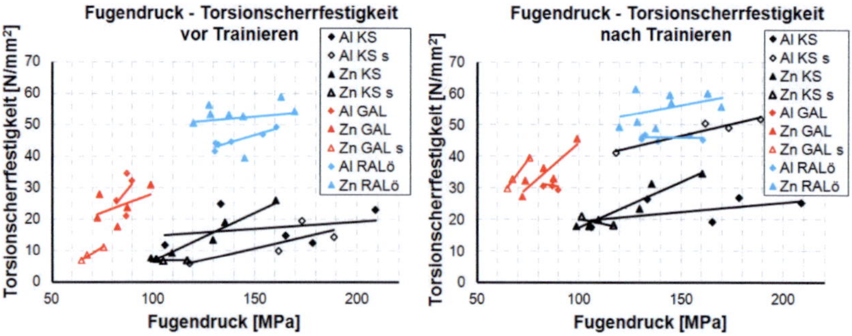

Abbildung 112: Gesamtüberblick Torsionsscherfestigkeit

Nach dem Trainieren erreichten die mit Aluminium beschichteten KS-Proben, bei Verwendung einer geschliffenen Nabe, eine vergleichbare Torsionsscherfestigkeit (ca. 50 MPa) wie die mit Aluminium beschichteten RALö-Proben, welche eine sehr hohe Torsionsfestigkeit besitzen. **Diese Ergebnisse bestätigen noch einmal die theoretische Eignung des Aluminiums als Lotwerkstoff bei PV-PLV**.

Einige mit Zink beschichtete KS-Proben haben eine vergleichbare Torsionsscherfestigkeit wie die GAL-Proben erreicht. **Die anderen KS-Proben haben im Vergleich zu den GAL-Proben niedrigere Torsionsscherfestigkeiten (ca. 30 MPa).** Diese Ergebnisse sind schlechter als die Ergebnissen von Pejko [99].

Unabhängig von der Schichtdicke wurde der Einfluss des Fugendrucks in diesem Fall noch einmal bestätigt. **Je größer der Fugendruck, desto größer ist die erreichbare Torsionsscherfestigkeit**.

7.4.2 Mikroskopische Untersuchungen und Auswertung

In der Abbildung 113 links und Abbildung 114 links sind die Oberflächenaufnahmen der mit Kaltgasspritzen beschichteten Proben nach der Verbindungsöffnung. Es zeigt sich, dass der Lotwerkstoff auf der Nabenoberfläche anhaftet. Außerdem haben REM-Aufnahmen gezeigt, dass eine gute Schichtverteilung in der Verbindung besteht.

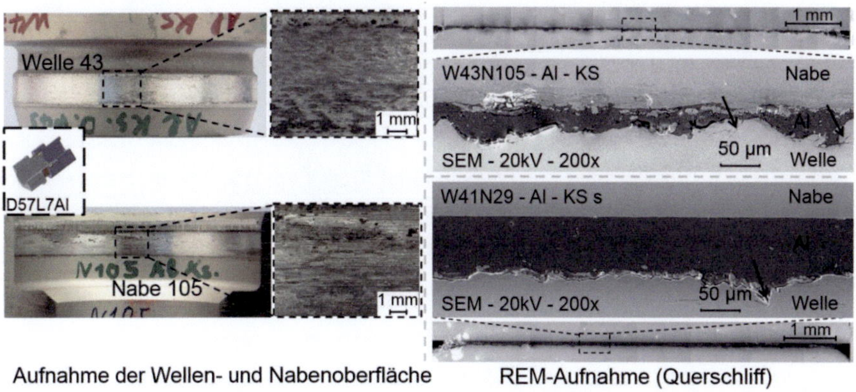

Abbildung 113: Oberflächen- und Querschliffaufnahmen aluminiumbeschichteter KS-Proben; rechts oben – gedrehte; rechts unten- geschliffen

Durch die rasterelektronenmikroskopischen Aufnahmen ist zu erkennen, dass die Wellenoberfläche bzw. Oberflächentopografie durch das Sandstrahlen negativ verändert wird. Beobachtet wurden mehrere kleine Risse (gekennzeichnet in Abbildung 113 rechts und Abbildung 114 rechts durch Pfeiler), welche bekanntlich die Dauerfestigkeit negativ beeinflussen.

Die Naben (bzw. die Fügeflächen) wurden gedreht und dann einsatzgehärtet. Die entstandene Zunderschicht wird beim Trainieren zum Teil abgelöst (Abbildung 113 rechts oben). Diese Zunderschicht behindert das Ausbilden der PLV, dies bestätigt die früheren Ergebnissen aus [99][100]. Im Vergleich dazu ist die geschliffene Nabenoberfläche (Abbildung 113 rechts unten) „sehr sauber", damit können großflächig PLV generiert werden, dies bestätigen auch die erreichten Verbindungsfestigkeiten.

Abbildung 114: Oberflächen- und Querschliffaufnahmen zinkbeschichteter KS-Proben; rechts oben – geschliffen; rechts unten- gedreht

Die Schichtstruktur der Aluminiumschicht und der Zinkschicht weist bekanntlich Poren auf. In den REM-Aufnahmen der Aluminiumschicht sind mehr Poren als bei einer vergleichbaren Zinkschicht (s. Abbildung 91 und Abbildung 115 - Pfeiler) sichtbar. Nach dem Trainieren (Abbildung 113) werden die Poren eingeebnet, somit sieht die Schicht des Aluminiums sehr gleichmäßig aus, und es sind nur wenige Poren erkennbar. Im Gegensatz dazu befindet sich in der Zinkschicht nach dem Trainieren immer noch Poren (Abbildung 114).

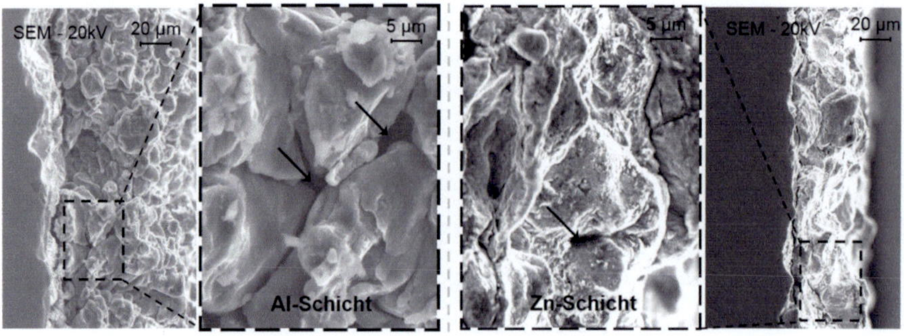

Abbildung 115: REM-Aufnahmen der Zinkschicht (rechts) und Aluminiumschicht (links)

Außerdem wurde festgestellt, dass sich beim Einpressen der Welle teilweise die Schicht bzw. einzelne Rauheitsspitzen abscheren (s. Abbildung 116). Die Abscherung und

Einebnung der Schicht führt zur Verringerung des Fugendrucks, da die Oberflächenrauheit aber sehr hoch ist, kann dies zu einer sehr starken Streuung der Verbindungsfestigkeiten führen.

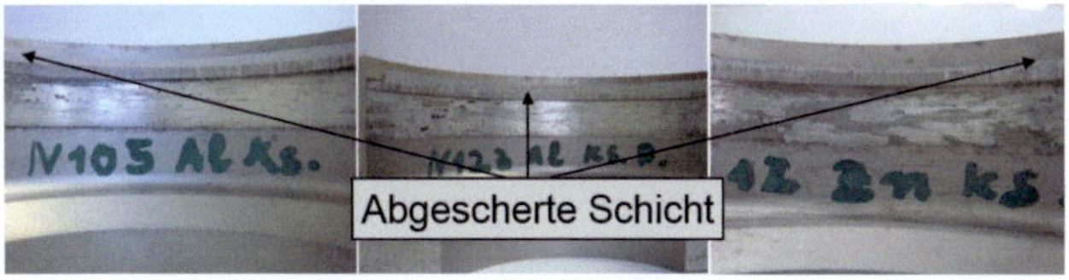

Abbildung 116: abgescherte Schicht nach dem Einpressen

Die Abbildung 117 und Abbildung 118 zeigen die Oberflächen- und REM-Aufnahme der aluminium- und zinkbeschichteten GAL-Proben. Die Fügeoberflächen sind unbeschädigt. Dies bestätigt noch einmal die alten Ergebnisse in [99], dass die PV-PLV für unterschiedliche Probengeometrien geeignet ist.

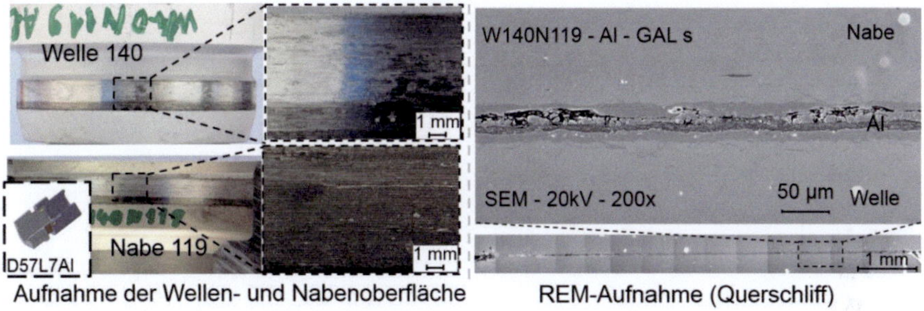

Abbildung 117: Oberflächen- und Querschliffaufnahmen aluminiumbeschichteten GAL-Proben

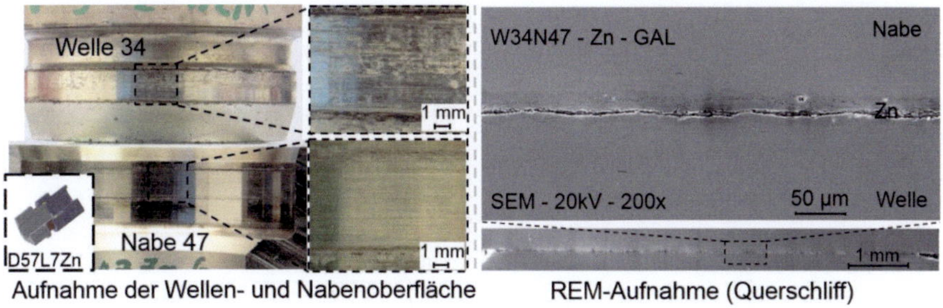

Abbildung 118: Oberflächen- und Querschliffaufnahmen zinkbeschichteter GAL-Proben

7.4.3 Zusammenfassung der Kaltgasspritzenuntersuchung

Aus den Ergebnissen lassen sich folgende Schlussfolgerungen ziehen:

- Die durch Kaltgasspritzen beschichteten Proben zeigten vergleichbare Verbindungsfestigkeiten wie die galvanisch beschichteten Proben, somit ist dieses Verfahren als alternatives Beschichtungsverfahren anzusehen. Allerdings zeigten die KS-Proben eine schlechtere Torsionsfestigkeit im Vergleich zu RALö-Proben.
- Aluminium kann auch als Beschichtungswerkstoff für PV-PLV genutzt werden.
- Eine Zunderschicht (z. B. aus Wärmebehandlung) behindert die Ausbildung von Presslötverbindungen.
- Der vorgelagerte Prozess (Sandstrahlen) verändert die Oberflächenrauheit. Der Einfluss dieser Vorbehandlungsmethode auf die geometrische Toleranz und auf die dynamische Belastbarkeit der Bauteile ist zukünftig zu untersuchen.
- Der Fugendruck bei den kaltgasgespritzen Proben kann durch die sehr hohe Schichtrauheit in einigen Fällen nur abgeschätzt werden. Die Einflüsse der Abscherung und Einebnung der Schicht sind **zukünftig** experimentell zu bestimmen.

8 Zusammenfassung und Ausblick

Ziel der Arbeit war das Reibauftraglöten zu entwickeln und seine Anwendung als alternatives Beschichtungsverfahren für die Herstellung der Press-Presslöt-Verbindung zu untersuchen. Dieses wurde mit Erfolg erreicht.

Es wurde eine Beschichtungsanlage für das Reibauftraglöten konstruiert und gefertigt, die in dieser Form ein Unikat darstellt. Mit Hilfe dieser Anlage wurden zylindrische Oberflächen durch Reibauftraglöten beschichtet und die zugehörigen Prozessparameter ermittelt. Damit ist es möglich, reproduzierbare Beschichtungsergebnisse mit Kupfer, Aluminium und Zink auf Stahl zu erreichen. Die erzielbaren Schichtdicken für die einzelnen Materialien lauten: Zink: 11 µm - 50 µm; Kupfer: 54 µm - 135 µm; Aluminium: 22 µm - 145 µm.

Die Schichtqualität hängt dabei von mehreren Faktoren ab. Die Erhöhung der Anpresskraft und/oder der Bolzendrehzahl führen zu einer Erhöhung der Schichtdicke und der Schichtbreite. Im Gegensatz dazu führt die Erhöhung der Werkstückdrehzahl zur Verminderung der Schichtdicke und der Schichtbreite, jedoch steigt die Schichtbreite bei Kupferschichten in einigen Fällen, welche mit großen Bolzendrehzahl und kleinen Anpresskräfte hergestellt wurden. Die Oberfläche wird glatter bei steigender Bolzendrehzahl und Anpresskraft. Aus den experimentellen Ergebnissen wurde die empirische Funktion der Schichtdicke und Schichtbreite in Abhängigkeit von Bolzendrehzahl, Wellendrehzahl und Anpresskraft (s. 6.5.4) ermittelt.

Das Prinzip des Beschichtungsvorgangs kann anhand eines Planschleifvorgangs erklärt werden. Dabei wurde gezeigt, dass der Einfluss der Drehrichtung von großer Bedeutung ist. Wenn die Exzentrizität positiv ist, hat der Beschichtungsvorgang nur beim Bolzen- und Wellendrehen mit der Drehrichtung links (LLP) funktioniert. Und bei einer negativen Exzentrizität gelingt die Beschichtung beim rechtsdrehenden Bolzen- und rechtsdrehender Welle. Ist die Exzentrizität annähernd Null, funktioniert die Beschichtung nur, wenn die Welle und der Bolzen in die gleiche Richtung drehen.

Die Schicht hat bei einer Exzentrizität von annähend Null bessere Qualität (gleichmäßiger, dicker und breiter). Außerdem haben die Bolzendurchmesser,

Wellendurchmesser und Beschichtungsposition Einfluss auf die Schichtdicke, Schichtbreite und Schichtverteilung.

Die Haftfestigkeit der Schicht ist hoch. Diese betragen für Zink bis 76 MPa, für Aluminium bis 72 MPa und für Kupfer bis 89,5 MPa. Die Schichtmikrohärte änderte sich leicht nach der Anpresskraft, d. h. die Schicht ist ein wenig härter bei großer Anpresskraft und umgekehrt.

Die hochaufgelösten REM-Untersuchungen haben gezeigt, dass bei der Kombination von Kupfer/Stahl und Aluminium/Stahl keine Mischkristallzone aufzutreten scheint. Jedoch existieren zwischen der Zinkschicht und der Stahloberfläche intermetallische Phasen.

Das Reibauftraglöten wurde erfolgreich zur Herstellung der Press-Presslöt-Verbindung mit unterschiedlicher Geometrie eingesetzt. Die erreichte Torsionsfestigkeit beträgt für die zinkbeschichteten RALö-Probe und aluminiumbeschichteten RALö-Probe in einigen Fällen bis ca. 60 MPa, und für die kupferbeschichteten Probe bis 80 MPa. Die theoretische Eignung des Aluminiums für PV-PLV wurde dadurch experimentell bestätigt.

Es wurde auch gezeigt, dass die PV-PLV bei dicken Lotschichten (mehrere Zehntel Mikrometer) gut funktionieren kann. Allerdings nimmt die Torsionsfestigkeit bei dickeren Schichten leicht ab. Außerdem ist es zu erkennen, dass bei zunehmendem Fugendruck die Torsionsfestigkeit größer wird.

Als alternatives Beschichtungsverfahren zur Herstellung der PV-PLV kann auch Kaltgasspritzen verwendet werden. Allerdings zeigte dieses Verfahren einer schlechteren Torsionsfestigkeit im Vergleich zum Reibauftraglöten. Außerdem verändert der vorgelagerte Prozess (Sandstrahlen) die Oberflächenrauheit. Dies kann zur Verschlechterung der Dauerfestigkeit führen.

Da die kaltgasgespritzen Schicht porig und die Rauheit sehr groß ist, kann der Fugendruck nur bedingt abgeschätzt werden.

Ausblick

Die Beschichtungsmaterialien in dieser Arbeit waren Kupfer, Zink und Aluminium auf Stahlsubstrat. Die Frage ob anderen Materialien angewendet werden können (Beschichtung von anderen weichen Material auf anderes hartes Material, z. B.: Beschichtung von Aluminium auf Kupfer, oder Zink auf Keramik) soll in der Zukunft beantwortet werden.

Der Verbindungsmechanismus des Aluminium und Kupfer auf Stahlsubstrat wurde wegen der ungenügenden Auflösung der REM-Aufnahme noch nicht geklärt. Dieser sollte mittels Transmissionselektronenmikroskop weiter untersucht werden.

Die mittels RALö oder KS hergestellte PV-PLV wurde bisher nur statisch untersucht. Die Frage der Dauerfestigkeit und der Einfluss der Schichtdicke auf die Rundlaufgenauigkeit und Dauerfestigkeit sind noch offen. Außerdem wurde die Festigkeit der PV-PLV unter Torsion betrachtet. In weiterführenden Untersuchungen sollte die Kombination von Torsion und Biegung sowie nur Biegung näher betrachtet werden.

9 Quellenverzeichnis

[1] Bishop, E.: Friction welding in the Soviet Union. Welding and Metal Fabrication 28 (10), S.408-410, London, Oktober 1960

[2] Tyayar, Kh. A.: Friction welding in the reconditioning of worn components. Svarochnoe Proizvodstov 6, H.10, S.23-24, Moskau, 1959

[3] Tjajar, Ch. A.: Untersuchungen über das Reibauftragschweißen. Avt. Svarka 13, H.4, S. 31-35, 1960; ref. in: Schweißen und Schneiden 13, H.6, S.246, DVS, 1961

[4] Tjajar, Ch. A.: Berechnung und Untersuchungen der Reibauftragschweißung. Avt. Svarka 14, H.7, S. 33-39, Kiev, 1961

[5] Kershenbaum, Ya. M.; Averbukh, B. A: Wiederherstellung von Teilen durch das Reibauftragschweißen mit Metallen und Legierungen. Byulleten nauchnotekhnicheskoi informatii, Nr. 35 (141), Moskau, Gosinti, 1958

[6] Kershenbaum, Ya. M.: Eine Methode zur Wiederherstellung oder zum Härten von Maschinenteilen sowie zur Wiederherstellung von plattieren Metallteilen durch Reibschweißen. Prioritätsbescheinigung Nr. 123396 vom 04.04.1958, Byulleten izobretenii, Nr.20, sowjetisch Patentamt, 1959

[7] Kershenbaum, Ya. M.; Averbukh, B. A.: Special features in the friction deposition of bronze on steel. Avt. Svarka. 17, H.3, S. 19-22, 1964. Ref. in: Schweißtechnik 15, H.4, S.190, Berlin, 1965

[8] Kershenbaum, Ya. M.; Averbukh, B. A.; Ljudmirskaya, N. G.: Reibauftragschweißen einer verschleißfesten Schicht weißen Gußeisens auf Stahl. Svarochnoe Proizvodstvo 12, H.6, S. 8-10, 1965. Ref. in: Schweißtechnik, Berlin 16, H.2, S.94, 1966

[9] Kershenbaum, Ya. M.; Averbukh, B. A.; Ljudmirskaya, N. G.: Wiederherstellung der Elektroden für das Widerstandschweißen durch Reibauftragschweißen. Svarochnoe Proizvodstvo, Nr. 15, H. 5, S. 28-30, Moskau, 1968

[10] Shreiber, G. K.; Kershenbaum, V. A.; Tkachenko, S. G.: Influence of friction surfacing conditions on transition layer properties in clad metals. Svarochnoe Proizvodstvo, Nr.09, S.32-33, Moskau 1971. Übersetzung in: Welding Production, Nr.09, H.18, 1971

[11] Pluzhikova, E. I.; Demina, E. L.; Kershenbaum, V. Ya.; Shreiber, G. K.: Friction facing of cast iron on steel. Metallovedenie i Termicheskava Obrabotka Metallov Nr.11, S. 46-47, Moskau, 1971. Übersetzung in: Metal Science & Heat Treatment of Metals, Vol. 13, No. 11, pp. 946-947, Springer US, 1971

[12] Kershenbaum, V. Ya; et al.: Performance of steel bronze bimetal produced by friction surfacing. Svarochnoe Proizvodstvo 7, S. 29-30, Moskau 1972

[13] Kershenbaum, Ya. M.; Averbukh, B. A.: Optimum dimensions of friction surfaced components. Avt. Svarka 5, S. 64-66, Kiev, 1972

[14] Averbukh, B. A.; Velinskii, A. L.: Thermal effects in friction surfacing. Avt. Svarka, Nr. 11, S. 29-31, Kiev 1975. Übersetzung in: Automatic Welding, Nr. 28, H.11, London, 1975

[15] Zakson, R. I.; Turukin, F. G.: Friction welding and hardfacing of agricultural machine parts. Avt. Svarka 18, H. 3, S.48-50, Kiev, 1965

[16] Nogik, M. V.; et al.: Friction hard facing of steel with stellite V3K. Svarochnoe Proizvodstov Nr.07, S.16-17, Moskau, 1970; Übersetzung in: Welding Production Nr. 07, H. 17, 1970

[17] Thomas, W. M.; Nicholas, E. D.; Dunkerton, S. B.: Feasibility studies into surfacing by friction welding. The Welding Institute Research Report 236, Cambridge, UK, April 1984

[18] Thomas, W. M.: An introduction to friction surfacing. The first International conference on Surface Engineering, Brighton, UK, 25 - 28 Juni 1985

[19] Bedford, G. M.; Richards, P. J.: Recent developments of friction coating repair and reclamation. The Royal Society, London, 24 - 25 September 1984

[20] Bedford, G. M.; Richards, P. J.: The absence of dilution in friction surfacing and lateral friction welding. The first International conference on Surface Engineering, Brighton, U.K., 25 - 28 Juni 1985

[21] Nicholas, E.D.; Thomas, W.M.: Metal deposition by friction welding. Welding Journal, Vol. 65, No. 8, pp. 17-27, New York, 1986

[22] Lambrineas, P.; Jenkins, B.M.; Doyle, E.D.: Low-pressure friction surfacing: adhesion of stainless steel coating on mild steel. International Tribology conference 1990: Putting Tribology to Work; Reliability and Maintainability through lubrication and wear technology, Brisbane, 2 - 5 December 1990

[23] Lambrineas, P.; Jewsbury, P.: Areal coverage using friction surfacing. 1991 ship production symposium. The Pan Pacific hotel, San Diego, California, 03 - 06.09.1991. The society of naval architects and marine engineers, Jersey City, 1991

[24] Bedford, G.M.: Friction surfacing a rotating hard metal facing material onto a substrate material with the benefit of positively cooling the substrate. USA Patent Nr.5077081,1991

[25] Bedford, G.M.: Friction surfacing machine. Aircraft Engineering and Aerospace Technology, Vol. 64, No. 7, UK, July 1992

[26] Vitanov, V.I.; Voutchkov, I.I.; Bedford, G.M.: Decision support system to optimise the Fritec (Friction surfacing) process. Journal of Materials Processing Technology 107, pp. 236-242, Elservier USA, 2000

[27] Vitanov, V.I.; Voutchkov, I.I.; Bedford, G.M.: Neurofuzzy approach to process parameter selection for friction surfacing applications. Surface and Coatings Technology 140, pp. 256-262, Elservier USA, 2001

[28] Voutchkov, I.I.; Jaworski, B.; Vitanov, V.I.; Bedford, G.M.: An integrated approach to friction surfacing process optimization. Surface and Coatings Technology 141, pp. 26-33, Elservier USA, 2001

[29] Bedford, G.M.; Vitanov, V.I.; Voutchkov, I.I.: On the thermo-mechanical events during friction surfacing of high speed steels. Surface and Coatings Technology 141, pp. 34-39, Elservier USA, 2001

[30] Vitanov, V.I.; Voutchkov, I.I.: Process parameters selection for friction surfacing applications using intelligent decision support. Journal of Materials Processing Technology 159, pp. 27-32, Elservier USA, 2005

[31] Vitanov, V.I.; Javaid, N.; Stephenson, D.J.: Application of response surface methodology for the optimisation of micro friction surfacing process. Surface and Coatings Technology, Elservier USA, 2010

[32] Vitanov, V.I.; Javaid, N.: Investigation of the thermal field in micro friction surfacing. Surface and Coatings Technology 204, pp. 2624-2631, Elservier USA, 2010

[33] Shinoda, T.; Okamoto M.; Kato, Y.; Shimizu, T.: Application of friction surfacing. Pre-Prints of the National Meeting of JWS (51), S. 318-319, Japan, 01.09.1992

[34] Shinoda, T.; Shimizu, T.; Kato, Y.; Yashiro, T.: Study of friction surfacing (report I). Pre-Prints of the National Meeting of JWS (54), S. 270-271, Japan, 13.03.1994

[35] Shinoda T.; Takemoto, S.; Katoh, Y.: Effect of operating parameters on friction surfacing. Pre-Prints of the National Meeting of JWS (55), S. 466-467, Japan, 26.09.1994

[36] Shinoda, T.; Takemoto, S.; Katoh, Y.; Yashiro, T.: Effect of operating parameters on friction surfacing. Pre-Prints of the National Meeting of JWS (56), S. 204-205, Japan, 12.03.1995

[37] Shinoda, T.; Okamoto, S.; Takemoto, S.; Kato, Y.; Shimizu, T: Deposition of hard surfacing layer by friction surfacing. Welding International 10, H.04, S. 288-294, London, 1996

[38] Shinoda, T.; Shimizu, T.; Kato, Y.; Yashiro, T.: The application of the edge by friction surfacing method. Pre-Prints of the National Meeting of JWS (58), S. 236-237, Japan, 15.03.1996

[39] Shinoda, T.; Li, J.; Katoh, Y.; Yashiro T.: Approach to multi-pass deposit process by friction surfacing. Pre-Prints of the National Meeting of JWS (59), S.246-247, Japan, 05.09.1996

[40] Fukakusa, K.: On characteristics of real rotational contact plane – fundamental study of friction surfacing. Quarterly journal of the Japan Welding Society 14(1), S. 33-38, Japan, 05.02.1996

[41] Shinoda, T.; Li, J.; Katoh, Y.; Yashiro, T.: Analysis of friction surfacing by real rotational contact area model; Pre-Prints of the National Meeting of JWS (60), S. 202-203, Japan, 15.03.1997

[42] Shinoda, T.; Li, J.: Experimental study on friction surfacing in liquid. Pre-Prints of the National Meeting of JWS (62), S. 222-223, Japan, 20.03.1998

[43] Shinoda, T.; Li, J: Surface modification of 5083 aluminum alloys using friction surfacing. Journal of Japan Institute of Light Metals Vol.49, No.10, pp. 499-503, Japan, 1999

[44] Shinoda, T.; Li, J: Underwater friction surfacing. Surface engineering Vol.16, No.1, S. 31-35, Elservier USA, 2000

[45] Hirakawa, M.; Takano, Y.; Yamamoto, H.; Takatani, T.; Shinoda, T.; Takegami, H.: Development of toe smoothing process to fillet weld by applying friction surfacing. Pre-Prints of the National Meeting of JWS (68), S. 206-207, Japan, 19.03.2001

[46] Yamashita, Y.; Fujita, K.: Newly developed repairs on welded area of LWR stainless steel by friction surfacing. Journal of Nuclear Science and Technology, Vol. 38, No. 10, pp. 896-900, October 2001

[47] Sakihama, H.; Tokisue, H.; Katoh, K.: Mechanical properties of a friction surfaced 5052 aluminum alloy. Journal of Japan Institute of Light Metals, Vol. 52, No. 08, pp. 346-351, Japan, 2002

[48] Tokisue, H.; Katoh, K.; Asahina, T.; Ushiyama, T.: Mechanical properties of 5052/2017 dissimilar aluminum alloys deposit by friction surfacing. Journal of Japan Institute of Light Metals, Vol. 54, No. 09, pp. 373-379, Japan, 2004

[49] Katoh, K.; Tokisue, H.; Asahina, T.; Ushiyama, T.: Structures and mechanical properties of multilayer friction surfaced aluminum alloys. Report of the Research Institute of Industrial Technology, Nihon University Number 78, Japan, 2005. ISSN 0386-1678

[50] Katoh, K.; Tokisue, H.; Asahina, T.; Ushiyama, T: Characteristics of friction surfaced 5052 aluminum alloys using pipe shape coating material. Nihon Daigaku Seisan Kogakubu Kenkyu Hokoku. A, Rikokei Vol. 39, No. 01, pp. 1-7, Japan, 2006. ISSN: 0385-4442

[51] Katoh, K.; Tokisue, H.; Nakama, D.: Some characteristics of AZ31/AZ91 dissimilar magnesium alloys deposit by friction surfacing. Journal of Materials Transactions, Vol. 49, No. 5, pp. 1137-1141, Japan, 2008

[52] Nakama, D.; Katoh, K.; Tokisue H.: Fabrication of 6061 aluminum alloy/ Al_2O_3 particle composites by friction surfacing. Journal of Japan Institute of Light Metals 58, No. 7, pp. 299-304, Japan, 30.07.2008

[53] Katoh, K.; Nakama, D.; Tokisue H.: Effect of filling condition of alumina particle on dispersibility of particle by friction surfacing. Journal of Japan Institute of Light Metals 59, No. 3, pp. 114-120, Japan, 2009

[54] Fahridin, U.; Yasui, T.; Tsubaki, M.; Fukumoto, M.: Temperature distribution in friction surfacing of SUS304 plate with SUS304 rod. Preprints of the national meeting of JWS Vol. 2009f, Japan , 2009

[55] Jana, S.; Batchelor, A.W.; Koh, C.P.; Tan, C.S.: The effect of metal type and multi-layering on friction surfacing. Journal of Materials Processing Technology 57, pp. 172-181, Elsevier USA, 1996

[56] Chandrasekaran, M.; Batchelor, A. W.; Jana, S.: Friction surfacing of metal coatings on steel and aluminum substrate. Journal of Materials Processing Technology 72, pp .446-452, Elsevier USA, 1997

[57] Chandrasekaran, M.; Batchelor, A. W.; Jana, S.: Study of the interfacial phenomena during friction surfacing of aluminium with steels. Journal of Materials Science, Vol. 32, No. 22, pp. 6055 – 6062, Springer USA, 1997

[58] Chandrasekaran, M.; Batchelor, A. W.; Jana, S.: Study of the interfacial phenomena during friction surfacing of mild steel with tool steel and inconel. Journal of Materials Science Nr.33, S. 2709 - 2717, Springer USA, 1998

[59] Gibson, D.: Friction Surfacing for Multi-Sectorial Applications. Project Number: CRAFT-1999-70658, 01.10.2001 – 30.09.2003, UK, 2003

[60] Beyer, M.: Reibauftragschweißen metallischer Werkstoffe – Prozess und Anwendungen. Geesthachter Schweißtage ’06, S. 99-108, Deutschland, 2006

[61] Lehmann, K.; Richter, A.; Pahl, S.: Versiegelung von unbeschichteten Schnittflächen metallisch beschichteter Bleche durch Reibauftragschweißen von Zink und

Zinklegierungen. Forschungsvorhaben P 624. Forschungsvereinigung Stahlanwendung e. V. im Stahl-Zentrum, Düsseldorf, 2008, ISBN 3-937567-50-X

[62] Hanke, S.; Fischer, A.; Beyer, M.; dos Santos, J.: Reibauftragschweißen von NiAl-Bronze – Verfahren und Materialeigenschaften unter Kavitation. Metall Nr. 63, S. 587-590, 11.2009

[63] Liu, X.M.; Zou , Z.D.; Zhang, Y.H.; Qu, S.Y.; Wang, X.H.: Figuration control of deposit in friction surfacing, Key Engineering Materials 373-374, pp. 806-810, Switzerland, 2008

[64] Liu, X.M.; Zou , Z.D.; Zhang, Y.H.; Qu, S.Y.; Wang, X.H.: Transferring mechanism of the coating rod friction surfacing. Surface & Coating Technology 202, pp.1889-1894, Elsevier USA, 2008

[65] Liu, X.; Yao, J.; Wang, X.; Zou, Z.; Qu, S.: Finite difference modeling on the temperature field of consumable-rod in friction surfacing. Journal of Materials Processing Technology, Elsevier USA, 2008

[66] Liu, X.; Yao, J.; Zou, Z.; Qu, S.: Finite difference modeling on the temperature field of substrate in friction surfacing. Second international conference on computer modeling and simulation 2010 (Sanya, China, 22 – 24 January 2010), IEEE Computer Society, USA, 2010

[67] Madhusudhan Reddy, G.; Srinivasa Rao, K.; Mohandas, T.: Friction surfacing: novel technique for metal matrix composite coating on aluminiumsilicon alloy. Surface Engineering Nr.1, Vol. 25, Maney Publishing USA, 2009.

[68] Khalid Rafi, H.; Janaki Ram, G.D.; Phanikumar, G.; Prasad Rao, K.: Friction surfaced tool steel (H13) coating on low carbon steel: A study on the effects of process parameters on coating characteristics and integrity. Surface & Coatings Technology 205, pp. 232 – 242, Elsevier USA, 2010

[69] Khalid Rafi, H.; Janaki Ram, G.D.; Phanikumar, G.; Prasad Rao, K.: Friction surfacing of Austenitic stainless steel on low carbon steel: study on the effects of traverse speed. Proceeding of world congress on engineering 2010 voll II, London, 2010

[70] Khalid Rafi, H.; Janaki Ram, G.D.; Phanikumar, G.; Prasad Rao, K.: Microstructural evoluation during friction surfacing of tool steel H13. Materials and Design 32, pp. 82-87, Elsevier USA, 2011

[71] Polzer, G.; Meißner, F.: Grundlagen zu Reibung und Verschleiß. VEB Deutscher Verlag für Grundstoffindustrie, S. 67, Leipzig, 1982

[72] Kragelski, I.W.: Reibung und Verschleiß. VEB Verlag Technik Berlin, S. 207-238, Berlin, 1971

[73] Vill',V.I.: Reibschweißen von Metallen. DVS, S. 10-27, Düsseldorf, 1967

[74] Dilthey, U.: Schweißtechnische Fertigungsverfahren 1. S. 121, VDI Verlag, 2005

[75] Schmidt, J.: Beitrag zur Prozesssteuerung beim Reibschweißen. Dissertation RWTH Aachen, 1982

[76] Svarka Treniem Spavočnik (Reibschweißen - Handbuch). Leningrad: Mačinostroenie, 1987

[77] Chattopadhyay, R.: Advanced thermally assisted surface engineering processes. Kluwer Academic Publischers, Massachusetts USA, 2004. ISBN: 1 4020 7696 7

[78] Neumann, A.; Schober, D.: Reibschweißen von Metallen. Verlag Technik GmbH, S. 195-197, Berlin,1991

[79] Roth, Th.; Broszeit, E.; Kloos K.H.: Eigenspannungen, Haftfestigkeit und Verschleißeigenschaften von gesputterten, amorphen Aluminiumoxidschichten. Materialwissenschaft und Werkstofftechnik 18, H. 11, S. 375-380, Wiley-VCH Weinheim,1987

[80] Boldyrev, R. N.; Voinov, V.P.: Possible reasons for the formation of the extreme torque during heating in friction welding. Svarochnoe Proizvodstvo (1), pp. 10-12, Moskau, 1980

[81] Dunkerton, S.B.; Thomas, W.M.: The deposition of hardfacing and corrosion resistant materials by friction surfacing. In: Proc. 2nd Int. Conf. on Surface Eng., Weld. Inst. Abington Hall, Abington Campbridge (16–18 June 1987), pp. 375–386, UK, 1987.

[82] Kramer de Macedo, M.L.; Pinheiro, G.A.; dos Santos, J. F.; Strohaecker, T. R.: Deposit by friction surfacing and its applications. Welding International, Vol. 24, No. 6, pp. 422-431, Taylor & Francis UK, 2010.

[83] Vitanov, V.I.; Javaid, N.; Sapundgiev, G.: An intelligent Multiagent approach for friction surfacing applications. Proceedings of the 34th International MATADOR Conference, Springer London, 2004

[84] Tokisue, H.: Metal joining technology applied friction heat. Journal of Japan Institute of Light Metals, Vol. 55, No. 09, pp. 416-434, Japan, 2005

[85] Weck, M.; Brecher, Ch.: Werkzeugmaschien Konstruktion und Berechnung. Springer – Verlag, S. 493-494, Berlin Heidelberg, 2006

[86] Füssel, U.: Anwendung des Preßlötens zur Herstellung von kombinierten Fügeverbindungen; Dissertation, TH Karl-Marx-Stadt, Chemnitz, 1984

[87] Wittke, K.; Füssel, U.: Komninierte Fügeverbindungen. Springer-Verlag Berlin Heidelberg New York, 1995, ISBN 3-540-54469-0

[88] Füssel, U.; Tersch, H.; Lipóth, I.: Verbindungs- und Schädigungsmechanismus als Voraussetzung für die Vorhersage des Festigkeitsverhaltens von Preß-Preßlöt-Verbindungen und Erarbeitung eines Berechnungsmodells; Abschlussbericht FKM-Vorhaben Nr. 10851 B, Dresden, 1998

[89] Lipóth, I.; Übertragungsfähigkeit der Press-Presslöt-Verbindung unter Torsionsbelastung, Dissertation, TU Dresden, 2003

[90] Füssel, U.; Beetz, R.; Bär, C.; Hörburger, R.: Multifunktionale Fügeverbindungen – Welle-Nabe-Verbindungen mit integrierter Überlastsicherung. Tagungsband Antriebstechnisches Kolloquium ATK 99, Aachen, 1999

[91] Beetz, R.: Multifunktionale Fügeverbindungen – konstruktive und technologische Untersuchungen. Dissertation TU Dresden, 2001

[92] Lipóth, I.: Untersuchungen zum Fügen von Kupplungskörper und Schaltrad durch Kaltverschweißen elementarer Pressverbindungen oder durch Press-Presslöt-Verbindungen, (Kurztitel: Alternative Fügetechnik ZSB. Schaltrad), Dresden, IPT, 2002. - unveröffentlichter Forschungsbericht

[93] Schnick, M; Füssel, U.; Tersch, H.: FVA Forschungsvorhaben Nr. 390: Erhöhung der Momentenübertragungsfähigkeit bei Torsion und Umlaufbiegung durch Press-Presslöt-Verbindung. FVA – Abschlussbericht, Dresden/Darmstadt 2005

[94] Schnick, M.; Füssel, U.: Fügen von Wangen- Pleuellager- Wangen- Verbindungen durch Löt- und Press-Presslöt-Verbindungen, Abschlussbericht, TU-Dresden, 2004

[95] Grünendick, T.: Die Berechnung innenhochdruckgefügter Pressverbindungen. Dissertation, TU Clausthal, 2004

[96] Gropp, H.: Das Übertragungsverhalten dynamische belasteter Pressverbindungen und die Entwicklung einer neuen Generation von Pressverbindungen. Habilitationsschrift. TU Chemnitz, 1997.

[97] Hommel. B.: Schaffung der technologischen und gerätetechnischen Voraussetzungen zum Einsatz der Press-Presslötverbindungen bei der Getriebeherstellung in der Antriebstechnik. Abschlussbericht PROINNO KF KF0107002 ES6, Fa. Sitec, 2009

[98] Füssel, U.; Pejko, M.; Rose, S., Karadschow, I.: Schaffung der technologischen und gerätetechnischen Voraussetzungen zum Einsatz der Press-Presslöt-Verbindungen bei der Getriebeherstellung in der Antriebstechnik. Abschlussbericht PROINNO KF0142503 ES6, TU Dresden, 2009

[99] Pejko, M.: Fügbarkeitsbetrachtungen von Press-Presslöt-Verbindungen. Dissertation, TU Dresden, 2010. ISBN 978-3-941298-66-8

[100] Ramminger, E.: Möglichkeiten zur Steigerung der Momentenübertragungsfähigkeit von Pressverbindungen im Getriebebau, Diplomarbeit, Dresden, 2005

[101] Murawa, F.: Möglichkeiten zur Steigerung der zulässigen Beanspruchbarkeit von Press- und Lagersitzen von Radsatzwellen durch Randschichtbehandlungen. Welle-Nabe-Verbindungen - Gestaltung – Fertigung – Anwendungen, VDI-Berichte Nr. 2004, 2007. ISBN 978-3-18-092004-7

[102] Dax, W. u.A.: Tabellenbuch für Metalltechnik, 9. Auflage. Verlag Handwerk und Technik, Hamburg, 2001

[103] Kauschner, A.: Oberflächenveredeln und Plattieren von Metallen. Deutscher Verlag für Grundstoffindustrie; Leipzig, 1978

[104] Hofmann, H.; Spindler, J.: Verfahren der Oberflächetechnik. Fachbuchverlag Leipzig im Carl Hanser Verlag, 2004. ISBN 3-446-22228-6.

[105] Fritz, A. H.; Schulze, G.: Fertigungstechnik - 8., neu bearbeitete Auflage (3. Fügen). Springer, 2008. ISBN 978-3-540-76695-7

[106] Nitzsche, K.: Schichtmeßtechnik. Vogel Buchverlag, Würzburg, 1997. ISBN: 3-8023-1530-8

[107] Jelinek, T.W.: Galvanisches Verzinken. Eugen G. Leuze Verlag, Saulgau, 1982

[108] Kreye, H.; Penszior, Ch.: Hochgeschwindigkeits – Flammspritzen Tagungsunterlagen, conference proceedings ; 6. Kolloquium, 27. und 28. November 2003, Erding. Verlag Unterschleißheim: GTS, 2003

[109] Stoltenhoff, T.; Kreye, H.; Krömmer, W.; Richter, H. J.: Kaltgasspritzen - vom thermischen Spritzen zum kinetischen Spritzen. Universität der Bundeswehr, Hamburg, 5. Hochgeschwindigkeits-Kolloquiums, Erding, November 2000

[110] Pattison, J; Celotto, S.; Morgan, R.; Bray, M.; O'Neill, W: Cold gas dynamic manufacturing: A non-thermal approach to freeform fabrication. International Journal of Machine Tools & Manufacture 47, pp.627–634, Elsevier USA, 2007

[111] Marx, P.: Mechanische Beschichtung für die Kaltmassivumformung von Stahl. Dissertation, Darmstadt, 2003

[112] Beier, F.; Maronna, I.; Stellnberger, K.: Neuartige Beschichtungsmethoden zum Schnittflächenschutz an oberflächenveredeltem Stahlblech. 3. Stahl-Symposium – Werkstoffe, Anwendung, Forschung. Stahl-Zentrum Düsseldorf, 2003

[113] Vakuumsaugstrahlprozes mit Zink und Kupfer: http://www.gp-innovation.de/gp_innovation.php; 10.12.2008

[114] Lässig, J.: Gestaltungslösung für die Dienstleistungsfabrik Montage; Dissertation, TU Chemnitz, 2006

[115] Leipold, P.: Benchmarkanalyse alternativer Beschichtungsverfahren für Press-Presslöt-Verbindung. Bachlorarbeit, TU Dresden 2011

[116] Kubaschewski, O.: Binary alloy phase diagrams, T. B. Massalski Editor.ASM, Metals Park, OH, 1986

[117] Norman, R.; Draper und Harry Smith: Applied Regression Analysis, John Wiley & Sons Inc., USA, 1998. ISBN 0471170828

[118] Urban, D.; Mayerl, J.: Regressionsanalyse: Theorie, Technik und Anwendung, 2. überarb. Auflage, VS Verlag, Wiesbaden, 2006. ISBN 3-531-33739-4

[119] Fahrmeir, L.; Kneib, Th.; Lang, S.: Regression: Modelle, Methoden und Anwendungen (Statistik und ihre Anwendungen). Springer, Heidelberg Berlin [u.a.], 2009. ISBN 9783642018367

[120] 3M: Scotch-Weld DP 810 – Zweikomponenten-Konstruktionsklebstoff auf Acrylatbasis für das EPX-System, Deutschland, 1999

[121] DELO Industrie Klebstoffe: DELOMONOPOX AD286 – Technische Information. Deutschland, 2012

[122] Klocke, F.; König, W.: Fertigungsverfahren 2 – Schleifen, Honen, Läppen. 4., neu bearbeitete Auflage. Springer, Berlin, 2005. ISBN 10 3-540-23496-9

[123] Prospekt Leptoskop 2050. Karl Deusch. http://www.karldeutsch.de. Dezember 2012

[124] Joel Serving Avanced Technology – Aguide to Scanning Microscope Observation. Betriebsanleitung Joel LTD., 1997.

[125] Kanani, N.: Galvanotechnik – Grundlagen, Verfahren, Praxis. Carl Hanser Verlag, München Wien, 2000. ISBN 3-446-21024-5

[126] Popov, V.: Kontaktmechanik und Reibung. 2. Auflage. Springer, Berlin, 2010. ISBN 978-3-642-13301-5

Eigene Veröffentlichungen:

[127] **Nguyen, V.D.**; Füssel, U.; Pejko, M.; Kämmerer, C.: Possibilities to improve the quality and the economic efficiency of pressure-pressure-soldering-joints. International Doctoral Seminar, Smolenice Castle, Slowakei 2009, ISBN / EAN 9788080960889

[128] **Nguyen, V.D.**; Füssel, U.; Pejko, M.; Kämmerer, C.: Verbesserung der Verbindungseigenschaften von Press- Presslöt-Verbindungen durch gezielte Änderung von Lot- und Grundwerkstoff. Assistentenseminar Schweißtechnik, Braunschweig, 03. – 05. September 2009

[129] Füssel, U.; Pejko, M.; **Nguyen, V.D.**; Kämmerer, C.: Untersuchung der Eignung alternativen Beschichtungsverfahren zur Herstellung von der Press-Presslöt-Verbindungen. Bericht TU Dresden 2009

[130] **Nguyen, V.D.**; Füssel, U.; Pejko, M.; Kämmerer, C.: Fügbarkeitsbetrachtungen von Press-Presslöt-Verbindungen. Dresdner Fügetechnisches Kolloquium, Dresden 18. – 19. März 2010

[131] Pejko, M.; Füssel, U.; Kämmerer, C; **Nguyen, V.D.**; Hommel, B.; Finzel, H.: Industrietaugliche Fertigungsanlage zum automatisierten Fügen und Trainieren von Press-Presslöt-Verbindungen. 9. Internationales Kolloquium Hart- und Hochtemperaturlöten und Diffusionsschweißen (LÖT 2010), Aachen 15. - 17. Juni 2010

[132] Füssel, U.; Pejko, M.; Kämmerer, C; **Nguyen, V.D.**; Kulosa, F.: Anwendung von Press-Presslöt-Verbindungen unter Berücksichtigung industrieller Bedingungen. VDI Fachtagung Welle-Nabe-Verbindungen, Nürtingen 27. und 28. Oktober 2010, ISBN 978-3-18-092114-3

[133] Füssel, U.; **Nguyen, V.D.**; Pejko, M.; Kämmerer, C.: Reibauftraglöten zur Herstellung von Funktionsschichten auf Wellen, Bericht, Forschungsprojekt ZIM KF2097506WO9, Dresden 2011

[134] **Nguyen, V.D.**; Füssel, U.; Hommel, B.; Pejko, M.; Kämmerer, C.: Reibauftraglöten zur Herstellung von leistungsstarken Verbindungen und Aufbringung von Funktionsschichten an Maschinenelementen. Assistentenseminar Schweißtechnik, Simmerath-Erkensruhr, 15. - 17. September 2011

[135] Füssel, U.; Andrusch, K.; Pejko M.; **Nguyen, V.D.**: Press Fit/Pressure-Solder-Joint. Proceedings from the 5th International Brazing and Soldering Conference, Las Vegas, Nevada, USA, 22. - 25. April 2012

[136] Andrusch, K.; Pejko, M.; **Nguyen, V.D.**; Füssel, U.: Improvement of power density of press fit by pressure-soldered joints. International Doctoral Seminar, Smolenice Castle, Slowakei 20. - 22. Mai 2012

[137] **Nguyen, V.D.**: Reibauftraglöten – Alternative zum galvanischen Beschichten. Anwendersymposium Press-Presslöten. SITEC Industrietechnologie, Chemnitz 24. Mai 2012

[138] Andrusch, K; **Nguyen, V.D**.; Pejko, M.; Füssel, U.: Die Press-Presslöt-Verbindung als Resultat des Pressens mit metallischer Zwischenschicht. Assistentenseminar Schweißtechnik, Clausthal, 06. - 08. September 2012

[139] **Nguyen, V.D.**; Füssel, U.; Hommel, B.; Ullrich, H. J.; Pejko, M.; Andrusch, K.; Höhn S.: Reibauftraglöten und Untersuchungen der Verbindungsbildung. 15. Werkstofftechnisches Kolloquium, Chemnitz 20. -21. September 2012

[140] Füssel, U.; Pejko, M.; **Nguyen, V.D.**; Hommel, B.; Andrusch, K.: Reibauftraglöten und alternative Beschichtungsverfahren zur Herstellung von kombinierten Welle-Nabe-Verbindungen. 5. VDI-Fachtagung Welle-Nabe-Verbindungen; Nürtingen, 25. - 26. September 2012

[141] Andrusch, K; Füssel, U.; Pejko, M.; **Nguyen, V.D**.: Joint strength enhancement of press fit by pressure-soldered joints. Fügetechnisches Symposium "Tailored Joining"; Fraunhofer IWS Dresden, 17. - 18. Oktober 2012

[142] Andrusch, K; Pejko, M.; **Nguyen, V.D**.; Füssel, U.: Eignung alternativer Beschichtungsverfahren zur Herstellung von Press-Presslöt-Verbindungen. FVA-390II, IGF 16350 BR, FVA-Informationstagung, Würzburg 05. - 06. Dezember 2012

[143] **Nguyen, V.D**.; Füssel, U.; Hommel, B.; Andrusch, K.: Reibauftraglöten - Anlagentechnik und die Anwendung für Wälzlagersitze. 10. VDI-Fachtagung Gleit- und Wälzlagerungen 2013; Schweinfurt 23. - 24. April 2013

[144] **Nguyen, V.D.**; Füssel, U.; Hommel, B.; Pejko, M.; Andrusch, K.: Friction surfacing by soldering and the application to produce the Press Fit/Pressure-Soldered-Joint. 10. Internationales Kolloquium Hart- und Hochtemperaturlöten und Diffusionsschweißen (LÖT 2013). Aachen 18. - 20. Juni 2013

Betreute Beleg- und Diplomarbeiten

[145] Hauser, G.: Konzeptioneller Entwurf einer Reibauftragslötanlage. Großer Beleg, Dresden, Mai 2010

[146] Baumeyer, M.: Untersuchungen zum Einsatz der Press-Presslöt-Verbindung an der Verbindung Gehäuse – Tellerrad an einem PKW-Hinterachsdifferential, Großer Beleg, Dresden, Oktober 2010

[147] Andrusch, K. : Untersuchung des Einflusses charakteristischer Schichteigenschaften auf die Festigkeit von Press-Presslöt-Verbindungen. Großer Beleg, Dresden, März 2011

[148] Kleditzsch, M.: Schichtcharakterisierung des Reibauftraglöten. Großer Beleg, Dresden, 2012

[149] Le, M.D.: Entwicklung eines Prüfmoduls zum E-Trainieren. Masterarbeit, Dresden, 2012

Patente:

[P1] Bevington, J. H.: Mode of welding the ends of wire, rods, &c. Amerikanische Patentschrift Nr. 463,134, USA, 17.11.1891

[P2] Klopstock, H.; Neelands, A. R.: An improved Method of Joining and Welding Metals. U.K. Patent Nr. 572789, 17 Oktober 1941.

[P3] Voznesensky V.D.; Zaxon, R.I.: Welding by fusion. Patentschrift: GB 1,018,412 (A), Int. Cl. B23k 23d, p; The Patent Office London, 1966

[P4] Voznesensky V.D.; Zaxon, R.I.: Method of friction welding. Patentschrift: US 3,537,172, Int. Cl. B23k 27/00, United States Patent Office, 1970

[P5] Neubert, E.; Richter, F.; Langkopf, L.; Polzer, G.; Töppel W.: Vorrichtung zum Reibbeschichten von metallischen zylindrischen Außenfläche. Patentschrift: DD 274 452 A1, C 23 C 26/00, Amt für Erfindungs- und Patentwesen, DDR, 1989

[P6] Friedler, M.; Franke, A.; Kienitz, B.; Langkopf, L.; Toeppel, W.; Polzer, G.: Einrichtung zum Reibbeschichten. Patentschrift: DD 274 453 A1, C 23 C 26/00, Amt für Erfindungs- und Patentwesen, DDR, 1989

[P7] Bedford, G. M.: Forming hard facings on materials. Patentschrift: GB 2 222 378 A, Int. Cl. B23k 20/12. UK Patent Application, 1990

[P8] Thomas, W. M.; Nicholas, E.D.: Surfacing method. Patentschrift: US 4,959,241, Int. Cl. B05D 1/40. United States Patent, 1990

[P9] Bedford, G.M.; Richards P.J.: Method of forming hard facings on materials. Patentschrift: US 4,930,675, Int. Cl. B23K 20/12. United States Patent, 1990

[P10] Thomas, W.M.; Nicholas, E.D.; Needham, J.C.; Searle, J.G.: Friction surfacing. Patentschrift: EP 0474455 (A2), Int. Cl. B23K 20/12. European Patent Office, 1992

[P11] Amos, D.R.: Method of forming a trailing edge on a steam turbine blade and the blade made thereby. Patentschrift US 5,183,390, Int. Cl. B63H 1/26. United States Patent, 1993

[P12] Searle, J. G.: Coating surfaces. Patentschrift: GB 2 290 042 A, Int. Cl. B23K 20/12. UK Patent Application, 1995.

[P13] Thomas, W.M.; Nicholas, E.D.; Jones, S.B.; Lilley, R.H.; Dawes, Ch.J.; Dolby, R.E.: Friction forming. Patentschrift: US 5,469,617, Int. Cl. B23K 20/12. United States Patent, 1995

[P14] Yoshiaki, W.: Friction surfacing method. Patentschrift JP 2005-14030A, Int. Cl. B23K 20/12. Japan Patent, 2005

[P15] Gerhard, B.: Verfahren zum Aufbringen einer Beschichtung auf ein Bauteil sowie Bauteil. Offenlegungsschrift: DE 10 2006 055 994 A1, Int. Cl. C23C 26/00. Deutsches Patent- und Markenamt, 2006

[P16] Yoshinori, K.; Fumihisa, K.; Masashi, T.; Motoji, T.; Hiroshi, S.; Yoshiaki, S.: Method of reforming metallic surface. Patentschrift JP 2007-229721A, Int. Cl. B23K 20/12. Japan Patent, 2007.

[P17] Hideaki, N; Hiroshi, Y.; Toshiichi, T.; Kenji, K.: Friction surfacing apparatus of metal tube, its friction surfacing method, and composite metal tube. Patentschrift: JP 2009-241124A, Int. Cl. B23K 20/12. Japan Patent, 2009

[P18] Hideaki, N; Hiroshi, Y.; Toshiichi, T.; Kenji, K.: Friction surfacing method of composite metal tube and composite metal tube formed by friction surfacing. Patentschrift: JP 2010-240700A, Int. Cl. B23K 20/12. Japan Patent, 2010

[P19] Hanlon, T. et al.: Apparatus and method for friction surfacing using a consumable pin tool. Patentschrift: US 2010/0147925 A1, Int. Cl. B23K 20/12. United States Patent, 2010

[P20] Füssel, U.; Gropp, H.; Pursche, G. Wittke, K.: Verfahren zur Verbeserung der Eigenschaften von Fügeverbindungen. Patentschrift DD 219 410 A1, Int. Cl. B23K 1/00. Amt für Erfindungs- und Patentwesen, 1983

Normen und Datenblättern:

[N1] DIN 7190: Pressverbände – Berechnungsgrundlagen und Gestaltungsregeln. DIN Deutsches Institut für Normung e.V., Beuth Verlag GmbH, 2001

[N2] DIN EN ISO 4287: Oberflächenbeschaffenheit: Tastschnittverfahren. DIN Deutsches Institut für Normung e.V., Beuth Verlag GmbH, 1998

[N3] DIN EN ISO 2808: Beschichtungsstoffe – Bestimmung der Schichtdicke. DIN Deutsches Institut für Normung e.V., Beuth Verlag GmbH, 2007

[N4] DIN EN ISO 4516: Mikrohärteprüfungen nach Vickers und Knoop DIN Deutsches Institut für Normung e.V., Beuth Verlag GmbH, 2002

[N5] VDI 2221: Methodik zum Entwickeln und Konstruieren technischer Systeme und Produkte. VDI Verein Deutscher Ingenieure e.V., Beuth Verlag GmbH, 05.1993

[N6] DIN EN 10147: Kontinuierlich feuerverzinktes Band und Blech aus Baustählen - Technische Lieferbedingungen. Deutsche Fassung, Juli 2000

[N7] ASTM A264: Standard Specification for Stainless Chromium-Nickel Steel-Clad Plate, ASTM International, USA, 2012

[N8] ASTM E290-92 Standard Test Methods for Semi-Guided Bend Test for Ductility of Metallic Materials, ASTM International, USA, 1992

[N9] ASTM E290-02 Standard Test Methods for Bend Testing of Material for Ductility, ASTM International, USA, 2002

[N10] EN ISO 4624: Abreißversuch zur Beurteilung der Haftfestigkeit. Beuth Verlag GmbH, 2003

[N11] DIN EN ISO 16276-1: Korrosionsschutz von Stahlbauten durch Beschichtungssysteme-Beurteilung der Adhäsion/Kohäsion (Haftfestigkeit) einer Beschichtung und Kriterien für dren Annahme – Teil 1: Abreißversuch. Beuth Verlag GmbH, 2007

[N12] DIN 1910-100:2008-02: Schweißen und verwandte Prozesse - Begriffe - Teil 100: Metallschweißprozesse mit Ergänzungen zu DIN EN 14610:2005. Beuth Verlag GmbH, 2008

[N13] DIN ISO 857-2:2007-03: Schweißen und verwandte Prozesse - Begriffe - Teil 2: Weichlöten, Hartlöten und verwandte Begriffe (ISO 857-2:2005). Beuth Verlag GmbH, 2007

[N14] DIN 8589-11: Fertigungsverfahren Spanen – Scheifen mit rotierendem Werkzeug Einordnung, Unterteilung, Begriffe. September 2003. Beuth Verlag GmbH, 2003

10 Verzeichnis der Abbildungen und Tabellen

Abbildungsverzeichnis

Tabellenverzeichnis

11 Anlagenverzeichnis

Anlage 1: Zusammenfassung der Quelle von Reibauftraglöten und Reibauftragschweißen

Bolzenmaterial	Werkstück-material	n_B [min^{-1}] V_B [mm/s]	n_W [min^{-1}] V_W [mm/s]	Vorschub V_F [mm/s]	p [MPa]	H [mm]	Beschreibung	Quelle
Stahl d_B = (2/3)d_W; zylindrische Form	Stahlplatte, Stahl, zylindrische Form	n_B: 1500-4000	V_W: 0,2 - 0,3	(2/3)d_B	3 - 8	= e	Zu hohe Drücke und Drehzahlen des Stabes vermindern die Erwärmung des Werkstückes, die zum Schluss bei 600°C liegen soll. Anwendung: Reperatur	[3]
Br Ash9-4 als Pulver (Körnung 0,8 - 1,6 mm)	Stahl		V_U = 4 m/s		294,3		Haftfestigkeit der Bronzeschicht auf Stahl: 294,3 MPa; t = 2 Min. Das Pulver wurde in der Vorrichtung mit 58,86 MPa verdichtet	[7]
Pulver aus Eisen und Buntmetallen	zylindrische und Stirnfläche an Metallteile					2 - 5		[8]
Br.ABh-9-4; (Pulver 1 - 2 mm)	Baustahl 20 Ø = 40 mm		4 m/s		10; 30; 50	8,4 - 16,8		[14]
Stellite V3K Ø10 mm	Stahl 50x10x5 mm					0,1 - 0,3	T° (T_S = 5s)	[16]
Bau- & Edelstahl, Alloy 625, Al-Leg.; Ø20-25 mm	Bau-&Edelstahl, niedrige Leg., Al-Leg.	n_B: 330 – 975 (St./St.)	t_S = 1,5 - 5 s v_W: 4-5,3		17 (Al) 28 (Fe) 56 (Hart)	0,7 - 3,1	- Große V_B → H kleiner und Oberfläche glatter - Mechanismus des RASs	[21]
Edelstahl	Baustahl				10-20	1 - 2,4		[22]
Edelstahl 304 & 316 Ø19 mm	Baustahl Platte 10x230x75 mm				15; 23	1 - 4	R_z = 0,7-1,5 µm, Einfluss des Neigungswinkels (Winkel zw. Platte & der Oberfläche senkrecht zum Bolzen)	[23]
Stellite Ø18 mm	Edelstahl	n_B = 500			98,2			[24]
Schleifbeständige Legierung	Metall					0,2 - 2,5	RAS-Anlage. Schichteigenschaft Anwendung: Beschichtung der Messerkante	[25]
Ø3-8 mm; Bolzen/Substrat: Al/Al, Baustahl, Edelstahl; Baustahl/ Baustahl, Edelstahl; Edelstahl/ Al, MS, SS, Ti; HSS/MS, SS; Stellite 6,12/ Al,MS,SS,Ti. Werkstück: Platte, Stirnfläche, Zylinder						0,5 - 3	Optimierung der „Fritecprozess“ (RAS): - F groß → gute Haftfestigkeit, H kleiner - V_W groß → H kleiner, schlechtere Haftfestigkeit	[26]

Bolzenmaterial	Werkstück-material	n_B [min^{-1}] V_B [mm/s]	n_W [min^{-1}] V_W [mm/s]	Vorschub V_F [mm/s]	p [MPa]	H [mm]	Beschreibung	Quelle
ähnlich wie [26]			V_W: 1,67 – 8,3		14,94 – 119,5	0,35 – 1,1	Untersuchung zur Auswahl der Prozessparameter für das RAS.	[27]
Edelstahl 304; Ø5 mm	Baustahl 6x80x45 mm	n_B: 5500	V_W: 1,67 – 8,3	V_{Bz}: 0,83 – 8,3		0,3 – 1,2	Untersuchung zur Optimierung des Reibauftragschweißens	[28]
HSS, BM2, BT15, Ø5 - 32 mm	unlegierte Stahlplatte			0,1-3,5			T = 1020 °; Thermo-mechanische Abläufe des Reibauftragschweißens	[29]
Ø2-8 mm	Platte	n_B: 4000-6000	V_W: 1,67 – 8,3		bis 20 kN	0,6-1,2	Auswahl der Prozessparameter für die Anwendungen des Reibauftragschweißens unter der Benutzung einer intelligenten Entscheidungsunterstützung.	[30]
Stellite 6 Ø10 mm	Stahl 316	n_B: 800-1500	V_W: 0,83-1,67		15,2-52,2	0,25 – 1,2	T = 500 °C; Anwendung einer konventionellen CNC-Maschine für die Konstruktion der RAS-Anlage. v_{Bz}/v_F ist der Hauptfaktor. - n_B groß → H klein; V_B groß → H klein; Haftfestigkeit klein, Beschichtungsqualität klein - V_{Bz}/V_F groß → Haftfestigkeit groß	[31]
Stellite 6 Ø10 mm	SS316	n_B: 1000	v_{Wx}: 1,167	V_{Wz}: 0,41	35,1		T = 500 °C. Analytisches Model für generierte Reibenergie. Thermisches FEM Model	[32]
SUS440C Ø20 mm	SM490A 30x150x12 mm	n_B: 600 - 1200	V_W: 1-4	V_{Bz}: 0,1	47,5	1	Anwendung des RALs - B und H sind größer, wenn V_B kleiner.	[33]
SUS440C Ø20 mm	SM490A T20xW150x L250	n_B: 600 - 1200		V_{Bz}: 0,1; 0,2; 0,3	140	1,5 – 2,1 B: 12 - 19	t_S = 15s; Reibauftragszeit: 150s. V_B steigt, l & B der unstabilen Schicht nehmen zu aber die unstabile H nimmt ab; B, H, Abscheidungsgeschwindigkeit und Abschmelzleistung nehmen ab. - V_F steigt → Abscheidungsgeschwindigkeit steigt und Abschmelzleistung nimmt ab.	[34]
SUS440C Ø20 mm	SM490A, Platte	n_B: 800-2000	V_W: 1; 3; 4		30, 50, 93	0,5 – 2,8 B: 10-25	Energiegleichung: $N = \frac{\pi^2 kpB}{30 n_B}(J/s)$ - V_B steigt → B und H kleiner. Wärmezufuhr in Werkstück und Bolzen kleiner, wenn V_B steigt. - Wärmeeinflusszone kleiner, wenn V_B steigt.	[35]

Bolzenmaterial	Werkstück-material	n_B [min^{-1}] V_B [mm/s]	n_W [min^{-1}] V_W [mm/s]	Vorschub V_F [mm/s]	p [MPa]	H [mm]	Beschreibung	Quelle
SUS440C Stellite 6B Ø10 - 20 mm	SM490A SS41 Platte	n_B: 400; 600; 800	V_W: 0,3 0,7	V_U = 0-1 m/s	40-160	0,1-0,9 B: 11,3 – 14,5	- Einfluss der V_U und des d_B auf den Prozess: bei V_U > 0,4 m/s → gute Ergebnisse - Bei den Stelliten: Einfluss von p und V_U auf den Prozess: V_U = 0,4 und p = 80 → gut	[36]
1C-17Cr Edelstahl; Ø20 x L100 mm	Baustahl 30x150x12 mm	n_B: 600-1200	V_W: 1-4 mm/s	V_{Bz}: 0,1	47,5	0,7-1,2 B: 13 - 20	bei niedriger Geschwindigkeit dicker und breiter. RAS Mechanismus	[37]
SKD11/SUS440C Ø20 mm	S45C Platte (Beschichtung in einer Kreisform Ø60 mm)	n_B: 600	V_W: 1	V_{Bz}: 0,2		0,5	- Einfluss der Kantenvorbereitung von der beschichteten Oberfläche: wegen plastisschem Fließen ist eine 90 ° Phase vorteilhaft - Gleiche Drehrichtung des Bolzens und Werkstücks brachte bessere Ergebnisse	[38]
SUS440C Ø20 mm	SM50C Platte	n_B: 600	V_W: 0,8	V_{Bz}: 0,3	Über V_{Bz}	2	Überlappungsabstand = 2 - 5 mm - Einfluss vom Übergangswinkel (Kante) auf das Werkstück: Übergang = 2 → gut; Kante OUT45 auch gut - Drehung im Uhrzeigersinn des Bolzens → gut und großer Beschichtungsquerschnitt	[39]
SUS403 Ø10 mm; Fühlstift: SUS304 Ø3; 4; 5; 6; 7 mm	SPCH1 95x25x9 mm	n_B: 1500 – 5200	V_W: 3-12 t_S = 3 – 10 s		25; 50; 75	1,5-2,1 (25 MPa, 3,5 mm/s)	- Anwendung ein Metall um plastisches Fließen des RALö-Materials abzubilden. Reale Rotationskontaktfläche ist kleiner bei großen V_B und F. Berechnung des Durchmessers von realer Rotationskontaktfläche. Anwendung: Reparatur	[40]
SUS440C Ø20 mm	SM50C Platte	n_B: 800-2400	V_W: 1-4		25, 50, 75	0,3 – 1,3 B: 7,5 - 18	- V_B steigt → Durchmesser der realen Kontaktfläche nimmt ab, Querschnitt nimmt auch ab aber der Druck beeinflusst wenig den Querschnitt. Kontaktdruck steigt → Durchmesser der realen Kontaktfläche steigt. - b steigt, wenn: Durchmesser der realen Kontaktfläche abnimmt, oder V_B kleiner wird. - h steigt, wenn: Durchmesser der realen Kontaktfläche zunimmt oder V_B kleiner wird.	[41]

Bolzenmaterial	Werkstück-material	n_B [min^{-1}] V_B [mm/s]	n_W [min^{-1}] V_W [mm/s]	Vorschub V_F [mm/s]	p [MPa]	H [mm]	Beschreibung	Quelle
SUS440C Ø20 mm	SM50C Platte	n_B: 800-2000	V_W: 0,5 - 1		50-75		Durchführung in Warmwasser: - B ist in Wasser ist wenig größer als B an Luft, aber H ist in Wasser kleiner als H an Luft. - Mikrohärteverteilung der Schicht zwischen der Mittenzone und der Randzone ist gleichmäßiger als bei den RAS in Wasser. - Optische Oberfläche: in Wasser feinere Karbidmatrix als an Luft - Verschleißrate der unter Wasser hergestellten Schicht ist kleiner als die an Atmosphäre erzeugte Schicht.	[42]
Al und Al Metall Matrix Komposite. Hohlbolzen 5052 Al-Leg.	Platten 5083 Al-Leg.						Oberflächenmodifizierung von 5083 Al-Leg. mit der Anwendung von RAS – unter Wasser. Abscheidung Al-MMC auf 5083 Al-Leg. Platte. MMC ist 12% Volume Fraction	[43]
HSS mit 1%C, 17%Cr - Ø20 mm Lange: 100 mm	Baustahl – Platten BxLxH 30x150x12 mm	n_B: 800-2400	V_W: 0,5-2		25; 50; 75		Unterwasser RAS: Die Schicht unter Wasser ist gleichmäßiger. Die Abschmelzleistung sinkt bei Erhöhung der v_B und p an Luft ab. - Mikrohärteverteilung in Wasser ist gleichmäßiger als an Luft	[44]
JIS YG W11 R_m = 400 MPa Ø25 mm	SS400 Dicke 9 mm	n_B: 1000; - 2500		2 mm/s			Beschichtung der Kehlnaht für die Dauerfestigkeitserhöhung – Kehlnaht 14x14 mm	[45]
Edelstahl, Ø20 mm	SUS304	n_B: 1000			150-250	2	T = 1200 C; Risse reparieren	[46]
5052 BDS-F Al, Ø20 mm; 245 MPa	5052 P-H34 Al 256 MPa.Platte 5x50x150 mm	n_B: 1000 - 3000	V_W: 5; 7; 9; 11		20; 25; 30; 35; 40	1 - 6 B: 17 - 23	T = 800 °.H kleiner wenn V_B größer. B steigt mit der Steigerung von p und Verringerung von V_B	[47]
2017BE-T4 Al-Leg.R_m = 414MPa Ø20 mm	5052 P-H34 Al 256 MPa Platte 5x50x150 mm	n_B: 800 - 1400	V_W: 5; 7; 9; 11		25; 30; 35; 40	0,8-2,2 B: 19 - 27	Beschichtung der Mono- und Mehrschicht. Die Härte der Schicht ist gleich der Bolzenhärte. H kleiner wenn F größer	[48]

Bolzenmaterial	Werkstück-material	n_B [min⁻¹] V_B [mm/s]	n_W [min⁻¹] V_W [mm/s]	Vorschub V_F [mm/s]	p [MPa]	H [mm]	Beschreibung	Quelle
5052 und 2017 Al-Leg. Ø20 mm Lange: 100 mm	5052 Al Platten BxLxH 50x150x5 mm	n_B: 1200; 2500	V_W: 9; 13		30	1 - 2 B: 20 - 35	- Mehrere Schichten mit Überlagerung von 0; 5; 10; 15 mm - Untersuchung des Mikrohärteverlaufs, der Beschichtungsleistung und der Festigkeit. - Die Auswirkung des Phasenbetrags und der Phasenrichtung vom Beschichtungsmaterial auf die Strukturen und die mechanischen Eigenschaften von mehrschichtigem Material.	[49]
5052 Al-Leg. Rohrform	5052 Al-Leg. Platten	n_B: 1200	V_W: 9-19	T_S: 1 s	30; 35	2-3,1 B: 20 - 25	- H ist kleiner bei der Verminderung der Vorschubgeschwindigkeit - Mikrostrukturen sind feiner	[50]
AZ91 gegossenen Mg-Leg. Ø18 mm Lange: 100 mm	AZ31 Mg-Leg. Platte 6x50x150 mm	n_B: 1000; 1250; 1500	V_W: 5	T_S: 5 s	40		T = 540 °C. Auftragsproduktivität ist umgekehrt proportional mit der Bolzengeschwindigkeit. Mikrogefüge der Schicht ist feiner als Bolzen und Grundmaterial. Mikrohärte (höher als Bolzen) und Schleifbeständigkeit (höher)Test.	[51]
6061 Al mit Al_2O_3 Partikel, Ø20 mm mit 1 - 4 Löcher Ø5 mm in der Mitte.	6061 Al-Platte 5x50x150 mm	n_B: 1998	V_W: 12, 14, 16, 18	T_S: 2 s	20; 25	1 – 3 B: 20,5 - 24	- Auftragsproduktivität sinkt mit der Erhöhung der Lochzahl ab. - Die Partikel liegen in der Schicht und nahe Grundmaterial (die Verteilung von Partikeln) Vorschub groß → Breite und Dicke sinken ab.	[52]
6061 Al-Leg. gefüllt mit Al_2O_3 Partikel.Ø20 mm, Loch Ø 5 - 10 mm	5052 Al-Platte 5x50x150 mm	n_B: 2000	V_W: 14	T_S = 15 s	25	1,5 - 3, 5 B: ca. 24	- Auftragsproduktivität sinkt bei Erhöhung des inneren Durchmessers - Al_2O_3 Partikel verteilen sich auf der Schichtoberfläche und sind kleiner als zuvor.	[53]
SUS304 Ø10 mm	SUS304	n_B: 2000	V_W: 5	V_{Bz}: 1,17	44; 56		T_{max} = 1545 ° Temperaturverteilung in Bolzen und Werkstück bei, Reibauftragschweißen	[54]
Edelstahl, Al-Legierung, Bronze Ø12,7 mm, l = 40 mm	Baustahl Platte 5x120x120 mm R_a=0,3-0,5 μm	n_B: 1500; 3000	V_W: 2,583 – 8 ,3	T_S = 10 s	5,5 bis 19,4	3 mm Edelstahl	Durchführung der Versuche an Luft und unter Stickstoff. Es gibt 2 Phasen, Erwärmungsphase (10 s) und Beschichtungsphase. Die Haftung der Schicht wurde durch Chisel Test durchgeführt. Einfluss des Vorschubs und der Rotation	[55]

Bolzenmaterial	Werkstück-material	n_B [min^{-1}] V_B [mm/s]	n_W [min^{-1}] V_W [mm/s]	Vorschub V_F [mm/s]	p [MPa]	H [mm]	Beschreibung	Quelle
1.Werkzeugstahl (WS), Titan, Al, Inconel 2. Edelstahl, Baustahl (BS)	1.Baustahl 2. Aluminium Platte	n_B: 3000; 1500; 2000; 2500	V_W: 0,96; 1,03; 1,2; 2; 3,04		21,8-8,175; F 0,5 – 6 bar	mehrere	T bei Inconel Beschichtung >1000 ° T bei anderen Legierungssystemen liegt auf Niveau der plastischen Temperatur Reibauftragschweißen der Metallbeschichtung auf Stahl und Aluminium: - Die Bildung einer dünnen intermetallischen Phase wurde bei der Beschichtung von Baustahl auf Aluminium entdeckt.	[56]
Baustahl 1020, Edelstahl 304 Unter Ag Gas Senkrechtfräs-maschine	Aluminium 5083 Platte	n_B: 1500-3000	V_W: 1,2 - 2		8,175-21,8	mehrere	Niedrige F und v_B bei Edelstahl führt zur Dreheffekt. Gering F und v_r → schlecht. - Baustahl kann bei niedriger F und hoher V_r beschichtet werden. - niedrige Plastizität und Härte → Beschichtung besser - Baustahl haftet gut auf Al-Substrat; Intermetallische Phase nachgewiesen. Kein Nachweis bei Edelstahl. - Keine klarer Beweis des mechanischen Verhakens.	[57]
Werkzeugstahl, Inconel 600 - Ø12 mm Unter Ag	Baustahl 1020 Platten	n_B: 1000 – 3000	V_W: 0,96-3,04		10,9 – 33,4		Kleiner Druck und Geschwindigkeit → schlecht Anhaftung. ASTM E290-02 - Keine Bildung einer intermetallischen Phase im Fall einer Werkzeugstahlbeschichtung, was zu einer schlechten Haftung zwischen dem Substrat und Werkzeugstahl führt.	[58]
Ø10-25 mm	Platte oder Kreis	n_B: Bis 6000					Maschinenentwicklung; Projekt: RAS für Multi Sektor Anwendung: Entwicklung eines HMS 3000 Moduls. Unterwasser des RASs	[59]
Ø10-25 mm Stahl	Stahlplatte	n_B: Bis 6000				Ab 0,7	Schweißkopf HMS 3000 **Beschichtungsqualität durch Push-off Test** Die Aufmischen des Substratwerkstoffs ist signifikant geringer als mit jedem anderem bekannten Schmelzschweißverfahren	[60]

Bolzenmaterial	Werkstück-material	n_B [min^{-1}] V_B [mm/s]	n_W [min^{-1}] V_W [mm/s]	Vorschub V_F [mm/s]	p [MPa]	H [mm]	Beschreibung	Quelle
Rotierende Zinkbolzen Ø40 mm	Stahlblechkante bis 4mm Dicke	n_B: 2750 & 8500. V_U bis 6,4 m/s	V_W: 167-500		Bis 2 kN	0,01 - 0,2	Entwicklung und Erprobung des Reibschweißverfahrens zum Schutz von bandverzinktem Blech und dort auftretenden unbeschichteten Stellen an den Schnittkanten. Versuchen mit oder ohne Vorwärmen von Bolzen und WST.	[61]
NiAl-Bronze, Ø20 mm	NiAl-Bronze Platten 300x100x10 mm	n_B: 3000-4000	V_W: 5		1,86	0,6 – 0,82	Verfahren und Materialeingenschaften unter Kavitation	[62]
1Cr18Ni9Ti (321) – Ø20 mm, Lange 105 mm	Baustahl Platte (1020) 250x165x50 mm	n_B: 720; 905; 1445; 1825	V_W = 1,2 – 2,4		9,549; 12,732; 15,915	1-1,6 B: 13,6 – 16,8	- B & H nehmen ab, wenn V_B erhöht. - B zunimmt & H abnimmt, wenn F zunimmt. - V_F zunimmt → H & B abnimmt Wärmegleichung: $Q = \int_0^R \frac{\mu nF}{20R^2} \, ^r\sqrt{1-\left(\frac{r}{R}\right)^2}\, 2\pi r dr = \frac{\pi^2 R}{160}\mu nF$	[63]
1Cr18Ni9Ti (321) – Ø20 mm, Lange 105 mm	Baustahl Platte (1020) 250x165x 50 mm						T = 1380 ° < Schmelztemperatur (1400 °C) - physikalische Model für RAS - Diese Ergebnisse zeigen die Machbarkeit des Einsatzes der Schmelztheorie in der Erforschung der RAS Technik und stellen eine überzeugende Schlussfolgerung dar, dass das Material an den Bolzenspitzen plastisch ist, was als Quasi-Flüssigkeit verhält.	[64]
Ø20 mm	Platte	n_B: 1445; 1825			F = 4000 N 5000 N		Modellierung des Temperaturfeldes des Bolzens beim RAS durch Finite Difference Model. Das Model zeigt, dass die Leistung der Reibenergie von geometrischen Faktoren der Reiboberfläche (π^2 R /160), dem Reibkoeffizient (μ) und der entsprechenden Prozessparameter (nF) abhängt. Das Temperaturprofil der Vorheizphase entlang der radialen Richtung hat ein "M"-Form. Dies hat „V“-Form nach der Vorheizphase.	[65]

Bolzenmaterial	Werkstück-material	n_B [min^{-1}] V_B [mm/s]	n_W [min^{-1}] V_W [mm/s]	Vorschub V_F [mm/s]	p [MPa]	H [mm]	Beschreibung	Quelle
Rund; 1Cr18Ni9Ti	Platte: Baustahl	n_B: 1825	V_W: 2,2		F = 4000 N		T ~ 1300 °C Modellierung des Temperaturfeldes des Substrates beim RAS durch Finite Difference Model.	[66]
AA 2124 SiC_p MMC, Ø15 mm	A356 Aluguss-Leg. Platte; Dicke 10 mm	n_B: 1800					Die Partikel wurden gebrochen, sie sind feiner geworden.	[67]
Werkzeugstahl H13. Ø18 mm	Niedrig Kohlenstoff Stahl Platte 10 mm Dick.	n_B: 350 Bis 2400	V_W: 1,2 - 4,4		39,3	0,9 – 2,7 B: 10,5 – 23 mm	T = 1100 – 1300 °C - V_B klein → B groß. V_F groß →H klein - Die Haftfestigkeit der dünnen Schicht ist besser als der dicken Schicht. - WEZ-Tiefe hängt vom V_B & V_F ab - Empfehlungswert: 800-1200 U/min; 4 mm/s und 10 kN mit Ø18 mm	[68]
AISI 310 grade Edelstahl Ø18 mm	Baustahl Platt 100x150 mm	n_B: 800	V_W: 1,2-5,6		39,3	1,2 – 3 B: 15,5–20,5 mm	- Mikrostruktur an der Grenzzone, Schertest, Bendtest, Mikrohärte wurde gemessen Vorschub groß → Beschichtungsbreite klein Vorschub groß → Schichtdicke klein	[69]
AISI H13; Härte 20HRC; Ø18 mm; Lange 100 mm	Kohlenstoffarm-er Stahl: Platte 150x100x8 mm	n_B: 800	V_W: 4		39,3		**Mikrogefüge wachsen während des Reibauftragschweißen:** V_F groß → Defekt frei und gut beschichtet. Mikrohärte nahe der Grenzoberfläche groß bei kleiner V_F t° >1100°C (bei Werkzeugstahl) Härte groß nach der Beschichtung (wegen Martensit in der Beschichtung)	[70]
Ø10 - 12 mm		V_B 0,5 - 1,25 m/s	0,65 – 1,25 m/s	3 – 8 MPa 30 – 70 MPa für Hartlegierung				[78]
Reibschweißen, Rührreibchweißen, Reibpunktschweißen, Reibnahtschweißen							Fügetechnik unter Anwendung von Reibungswärme	[84]
ABNT4140, 8620 Unlegierter Stahl, AISI310 Ø20 mm	ABNT 1070 Unlegierter Stahl 50x150x9 mm	n_B: 3500	V_W: 8,5; 17		1,03 – 1,38	0,5 - 6	T während des Prozess ist hoch, aber kleiner als $T_{Schmelz}$ → fester Zustand Zusammenfassung über RAS	[82]

Patente

Bolzenmaterial	Werkstück-material	n_B [min^{-1}] V_B [mm/s]	n_W [min^{-1}] V_W [mm/s]	Vorschub V_F [mm/s]	p [MPa]	H [mm]	Beschreibung	Quelle
Hartmetall - Stellite (Bolzen Ø6 mm)	Metallplatte (Messer, Erntemaschine usw.)	n_B 2940		3,33	50	0,2	Ein Metallstück wird gegen einen Metallgegenstand gedrückt, und gleichzeitig oszilliert oder dreht das Metallstück, um genügende Wärme durch Reibung zu erzeugen, damit das Metall aufgetragen wird. – **Maschine**	[P3]
V3K Bolzen a.Ø6 mm b.Ø10 mm	Stahllegierung Platte	n_B a.2150 b.1500		4,16-5,55	10 -200	0,02 - 0,15	Ein Auftragsschweißverfahren durch Reiben. Z. B: Beschichtung des Mähersegments. **Anwendung**	[P4]
Vorrichtung zum Reibbeschichten von metallischen zylindrischen Außenfläche. Diese Vorrichtung kann direkt auf einer Drehmaschine eingesetzt werden. Bolzen als ein Stift								[P5]
Eine Einrichtung zum Reibbeschichten mit ein oder mehrere Bolzen als Rohre aus Messing oder kupferhaltige Legierung. Das Werkstück kann kontinuierlich oder unterbrochenen zylindrische Oberfläche sein. Das Bolzen kann auch gegenüber liegen.								[P6]
Hartmetall Bolzen z. B: T1 HSS	ab 0,5 mm dick. Blechstapel als Substrat z. B.: Baustahl	n_B 1000		4		0,2 - 2	Einklemmen eines Blechstapels als Substrat zum beschichten, dann wieder zerlegen. Zu schnell V_B oder V_F→ dünn. Zu langsam V_B → Risse. Zu groß V_F → dick **Anwendung:** Gehärtete Kante des Blechs	[P7]
Ø25 mm aus einen eigebauten inneren Bolzen oder aus Pulver (Hartlegierung)	Bremsescheibe aus Baustahl	n_B 300 - 600		3 - 7	F = 30-50 kN	1 - 2	Reibauftragschweißen für die Beschichtung unter Schutzgas auf einer Scheibe. **Anwendung: Zur Herstellung einer Bremsscheibe**	[P8]
Hartmetall (Stellite) Ø3 - 25 mm z.B: 10 mm	Blechkante (Edelstahl oder Baustahl), Dicke < 3 mm	V_U = 1 - 2 m/s z. B: n_B = 1250		4	152,6	Ab 0,2	Hartoberfläche Beschichtung entlang einer Kante durch RAS Maschine dazu Kleiner Bolzendurchmesser → dünne Schicht	[P9]

Bolzenmaterial	Werkstück-material	n_B [min⁻¹] V_B [mm/s]	n_W [min⁻¹] V_W [mm/s]	Vorschub V_F [mm/s]	p [MPa]	H [mm]	Beschreibung	Quelle
Bolzen als Stift oder Rohr (gerade oder konisch)-metallisch oder Metalmatrix	Zylindrische, ebene Oberfläche, ringförmig oder kreisförmig						Substrat liegt nicht senkrecht zum Bolzen (Neigungswinkel 3 - 6° sogar 10°)→ keine Axialkraft notwendig Die relative Bewegung kann Rotation oder Oszillation sein. **Unterschiedliche Art und Weise von RAS**	[P10]
Bolzen aus verschleißfestem Hartstoff (Stellite $6B_{TM}$) Ø18 mm	Flügel (aus der Stahllegierung 11,5-13%Cr)	n_B 320 - 340		2,25-2,75	V_{Bz} = 3,51 - 3,91 mm/s	0,89	Verfahren zur Herstellung einer Hinterkante auf eine Dampfturbinenschaufel, dadurch Herstellung der Schaufel. **Anwendung**	[P11]
							RAS durch die Oszillationsbewegung oder Orbitalbewegung und entsprechende **Maschine dazu und Prinzip**	[P12]
							Anwendungsfall des RAS zum spannlosen Umformen	[P13]
SUS316 Ø20 x150 mm	SS400 Platte 230x75x10 mm	n_B 800; 1200		8; 2	50,9; 70		Effektive Benutzung des Bolzen durch ein zusätzliches Element (aus SS400) → Prinzip um Bolzen zu schonen.	[P14]
Rundstab oder Pulver, Scheibe: Legierung und Hochlegierte Stahl, Ti	Stahl, Grauguss, Gusseisen	n_B 400 - 3000			50 - 35 0	0,1-0,6	Hin- und Herbewegung, rotierend vibrierend. Bei Hartmetall kann auch ein Vorwärmen (Widerstand) durchgeführt werden. Einsatzmaschine: Drehmaschine, CNC Maschine mit Beschichtungskopf	[P15]
Korrosionsfest-material		n_B 800 - 1200		10 - 120			Anwendung um Spannungskorrosionsriss, Mikrorisse und Korrosion zu verhindern.	[P16]
Ni-Cr-Fe; Ni-Fe-Mo	Röhre 1 - 10 m Ø30 - 100 mm	n_B 200 - 1500					Eine RAS Maschine für dünne Metallröhre→ Herstellung einer Kompositröhre Hauptinhalt: Einrichtung für Rohrspannen	[P17]
Ø10 - 50 mm Lang 50 -300 mm	100 - 1000 mm lang	n_B 100 - 1000		0,1 - 10	1 - 10		Verfahren zum Beschichten einer dünnen Metallröhre	[P18]
Ø0,51 - 50,8 mm		n_B 100 - 100000	0,042 - 1,27				Konstruieren des Bolzenhalters. Bolzen wird kontinuierlich zugeführt.	[P19]

Anlage 2: Lösungsauswahl

1. **Hauptenergiequelle:** Bei der Entscheidung für die Hauptenergiequelle schließen die hohen Drehzahlen und die zu übertragenden Kräfte eine pneumatische Anlage aus. Der hydraulische Antrieb hat ein geringeres Leistungsgewicht sowie ein höheres Beschleunigungsvermögen auf Grund geringerer Massenträgheit. Den elektrischen Antrieb zeichnen die höhere Lebensdauer, ein größerer Wirkungsgrad und eine geringere Wärmeentwicklung aus [85]. Weil es sich hier um mehrere Bewegungen und eine Anpresskraft bis 16 kN handelt, wird die hydraulische Variante bevorzugt.
2. **Steuerung:** Für die Verfahrensuntersuchung ist es wichtig die Reproduzierbarkeit einzuhalten. Außerdem ist das Reibauftraglöten ein komplexer Prozess mit vielen Prozessparametern, weshalb die einzelnen Prozessparameter vollständig aufgezeichnet werden sollen. Deshalb sollte die Steuerung vollautomatisiert sein.
3. **Energiewandler 1** (für die Rotationsbewegung der Probe): Weil die Hauptenergieübertragungsmedium Hydraulik ist, wird hier ein Hydraulikmotor ausgewählt. Außerdem dreht die Probe langsam (unter 130 U/min), weshalb ein hydraulischer Motor mit einem Getriebe angewendet wird.
4. **Energiewandler 2** (für die Rotationbewegung des Werkzeugs): Ähnlich wie bei Energiewandler 1 wird auch hier ein hydraulischer Motor benutzt. Weil aber die Drehzahl groß ist und in einem großen Bereich liegt, wird ein Axialkolben-Verstellmotor mit einer Drehzahl bis 5000 U/min angewendet.
5. **Probenmaterial Einspannung:** Die Proben sind hohle Wellen oder Vollwellen, weshalb es sinnvoll ist, wenn die Einspannung mit Spannbacken radial realisiert ist. Es wird eine Universalspannbackenfutter angewendet. Bei diesen Spannbacken kann die Probe, welche in einem großen Bereich des Durchmessers liegen kann, von innen oder außen und schnell eingespannt werden.
6. **Beschichtungswerkzeug Einspannung:** Hier entfällt die mechanische formschlüssige Variante, weil der Aufwand für die Bearbeitung des Bolzen dadurch enorm steigt. Die Einspannung sollt möglich einfach und schnell sein. Außerdem muss die Einspannkraft hoch genug sein und es darf keine

Schwingungen bei höherer Drehzahl geben. Ein Spannzangenfutter gewährleistet alle diese Anforderungen.

7. **Materialzuführung:** Die RALö-Anlage sollte zuerst zum Ermitteln der Prozessparameter dienen. Dafür stehen die Flexibilität, einfache Bedienbarkeit und Wirtschaftlichkeit im Vordergrund. Deshalb wird die Probenzuführung manuell realisiert.
8. **Energiewandler 3** (Proben und Beschichtungsmaterial zusammenführen, Druck aufbauen): Die Variante des Elektromotors und manuelle Variante entfallen, da ein Elektromotor, der bis 16 kN Anpresskraft erzeugen kann, teuer und groß ist. Außerdem ist für die Energiewandler 1 und 2 schon eine Hydraulikversorgung vorhanden, wodurch ein Hydraulikzylinder gegenüber anderen Lösungen bevorzugt wird.
9. **Energiewandler 4** (Erzeugen des Vorschubs): Da der Vorschub in diesem Fall eine Linearbewegung und langsam (bis 2,5 mm/s) ist, wird ein Hydraulikzylinder ähnlich wie bei Energiewandler 3 ausgewählt. Aber der Zylinder muss keine Kraft bis 16 kN erzeugen.
10. **Bewegungskinematik Werkzeug relativ zur Probe:** Die Reibung kann sowohl durch oszillierende als auch rotierende Bewegung zwischen Werkzeug und Probe erzeugt werden. Die oszillierende Bewegung fordert eine komplexe Technik, und kann zum Schwingen des gesamten Systems führen. Außerdem sind die Proben- und Werkzeuggeometrie zylindrisch. Deshalb wird die rotierende Relativbewegung als sinnvolle Lösung ausgewählt.
11. **Prozessparametermessung – Drehmoment:** Das Drehmoment kann durch eine entsprechende Sensorik, welche in die Hydraulikleitung eingebaut wird, einen eingebauten Dehnmessstreifen, der an der Welle des Antriebsstranges geklebt ist, oder einen Drehmomentsensor, der zwischen Wellen und Antriebe eingebaut ist, gemessen werden. Die Variante bezüglich der Hydraulikleitung ist einfach, allerdings ungenau wegen der Wärme- und Reibungsverlust. Die Variante bezüglich der Dehnmessstreifen verlangt eine komplizierte Messtechnik. Deshalb wird das Drehmoment durch einen Drehmomentsensor gemessen.
12. **Prozessparametermessung – Drehgeschwindigkeit:** Das Messen der Durchflussgeschwindigkeit der Hydraulikflüssigkeit ist nicht genau genug gewesen, weswegen noch Störungen vorkamen. Die optischen Verfahren sind eher kritisch, weil über die Zeit hinweg die Messgenauigkeit durch Schmutz,

etc. beeinträchtigt wird. Deswegen wurde hier die Variante mit integriertem Drehmomentsensor genutzt.

13. **Prozessparametermessung - Axialkraft:** Da die Axialkraft mittels Hydraulikzylinder erzeugt wird, besteht die Möglichkeit die Axialkraft durch Auswerten des Druckunterschiedes zu messen. Allerdings ist dieses Verfahren nicht genau genug, weshalb ein Kraftmesssensor eingesetzt wird.
14. **Andere Prozessparametersmessung – Weg, Vorschub und Drehwinkel:** Der Vorschub wird mittels Hydraulikzylinder realisiert, welcher oft mit integriertem Wegmesssensor erhältlich ist. Durch den integrierten Wegmesssensor wird die Vorschubgeschwindigkeit rechnerisch ermittelt.
    Für das Werkstück ist es wichtig den Drehwinkel zu erfassen. Dadurch wird festgestellt, ob das Werkstück 360 Grad, 1- oder 2-mal usw. gedreht ist. Diese Messung kann am besten durch einen absoluten Winkelgeber erfüllt werden.

Anlage 3: Verwendete Anlage und Messtechnik

A3.1 Schichtaufnahmen und Messung der Schichtdicke und Schichtbreite

Die Schicht wurde mittels elektromagnetischer Schichtdickenmessgerät nach DIN ISO EN 2808 [N3] gemessen. Dazu wurde eine Mikrosonde PC-Leptoskop 2050 der Firma Karl Deutsch (s. Abbildung A3-1 links) durch eine serielle Schnittstelle an einen Rechner angeschlossen. Eine mitgelieferte Software STATWIN2002 (s. Abbildung A3-1 rechts) zeichnet die Messergebnisse auf. Die Messunsicherheit wird für den Messbereich bis 100 µm mit 1 % und für Messbereich ab 100 µm mit 1 - 3 % angegeben [123].

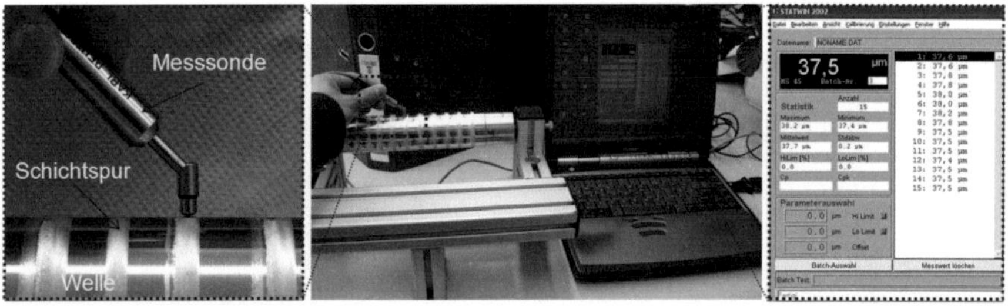

Abbildung A3-1: Verwendete Schichtdickenmessgerät

Um den Mittelwert der Schichtdicke zu bestimmen, wurde jede Schichtspur in Umfangsrichtung und Querrichtung an mehreren Stellen gemessen. Die Schichtdicke wurde im Umfangrichtung an 5 Stellen (1, 2, 3, 4, 5 wie Abbildung A3-2 links) gemessen. An jeder Messstelle in Umfangrichtung erfolgt die Messung in 3 Bereichen - links, Mitte und rechts (Abbildung A3-2 rechts). In jedem Bereich wurden 10 Messwerte aufgenommen.

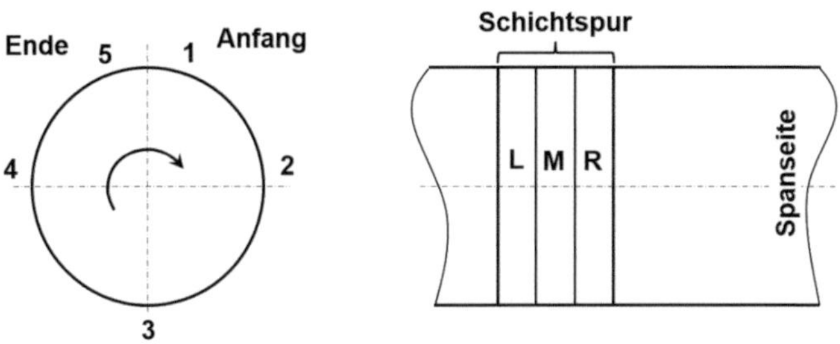

Abbildung A3-2: Messstellen in Umfangsrichtung (links) und in Querrichtung (rechts) (L = links; M = Mitte; R = rechts)

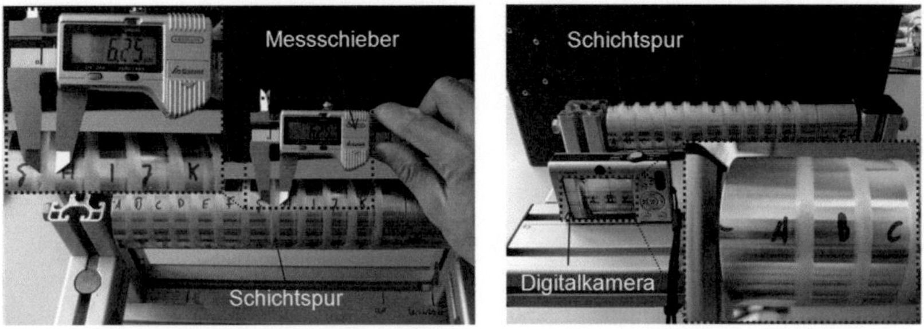

Abbildung A3-3: Verwendete Schichtbreitemessgerät (links) und Schichtaufnahmensgerät (rechts)

Die Schichtbreite wurde mittels eines Messschiebers (Abbildung A3-3 links) der Firma Garant mit einer Messunsicherheit von 0,01 mm erfasst. Für jede Schichtspur erfolgt die Messungen an 5 Stellen (Abbildung A3-2 links). Daraus bildete sich der Mittelwert der Schichtbreite.

Die Schichtdraufsicht wurde mittels Digitalkamera – Canon IXUS 50 (Abbildung A3-3 rechts) und Canon EOS 50D aufgenommen. Das Aufnehmen erfolgte auch an 5 Stellen wie in der Abbildung A3-2 links erkenntlich.

A3.2 Messung der Rauheit

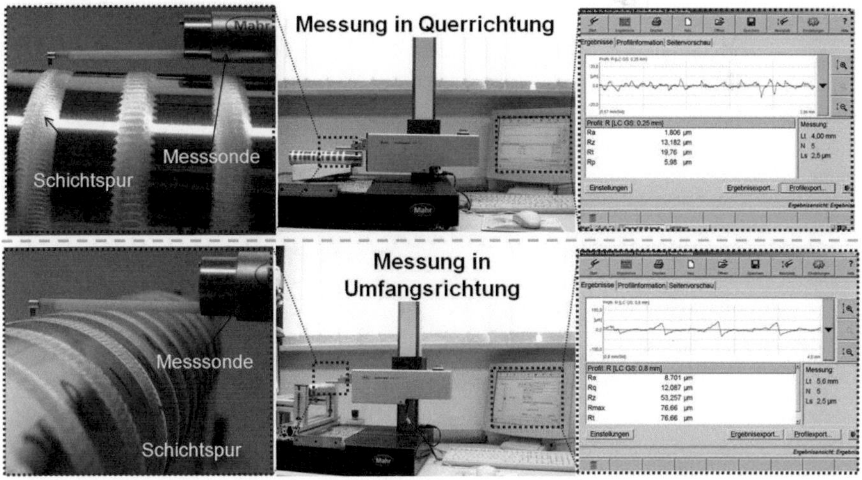

Abbildung A3-4: Rauheitsmessung in Querrichtung (oben) und in Umfangsrichtung (unten)

Die Schichtrauheit und Schichtprofile wurden mittels Tastschnittverfahren analog DIN ISO EN 4287 [N2] gemessen. Das Messgerät ist ein Oberflächenmessgerät der Firma Mahr (Perthometer PGK 120). Für die Auswertung der Schichteigenschaft wurde die Rauheit in 2 Richtungen gemessen. In Querrichtung (s. Abbildung A3-4 oben) beträgt die Messstrecke 4 mm und in Umfangsrichtung (s. Abbildung A3-4 unten) 5,6 mm. Für die Rauheitsmessung der PV-PLV Proben wurden nur die Rauheiten in Querrichtung erfasst.

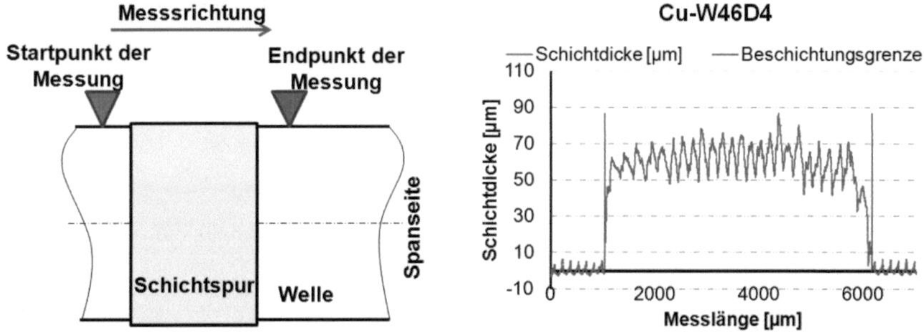

Abbildung A3-5: Erfassung der Schichtprofile; links: Messvorgang; rechts: Schichtprofile

Das Rauheitmessgerät wurde noch für die Erfassung der Schichtprofile (Abbildung A3-5) genutzt. Diese Messung kann zusätzlich für die Auswertung der Schichtbreite und Schichtdicke genutzt werden.

A3.3 Messung der Durchmesser

Die Vermessung des Fügedurchmessers für die PV-PLV wurde auf einer 3D-Koordinatenmessmaschine (s. Abbildung A3-6) durchgeführt. Es wurde in mehreren Ebenen gemessen, daraus der Mittelwert gebildet und aufgenommen.

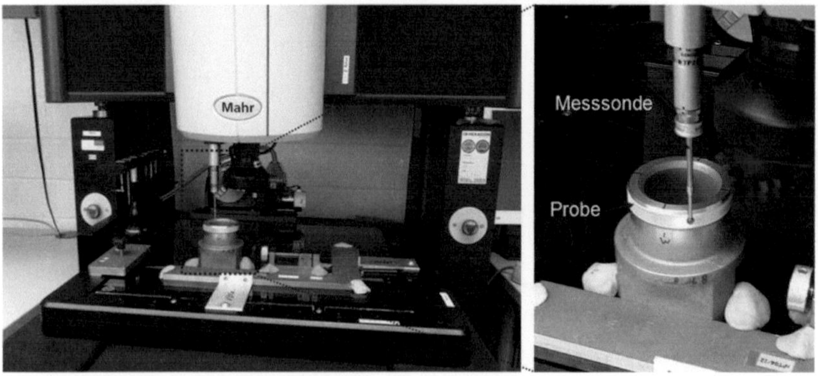

Abbildung A3-6: 3D-Koordinatenmessmaschine

Es ist eine MarVision MS 442 der Firma Mahr mit folgenden technischen Daten:

- Messbereich (Einzelsensoren): x 400 mm; y 400 mm z 200 mm.
- Längenmessunsicherheit nach VDI/VDE 2617-6: $E_1 = (1{,}9 + l/200)$ µm; $E_1 = (2{,}4 + l/150)$ µm

A3.4 Licht- und Rasterelektronenmikroskopie

Die mikroskopischen Untersuchungen wurden hauptsächlich mittels Rasterelektronenmikroskop (REM) der Fa. Jeol (Abbildung A3-7 links) durchgeführt. Dieses Mikroskop besitzt ein EDX-Detektor und ermöglicht somit die Proben mit einer Materialanalyse zu untersuchen. Es handelte sich um einen mit flüssigem Stickstoff gekühlten Si(Li)-Detektor mit einem Beryllium-Fenster.

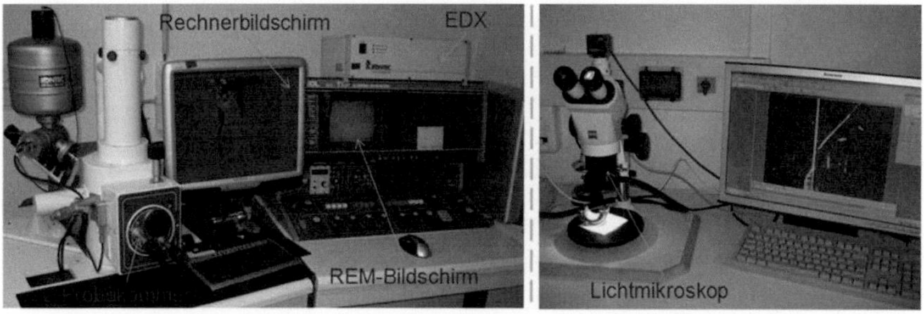

Abbildung A3-7: Rasterelektronenmikroskopie (links) und Lichtmikroskop (rechts)

Da alle Proben metallische Werkstoffe sind, wurde für das REM eine Beschleunigungsspannung von 20 kV eingestellt. Die EDX-Anlalysen hat eine „Tot-Zeit“ von ca. 30 %. Die anderen Einstellungen sind erfahrungsgemäß bzw. nach Angaben des REM-Hersteller [124] zu wählen.

Außerdem wurde in manchen Fällen ein Lichtmikroskop der Fa. Zeiss angewendet (Abbildung A3-7 rechts). Dieses ist mit einer CCD-Kamera ausgestattet. Die Bilder wurden mit entsprechender Software am Rechner aufgenommen.

A3.5 Mikrohärtemessung

Um die Mikrohärte der Schicht zu messen, wurden die Proben zerlegt. Danach wurden die Proben eingebettet, geschliffen und poliert. Die Mikrohärte wurden nach Vickers analog DIN ISO EN 4516 [N4] gemessen. Die Messung wurde auf der Maschine der Firma Shimadzu HMV-2000 (Abbildung A3-8) durchgeführt. Die Prüflast für die Schicht betrug 0,005x9,81 N und für das Substrat 0,1x9,81 N.

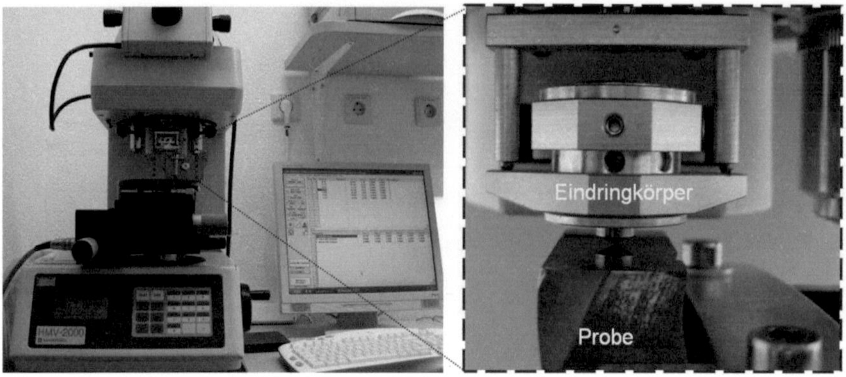

Abbildung A3-8: Mikrohärte Messgerät HMV-2000

Anlage 4: Messverfahren zur Ermittlung der Haftfestigkeit

Dieses Messverfahren ist eine Modifizierung der Norm EN ISO 4624 [N10]. Dafür wird ein Prüfstempel auf die Schichtoberfläche geklebt und dann mit Hilfe einer Zugprüfmaschine abgezogen. Anschließend erfolgt eine Beurteilung der Bruchfläche nach folgenden Versagensarten [N11]:

- Y/Z Adhäsionsbruch zwischen Prüfstempel und Klebstoff
- Y Kohäsionsbruch im Klebstoff
- B/Y Adhäsionsbruch zwischen Beschichtung und Klebstoff
- B Kohäsionsbruch in der Beschichtung (Idealfall)
- A/B Adhäsionsbruch zwischen Substrat und Beschichtung

Wenn die Versagensarten Y/Z, Y oder B/Y auftreten, würde es bedeuten, dass die Zugfestigkeit des Klebstoffes nicht hoch genug ist. D. h. ein anderer Klebstoff mit höherer Zugfestigkeit muss eingesetzt werden. Bei einem Versagen A/B kann eine quantitative Aussage über die Haftfestigkeit der Schicht getroffen werden.

Vor Durchführung des Versuchs wurde die Schicht mittels einer Schneidvorrichtung bis auf das Substrat eingeritzt, um die Prüffläche vom übrigen Substrat und der gesamten Schichtspur zu trennen. Der innere Durchmesser der Schneidvorrichtung darf den Durchmesser des Prüfstempels um nicht mehr als 2 mm überschreiten. Die Dicke der Klebschicht zwischen Substrat und Stempel wurde nach ISO 4624 [N10] auf 0,2 mm festgelegt. Die Prüfgeschwindigkeit lag bei 10 mm/s. Aus der Maximalkraft F_{max} [N] und der Klebfläche A [mm^2] wurde die Haftfestigkeit σ_H [MPa] nach der folgenden Gleichung berechnet.

$$\sigma_H = \frac{F_{max}}{A}$$ **Gleichung A4-1**

A4.1 Prüfstand

Die Zugversuche wurden auf einer Zugprüfmaschine der Firma Hegewald & Peschke, Gerätetyp AGS-G mit einer maximalen Zugkraft von 10 kN durchgeführt. Eine entsprechende Vorrichtung für das Messverfahren musste konstruiert werden. Der wichtige Teil der Vorrichtung bzw. des Messverfahrens ist der Stempel. Da das Substrat eine zylindrische Fläche aufweist, muss die Arbeitsfläche (Klebfläche) des Stempels eine zylindrische Fläche sein, welche einem Radius von 24,6H7 mm und Breite von 5 mm (s. Abbildung A4-1) hat. Die Klebfläche des Stempels beträgt 86,39 mm². Die Prüfstempel wurden aus nichtrostendem Stahl hergestellt.

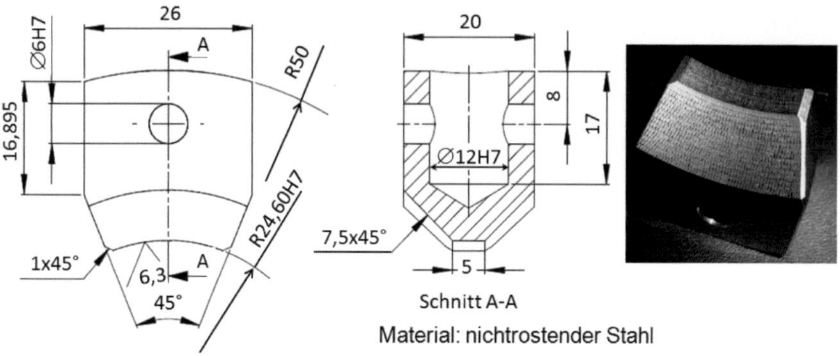

Abbildung A4-1: Stempel für die Haftfestigkeitsprüfung

Die Welle und der Stempel wurden wie in der Abbildung A4-2 fixiert. Und zwar: Der Stempel ist durch den Stift 7 mit dem oberen Bolzen 6, welcher mit oberen Teil der Prüfmaschine durch die Mutter 8 montiert wurde. Die Welle liegt auf zwei Prismen 3, und wurde mit Hilfe der Schrauben 5 eingespannt. Die Prismen wurden auf der Platte 1 fixiert, welche mit dem unteren Bolzen 2 verbunden ist. Das Bolzen 2 ist mit der unteren Teil der Prüfmaschine durch die Mutter 4 verbunden.

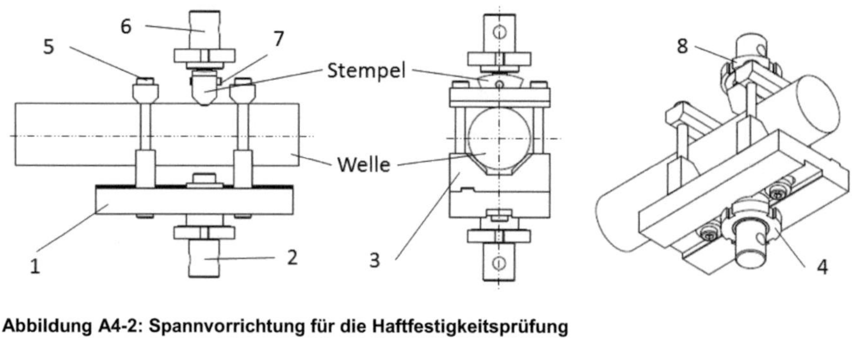

Abbildung A4-2: Spannvorrichtung für die Haftfestigkeitsprüfung

A4.2 Auswahl des Klebstoffs

Eine wichtige Aufgabe der Schichthaftfestigkeitsmessung ist, zu ermitteln, welcher Klebstoff für die geforderten Anforderungen am besten geeignet ist. Der Klebstoff muss eine möglichst hohe Festigkeit bei einer gleichzeitig annehmbaren Aushärtezeit aufweisen. Dazu wurden mehrere Vorversuche durchgeführt.

Im ersten Vorversuch wurde der 2-Komponenten-Klebstoff DP 810 von der Firma Scotch Weld für die Aluminiumschicht eingesetzt. Bei einer empfohlenen Aushärtezeit von 3 Tagen bei Raumtemperatur hat dieser Klebstoff laut Datenblatt eine Haftfestigkeit von 30 MPa [120]. Trotzdem wurde dieser Klebstoff auch bei einer Aushärtezeit von 24 Stunden erprobt, um die Aushärtezeit zu verkürzen. Die Versagensart in dieser Versuchsreihe war Kohäsionsbruch im Klebstoff (Y). Außerdem waren die Festigkeitswerte (s. Tabelle A4-1) zu niedrig, weshalb ein warmaushärtender Klebstoff DELO Monopox AD 286 [121] gewählt wurde. Dieser Klebstoff weist die beste Mischung aus Festigkeit, akzeptierbarer Aushärtezeit und nicht zuletzt Kosten auf.

Tabelle A4-1: Auswahl des Klebstoffs

Klebstoff	Aushärtung	F_{max} [N]	σ_H [MPa]
DP 810	3 Tage bei RT	3673	42,52
DP 810	24 Stunden bei RT	2231	25,82
AD 286	60 Minuten bei 150 °C	8450	97,81

Beim DELO Monopox AD 286 handelt es sich um einen mit Aluminiumpulver gefüllten Einkomponenten-Epoxidharz-Klebstoff [121]. Die Aushärtezeit bei 150 °C beträgt laut Datenblatt 40 Minuten. Da bei diesen Versuchen die Proben mit gesamter Vorrichtung in den Ofen gelegt werden mussten, härteten die Proben insgesamt 60 Minuten bei 150 °C im Ofen aus. Bevor die Zugversuche durchgeführt werden konnten, mussten die ausgehärteten Proben in der Luft bis Raumtemperatur abkühlen.

Die Ergebnisse haben gezeigt, dass der AD 286 trotz eines kohäsiven Versagens eine hohe Maximalkraft erreicht (s. Tabelle A4-1). Deshalb wurde AD 286 bei allen weiteren Versuchen angewendet.

A4.3 Versuchsdurchführung

Zuerst wurden die Welle auf den unteren Teil und der Stempel auf den oberen Teil der Prüfmaschine eingespannt. Danach fährt der Prüfstempel nach unten bis zur Wellenoberfläche. Damit wurde die Stelle des Prüfstempels auf der Schicht markiert. Die ganze Vorrichtung wurde aus der Prüfmaschine demontiert. Nach dem die Schicht mit einem Skalpell entlang der Markierung bis auf das Substrat eingeritzt wurde (entspricht EN ISO 4624) (s. Abbildung A4-3 links), wurden die Prüffläche und der Stempel mit

Aceton gesäubert. Anschließend wurde der Klebstoff auf dem Prüfstempel aufgetragen. Mittels einer Hilfsvorrichtung (s. Abbildung A4-3 Mitte) kann der Stempel im geklebten Zustand fixiert werden. Eine geklebte und ausgehärtete Probe ist in der Abbildung A4-3 rechts zu sehen.

Abbildung A4-3: Probe nach dem Anritzen der Schicht (links), Stempel mit Hilfsvorrichtung (Mitte) und nach dem Aushärten (rechts)

Der gesamte Versuchstand ist in der Abbildung A4-4 links dargestellt. Auf der rechten Seite der Abbildung A4-4 ist eine Probe unmittelbar vor dem Versuch zu sehen. Die ausgekühlten Wellen wurden erneut in die Maschine eingespannt und geprüft. Beim Versuch wurden Kraft und Weg aufgenommen. Die Zusammenfassung der Versuchsparameter ist in der Tabelle A4-2 zu sehen. Anhand der bekannten Klebfläche und der maximalen Zugkraft wurde dann die Haftfestigkeit nach (Gl. A4-1) berechnet.

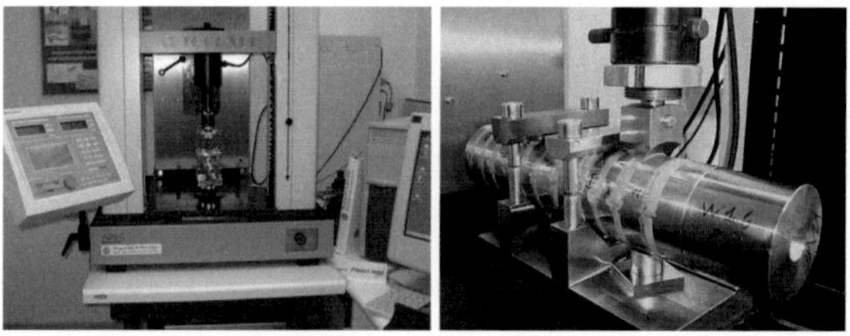

Abbildung A4-4: Versuchsstand (links) und Probe unmittelbar vor dem Versuch (rechts)

Tabelle A4-2: Hauptsversuchsparameter

Klebfläche	Klebdicke	Aushärtezeit	Kraftabfall	Vorspannung
86,39 mm²	0,2 mm	1 h bei 150 °C	95 %	20 N

Die Messergebnisse sind in der Tabelle A4-3 dargestellt. Außerdem zeigt die Abbildung A4-5 die Welle und den Stempel nach zwei Brucharten (Schichtbruch und Kohäsionsbruch).

Tabelle A4-3: Ergebnisse der Schichthaftfestigkeitsmessung

gewählte Spur	Material	n_B [U/min]	F [kN]	n_W [U/min]	H_m [µm]	B_m [mm]	F_{max} [N]	σ_H [MPa]	Bruchart
16E	Zink	1.200	0,5	4	12,05	4,88	4.843	56,06	SB
35E	Zink	1.200	1,1	4	28,87	6,26	7.545	87,34	SB
Wiederholung 35E	Zink	1.200	1,1	4	28,87	6,26	5.268	60,98	KB
16H	Zink	1.200	1,4	4	36,55	7,53	3.535	40,92	SB
Wiederholung 16H	Zink	1.200	1,4	4	36,55	7,53	3.958	45,82	SB
16B	Zink	700	0,8	4	15,20	5,30	5.598	64,80	SB
16J	Zink	1.600	0,8	4	24,20	6,28	6.565	75,99	SB
17B	Zink	2.000	0,8	4	26,25	5,95	4.933	57,10	SB
17D	Zink	1.200	0,8	4	21,65	5,27	6.580	76,17	SB
18A	Zink	1.200	0,8	6	20,75	5,67	5.765	66,73	SB
38A	Zink	1.200	0,8	8	15,96	5,30	5.993	69,37	SB
Zink Galvanik					16,00		5.765	66,73	KB
Zink Galvanik					30,00		3.984	46,12	KB
25A	Aluminium	1.200	0,5	4	47,95	5,25	6.028	69,78	KB
25C	Aluminium	1.200	1,1	4	130,00	8,74	3.978	46,05	KB
24B	Aluminium	700	0,8	4	61,10	6,25	5.948	68,85	KB
40D	Aluminium	1.600	0,8	4	114,42	8,05	4.920	56,95	KB
40E	Aluminium	2.000	0,8	4	101,76	8,65	3.711	42,96	KB
25B	Aluminium	1.200	0,8	4	127,00	7,03	3.943	45,64	KB
28B	Aluminium	1.200	0,8	8	75,60	6,46	6.225	72,06	KB
19H	Kupfer	1.200	1,2	4	82,75	5,08	7.070	81,84	KB
19I	Kupfer	1.200	1,6	4	95,45	6,04	6.780	78,48	KB
19K	Kupfer	1.200	2,4	4	164,00	7,35	4.928	57,04	KB
46I	Kupfer	700	2,0	4	110,63	5,63	3.469	40,16	KB
20D	Kupfer	1.600	2,0	4	151,00	4,91	7.733	89,51	KB
21E	Kupfer	1.200	2,0	6	105,80	6,86	2.528	29,26	KB
47J	Kupfer	1.200	2,0	16	105,11	5,33	6.545	75,76	KB

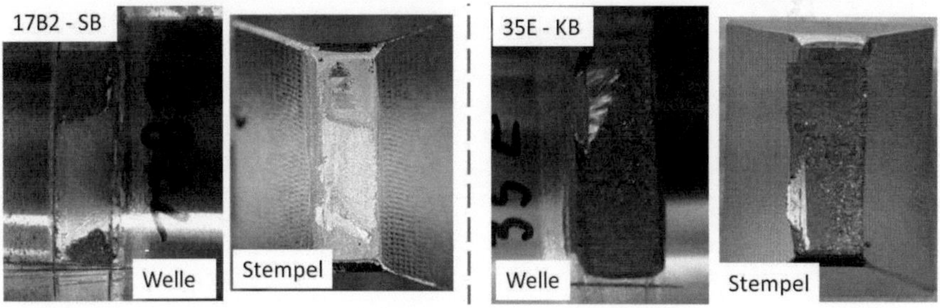

Abbildung A4-5: Brucharten – links: SB: Schichtbruch; rechts: KB: Kohäsionsbruch, meist zwischen Stempel und Klebstoff

Anlage 5: Ergebnisse der Vorversuche

Zink; d_W = 49 mm; d_B = 10 mm; e = 0,2 mm											
Nr.	n_B [U/min]	F [kN]	n_W [U/min]	Dicke, Aussehen, Breite	Bemerkung	t_s [s]	v_{Wx} [mm/s]	DR_B	DR_W	H_m [µm]	B_m [µm]
2A	680	0,3	0,34	sss		2	0	R	R	-	5,9
3C	680	0,5	5,76	sgg	Schicht ist eng, Anfang nicht beschichtet	2	0	R	R	-	4,58
2H	680	0,5	6,46	ssg	Ende nicht beschichtet wegen der Kraftsteuerung	2	0	R	R	20	4,38
2B	680	1,5	0,37	sss	durchgedreht	2	0	R	R	80	9,4
2C	680	1,5	5,31	ggg		2	0	R	R	15	5,48
2D	680	1,5	10,02	gsg	Ende nicht beschichtet wegen der Kraftsteuerung	2	0	R	R	-	4,7
7I	680	2	1,57	sgg	1/4 beschichtet weil Bolzen weggeflossen ist	2	0	R	R	-	9,1
2I	680	2	6,22	ggg		2	0	R	R	20	5,6
2E	680	2	10,03	sgg	Ende nicht beschichtet wegen der Kraftsteuerung	2	0	R	R	12	4,52
3B	680	2	10,74	ggg		2	0	R	R	28,67	5,62
3A	680	2	11,63	ggg		2	0	R	R	29,2	4,7
3G	1600	0,5	0,35	ssg	Hat nur 1/4 Welle beschichtet, Bolzen weggeflossen ist	2	0	R	R	12,5	6,76
3F	1600	0,5	6,12	sss	Schicht ist eng und ungleichmäßig	2	0	R	R	-	4,4
7D	1600	0,5	12,49	sgg	Anfang nicht gut beschichtet (wegen Kraftsteuerung oder Vorschub)	2	0	R	R	10	4,78
11D	1600	0,7	11,78	ggg		2	0	R	R	14,9	4,3
7E	1600	1,2	1,84	ssg	1/4 beschichtet weil Bolzen weggeflossen ist. Oberfläche ungleichmäßig.	2	0	R	R	72	7,19
3E	1600	1,2	6,20	ggg		2	0	R	R	28	5,76
11F	1600	1,2	11,69	ggg		2	0	R	R	23,68	6,3
3J	1600	1,2	12,35	ggg		2	0	R	R	20	4,82
2J	1600	2	0,00	sss	nicht beschichtet, Kraft nicht genug	2	0	R	R	-	-
7H	1600	2	6,27	sgg	1/4 beschichtet weil Bolzen weggeflossen ist	1	0	R	R	58,5	8,87
3D	1600	2	6,59	sgg	Hat nur 1/4 Welle beschichtet, weil Bolzen weggeflossen ist	2	0	R	R	60	7,06
11G	1600	2	11,80	ggg		2	0	R	R	40,04	7,1
3K	1600	2	12,71	ggg		2	0	R	R	45	6,66
2G	2800	0,3	15,55	ggg		2	0	R	R	10	4,1
3L	2800	0,5	2,01	gsg	Schicht ist ungleichmäßig	2	0	R	R	26	5,8
3H	2800	0,5	8,66	ggg		2	0	R	R	15	4,32
11E	2800	1	15,11	ggg		2	0	R	R	19,88	5,4
2F	2800	1	16,00	ggg		2	0	R	R	20	5,1
7A	2800	1	17,16	ggg		1	0	R	R	22	6,7
3I	2800	1,2	0,00	sss	nicht beschichtet, Kraft nicht genug	2	0	R	R	-	-
7F	2800	1,2	2,05	ssg	1/4 beschichtet, weil Bolzen weggeflossen ist. Oberfläche ungleichmäßig	1	0	R	R	85	5,28
7G	2800	1,2	7,77	ggg		1	0	R	R	42,07	6,58
7J	2800	2	0,00	sss	nicht beschichtet, Kraft nicht erreicht	1	0	R	R	-	-

Anmerkung: ggg = Dicke gut, Aussehen gut, Breite gut

sss = Dicke schlecht, Aussehen schlecht, Breite schlecht

Aluminium; d_W = 49 mm; d_B = 10 mm; e = 0,2 mm											
Nr.	n_B [U/min]	F [kN]	n_W [U/min]	Dicke, Aussehen, Breite	Bemerkung	t_s [s]	v_{Wx} [mm/s]	DR_B	DR_W	H_m [µm]	B_m [µm]
10A	680	0,7	6,22	gsg	Schicht ist sehr rau	3	0	R	R	61	5,79
10B	680	0,7	6,46	ggg		6	0	R	R	60,5	5,97
10C	1000	1	7,15	ggg		3	0	R	R	68,9	6,35
10D	1000	1	7,59	sgg	Schicht ist sehr dünn	3	0	L	R	4,53	5,22
10E	1000	1	-6,84	ggg		3	0	L	L	93,9	6,21
10F	1000	1	-7,26	sgg	Schicht ist sehr dünn	3	0	R	L	3,6	6,52
10G	680	1,2	5,38	sss		3	0,6	R	R	43,8	
10H	680	1,2	-5,37	sss		3	0,6	L	L	36	
11A	680	0,7	6,09	ggg		6	0	R	R	22,2	5,06
11B	680	1,2	5,16	ggg		4	0	R	R	65,3	6,3
11C	2800	1,2	17,70	ggg		1	0	R	R	132	9,9
12A	2800	1,2	0,00	sss	nicht beschichtet, Kraft nicht erreicht	1	0	L	R		
5A	680	0,5	1,58	sss	Schicht ist sehr ungleichmäßig	1	0	R	R	48,9	5,7
5B	1600	0,5	1,74	sss	Schicht ist sehr ungleichmäßig	1	0	R	R	138	8,24
5C	1600	0,5	6,76	ggg		1	0	R	R	51,7	5,52
5D	2800	0,5	2,21	gsg	Anfang nicht gut beschichtet. Die Oberfläche ist nicht gut	1	0	R	R	103	9,84
5E	2800	0,5	8,08	sgg	Anfang nicht gut beschichtet. Die Oberfläche ist besonders nicht gut	2	0	R	R	100	7,72
5F	1600	0,5	6,28	sss		1	0,65	R	R	36,6	
5G	1600	0,7	6,46	sss		1	0,4	L	R	2,17	
5H	680	2	1,62	sgg	Oberfläche schlecht, 3/4 beschichtet, weil Bolzen weggeflossen ist	2	0	R	R	200	
8A	680	0,5	6,15	gsg	ungleichmäßig	3	0	R	R	15	5,24
8B	1600	0,5	12,50	ggg	Anfang war nicht gut wegen der Kraftsteuerung oder des Vorschubs	3	0	R	R	32,3	5,24
8C	2800	0,5	16,61	ggg	Die Schichtoberfläche ist rau	3	0	R	R	58	5,97
8D	680	1,2	1,54	sgg	Die Schichtoberfläche ist sehr rau	3	0	R	R	221	8,38
8E	680	1,2	5,30	ggg		3	0	R	R	74	6,68
8F	680	1,2	9,99	ggg		3	0	R	R	47,3	5,71
8G	1600	1,2	12,03	gsg	Anfang nicht gut wegen der Kraftsteuerung oder Vorschub. Die Rauheit ist nicht gut	2	0	R	R	94,4	7,86
8H	1600	1,2	6,20	sgg	Die Schichtoberfläche ist rau	2	0	R	R	117	9,02
8I	2800	1,2	8,20	sgg	1/2 beschichtet, weil Bolzen weggeflossen ist.	1	0	R	R	149	11,2
8J	2800	1,2	16,57	ggg		1	0	R	R	132	10,5
8K	2800	2	0,00	sss	nicht beschichtet, Kraft nicht genug	1	0	R	R		

Kupfer; d_W = 49 mm; d_B = 10 mm; e = 0,2 mm												
Nr.	**n_B [U/min]**	**F [kN]**	**n_W [U/min]**	**Dicke, Aussehen, Breite**	**Bemerkung**	**t_s [s]**	**v_{Wx} [mm/s]**	**DR_B**	**DR_W**	**H_m [µm]**	**B_m [µm]**
9F	680	1,2	4,81	gsg	Schicht ist sehr rau	2	0	R	R	82,2	4,85
9E	680	1,2	9,28	gsg	Schicht ist sehr rau	2	0	R	R	59,1	4,6
9G	680	2	4,90	gsg	Schicht ist nicht sehr rau	1	0	R	R	107	5,18
9H	680	2	9,24	gsg	Schicht ist nicht sehr rau	1	0	R	R	84,3	4,9
9K	680	3	14,19	ggg		1	0	R	R	78,7	5,4
6B	1600	0,5	1,69	sss	ungleichmäßig	3	0	R	R	26,5	4,8
6A	1600	0,5	6,12	sss	ungleichmäßig	2	0	R	R	57,3	4,82
9A	1600	0,5	11,97	sss	ungleichmäßig	2	0	R	R	27,7	4,91
9D	1600	1,2	1,57	sss	ungleichmäßig und 2 Bereicht, dünn und dick	2	0	R	R	81,4	2,53
6L	1600	1,2	5,80	ggg	Anfang nicht gut beschichtet (wegen Kraft steuerung oder Vorschub)	3	0	R	R	80,6	5,72
11H	1600	1,2	5,86	ggg		4	0	R	R	80	4,9
9C	1600	1,2	11,56	sgg	Anfang ist ungleichmäßig wegen Kraftsteuerung oder Vorschub	2	0	R	R	97,6	5,11
7K	1600	2	1,67	gsg	ungleichmäßig, die Farbe ist nicht gut	1	0	R	R	73,7	8,13
6K	1600	2	6,49	sgg	Anfang nicht gut beschichtet. (wegen Kraft Steuerung). Die Farbe ist nicht gut	1	0	R	R	136	7,84
6J	1600	2	11,85	ggg		3	0	R	R	149	8,4
12B	1600	2	14,17	sss	Schicht ist dünn, sehr eng	3	0	L	R	2,67	2,38
11I	1600	3	8,97	gsg		1	0	R	R	112	6,6
9J	1600	3	19,30	ggg		1	0	R	R	140	8,4
12D	1600	3	18,77	ggg		1	0	R	R		
12E	1600	3	20,09	ggg	12E neben 12D; $X_{12E} = X_{12D} + 7{,}6$mm	1	0	R	R	159	7,48
12F	1600	3	18,55	ggg		1	0	R	R	102	
12G	1600	3	18,47	ggg	$X_{12G}=X_{12F} - 6{,}6$	1	0	R	R	126	7,91
12H	1600	3	18,47	sss	nicht beschichtet	1	3,5	R	R		
12I	2000	2	15,08	ggg		1	0	R	R	90,1	6,51
6C	2800	0,5	1,87	sss	ganz schlecht	3	0	R	R	1,75	1,5
6F	2800	0,5	7,43	sss	ungleichmäßig	3	0	R	R	33	4,9
9B	2800	0,5	15,56	sss	ungleichmäßig	2	0	R	R	27,5	5,11
7B	2800	1	17,74	ggg	Anfang nicht gut beschichtet (wegen Kraftsteuerung oder Vorschub)	1	0	R	R	76,8	5,28
6D	2800	1,2	1,89	sss	nicht gehaftet	3	0	R	R	6,54	2,7
6E	2800	1,2	7,61	sss	Schicht wurde in 2 Bereichen verteilt, ein ganz dick, ein ganz dünn	3	0	R	R	55,3	6,82
6G	2800	1,2	15,53	ggg	Anfang nicht gut beschichtet (wegen der Kraft Steuerung)	3	0	R	R	86,8	5,76
11J	2800	1,2	15,60	ggg		4	0	R	R	57,1	5,3
6I	2800	2	9,12	ssg	3/4 beschichtet, weil Bolzen weggeflossen ist. Die Farbe ist schlecht	1	0	R	R	100	10,1
6H	2800	2	18,00	sgg	3/4 beschichtet, weil Bolzen weggeflossen ist	3	0	R	R	119	9,24
7C	2800	2	18,65	ggg		1	0	R	R	132	8,5
12C	2800	2	19,48	sss	Schicht ist dünn, sehr eng	1	0	L	R	2,43	2,38
9I	2800	3	28,02	ggg		1	0	R	R	140	9

Anlage 6: Ergebnisse der RALö Hauptversuche

Zink; d_W = 49 mm; d_B = 10 mm; e = 0,2 mm; v_{Wx} = 0; DR_B; DR_W: rechts																			
Nr.	n_B [U/min]	F [N]	n_W [U/min]	ΔL [mm]	Dicke Aussehen Breite; Auswertung	α_1 [°Grad]; α_2[°Grad]; F_1 [kN]; n_{B1} [U/Min]	t_s [s]	H_m [µm]	B_m [mm]	H_{mRz} [µm]	B_{mRz} [mm]	M_Z [Nm]	M_X [Nm]	T_m [°C]	T_{An} [°C]	T_{End} [°C]	F_m [N]	R_{ZQ} [µm]	R_{ZU} [µm]
16A	700	500	4	0,18	soll mehr t_s	365°; 5°; 0,8; 700	2	11,25	4,20	8,03	3,31	4,4	22,9				558	9,6	12,0
16E	1200	500	4	0,52		350°; 10°; 0,8; 700	2	13,53	4,88	8,52	4,50	7,5	20,9				541	9,0	7,9
34A	1200	500	4	0,17	Beschichtung fehlt bei 1M; 1R	360°; 5°; 0,5; 700	3	13,08	4,59	11,18	3,67	3,3	18,6				530	12,6	11,9
34B	1200	500	4	0,32	Beschichtung fehlt bei 1M; 1R	360°; 5°; 0,5; 700	3	12,03	4,58	11,35	3,99	4,0	17,0				540	10,9	11,8
16I	1600	500	4	1		355°; 5°; 0,8; 700	2	15,53	5,09	9,78	4,75	5,4	17,1				541	8,0	8,5
17A	2000	500	4	1,18	ggg	360°; 10°; 0,8; 700	2	15,71	4,91	11,48	4,60	2,9	15,9				518	8,7	11,3
23A	2000	500	4	1,84	ggg	360°; 10°; 1; 700	4	18,83	5,41			6,4	15,7				536		
23B	2000	500	4	1,64	ggg	360°; 10°; 1; 700	3	18,53	5,42			3,7	20,6				540		
23C	2000	500	4	1,78	ggg	360°; 10°; 1; 700	5	20,43	5,38			3,4	20,0				537		
34C	2000	500	4	1,34	Beschichtung fehlt bei 1R	360°; 5°; 0,5; 1000	3	19,05	4,96	15,55	4,90	3,3	14,4				523	10,2	10,2
34D	2000	500	4	1,41		360°; 5°; 0,5; 1000	3	19,18	5,04	14,75	5,08	2,6	14,6				521	10,4	14,6
29C	2400	500	4	2,42	ggg; mehr n_w wird besser sein	360°; 10°; 0,7; 1000	2	24,37	4,85			1,8	15,7				514	9,5	13,5
34E	2800	500	4	2,56		360°; 5°; 0,5; 1500	3	21,40	4,66	19,63	4,27	1,8	14,1				524	10,6	11,4
34F	2800	500	4	1,96	Beschichtung fehlt bei 1M; 1R	360°; 5°; 0,5; 1500	3	19,90	4,34	17,12	4,13	2,0	13,9				527	10,7	12,9
34G	2800	500	4	2,43		360°; 5°; 0,5; 1500	3	19,33	4,35	17,72	4,26	2,2	13,7				537	11,1	12,7
16B	700	800	4	0,92	soll mehr t_s	365°; 5°; 0,8; 700	2	13,77	5,30	11,29	4,47	5,6	27,5				841	9,4	11,2
34H	700	800	4	0,61	Beschichtung fehlt bei 1M	360°; 5°; 0,5; 700	4	12,38	4,89	10,22	4,40	3,7	19,3				869	10,7	12,3
34I	700	800	4	0,52	Beschichtung fehlt bei 1M	360°; 5°; 0,5; 700	4	12,13	4,72	10,17	4,34	3,9	22,6				834	10,4	15,3
16F	1200	800	4	1,76		350°; 10°; 0,8; 700	2	20,73	5,35	16,33	5,22	4,3	22,5				838	8,6	14,8
17D	1200	800	4	2,11	g	360°; 10°; 0,8; 700	2	19,83	5,27	16,62	5,11	4,8	19,7				878	9,8	14,3

Anmerkung: „ggg“ = Beschichtung ist sehr gut „g“ = Beschichtung ist gut

„sgg“ = Beschichtung ist sehr gut, aber die Schicht ist am Anfang oder am Ende nicht gut

„s“ = Beschichtung ist schlecht „sss“ = Beschichtung ist sehr schlecht

Zink; d_W = 49 mm; d_B = 10 mm; e = 0,2 mm; v_{Wx} = 0; DR_B; DR_W: rechts																				
Nr.	n_B [U/min]	F [N]	n_W [U/min]	ΔL [mm]	Dicke Aussehen Breite; Auswertung	α_1 [°Grad]; α_2[°Grad]; F_1 [kN]; n_{B1} [U/Min]	t_s [s]	H_m [µm]	B_m [mm]	H_{mRz} [µm]	B_{mRz} [mm]	M_Z [Nm]	M_X [Nm]	T_m [°C]	T_{An} [°C]	T_{End} [°C]	F_m [N]	R_{ZQ} [µm]	R_{ZU} [µm]
16J	1600	800	4	3,25		355°; 10°; 0,8; 700	2	22,67	6,28	19,25	5,62	2,8	16,4				867	9,4	14,3
34K	1600	800	4	2,62	linker Bereich durchgehend sehr unregelmäßig; Beschichtung fehlt bei 1R	360°; 5°; 0,5; 1000	3	21,67	6,57	18,40	6,66	6,3	17,3				858	8,4	13,7
35A	1600	800	4	2,97	Beschichtung fehlt bei 1M; 1R	360°; 5°; 0,5; 1000	4	25,69	5,59	21,00	5,67	9,1	16,8				847	10,6	14,0
17B	2000	800	4	4,86	g	360°; 10°; 0,8; 700	2	26,83	5,95	24,04	5,96	3,3	19,3				845	9,0	12,2
29D	2400	800	4	8,46	sgg; Bolzen ist fast weggeflossen. Mehr F wird schlecht→n_w muss größer.	360°; 10°; 0,7; 1000	2	35,20	6,28			2,3	16,6				842	9,7	13,9
35B	2400	800	4	7,01		360°; 5°; 0,5; 1500	2	34,03	6,10	29,72	5,88	2,7	16,6				816	10,4	11,0
35C	2400	800	4	7,04		360°; 5°; 0,5; 1500	2	35,42	6,38	32,24	6,34	2,0	12,7				877	11,4	14,4
16C	700	1100	4	1,49		365°; 15°; 0,8; 700	2	18,27	5,60	13,71	5,56	4,8	25,5				1125	8,3	10,3
16G	1200	1100	4	3,9		350°; 5°; 0,8; 700	2	28,73	6,75	26,46	6,39	3,5	19,3				1141	8,9	16,7
35D	1200	1100	4	6,08		360°; 5°; 0,7; 700	3	30,04	6,63	24,29	6,68	5,7	17,5				1181	9,5	17,4
35E	1200	1100	4	4,91		360°; 5°; 0,7; 700	3	28,87	6,26	25,34	6,67	6,1	16,3				1180	9,8	17,6
16K	1600	1100	4	6,72		355°; 10°; 0,8; 700	2	33,67	6,99	28,82	7,05	6,6	13,0				1150	7,2	11,7
17C	2000	1100	4	11,64	g; Bolzen ist fast weggeflossen. n_W muss schneller sein	360°; 10°; 0,8; 700	2	41,50	8,86	36,16	7,77	4,4	22,0				1178	8,8	15,7
35F	2400	1100	4	8,48	Bolzen ist weggeflossen. Schicht hört im Punkt 3 auf	360°; 5°; 0,7; 1500	2	59,45	7,29			3,5	9,3				686	11,7	20,5
16D	700	1400	4	2,22		355°; 10°; 0,8; 700	2	20,40	5,91	16,76	5,80	4,3	22,2				1431	9,9	13,5
34J	700	1400	4	3,84		360°; 5°; 0,8; 700	4	24,36	6,22	20,71	6,32	8,6	19,9				1468	10,0	16,6
16H	1200	1400	4	7,71		355°; 5°; 0,8; 700	2	39,56	7,53	38,03	8,04	2,9	13,6				1447	8,3	14,1
52A	700	500	6	0,13	Schicht bei Pos. 1 sehr dünn und unregelmäßig. Ende gut	360°; 5°; 0,5; 700	10	9,83	4,65	7,90	3,48	5,3	20,1	100	100	100	564	11,7	14,5
52B	1200	500	6	0,31	1M fehlt; Ende gut	360°; 5°; 0,5; 900	8	10,18	4,72	8,71	3,34	7,5	19,2	100	100	100	548	11,5	9,2
17G	1600	500	6	0,69	ggg	360°; 10°; 0,3; 700	2	13,93	4,45	8,44	3,95	6,1	19,4				536	8,5	11,2
35J	1600	500	6	0,58	Beschichtung fehlt bei 1M; 1R	360°; 5°; 0,5; 1000	4	13,64	4,77	11,25	3,08	8,2	18,6				555	9,6	8,7
36A	1600	500	6	0,45	Beschichtung sehr unregelmäßig bei Punkt 1	360°; 5°; 0,5; 1000	5	12,56	4,77	10,80	3,88	4,9	17,8				533	9,6	8,8
52C	1600	500	6	0,38	1M und 1R fehlen; Ende gut	360°; 5°; 0,5; 1000	6	11,38	4,66	10,00	3,86	9,1	18,3	102	100	100	549	9,6	8,8

Zink; d_W = 49 mm; d_B = 10 mm; e = 0,2 mm; v_{Wx} = 0; DR_B; DR_W: rechts																				
Nr.	n_B [U/min]	F [N]	n_W [U/min]	ΔL [mm]	Dicke Aussehen Breite; Auswertung	α_1 [°Grad]; α_2[°Grad]; F_1 [kN]; n_{B1} [U/Min]	t_s [s]	H_m [µm]	B_m [mm]	H_{mRz} [µm]	B_{mRz} [mm]	M_Z [Nm]	M_X [Nm]	T_m [°C]	T_{An} [°C]	T_{End} [°C]	F_m [N]	R_{ZQ} [µm]	R_{ZU} [µm]
18D	2000	500	6	0,95	ggg; Anfang rau→t_s vergrößen	360°; 10°; 0,3; 700	2	17,25	4,69	12,17	4,32	3,2	19,6				531	8,8	10,2
53A	2000	500	6	0,79	g	360°; 5°; 1; 1200	5	15,09	4,92	12,83	4,68	3,2	15,8	152	100	170	521	7,9	10,3
36B	2400	500	6	1,22	Beschichtung fehlt bei 1M; 1R	360°; 5°; 0,5; 1500	4	17,15	5,00	14,61	4,95	3,1	15,0				519	10,3	10,5
36C	2400	500	6	1,01	Beschichtung fehlt bei 1R	360°; 5°; 0,5; 1500	4	16,48	4,87	13,99	4,73	1,9	16,8				542	10,3	9,5
36D	2400	500	6	1,41		360°; 5°; 0,5; 1500	5	17,73	5,02	14,91	4,66	2,1	17,0				492	10,4	13,4
53B	2400	500	6	1,18	g	360°; 5°; 0,5; 1400	4	16,83	4,87	14,60	4,79	2,0	17,6	175	127	192	519	9,0	11,5
36E	2800	500	6	1,76		360°; 5°; 0,5; 1500	4	19,21	4,95	16,56	4,74	2,3	16,4				523	10,2	13,6
53C	2800	500	6	1,77	g	360°; 5°; 0,5; 1600	4	19,37	4,95	16,06	4,78	1,9	17,1	224	189	233	529	10,1	12,4
52D	700	800	6	0,38	1M und 1R fehlen; Ende gut	360°; 5°; 0,5; 700	10	10,73	4,85	9,92	3,90	4,0	23,3	100	100	100	832	12,8	18,3
18A	1200	800	6	1,52	ggg	360°; 10°; 0,3; 700	2	17,58	5,67	15,67	5,28	7,1	18,4				874	9,2	11,9
36F	1200	800	6	1,42		360°; 5°; 0,5; 700	4	16,54	5,17	13,10	5,26	4,8	19,2				830	8,4	10,3
36G	1200	800	6	1,44	Schicht unterbrochen bei 1M; 1R	370°; 5°; 0,5; 700	4	16,15	5,10	11,41	4,84	3,7	19,0				852	8,7	9,8
52E	1200	800	6	0,84	Anfang und Ende gut	360°; 5°; 0,5; 900	4	14,55	4,99	13,32	4,84	8,3	22,2	114	100	131	793	8,4	8,1
17H	1600	800	6	2,15	ggg	360°; 10°; 0,3; 700	2	21,00	5,17	16,24	4,94	7,7	16,0				863	7,8	11,7
52F	1600	800	6	1,94	g	360°; 5°; 0,5; 1000	3	19,01	5,33	15,85	5,17	3,1	20,5	168	126	181	813	10,1	13,7
18E	2000	800	6	3,75	ggg	360°; 10°; 0,3; 700	2	23,87	5,41	19,65	5,30	2,5	20,0				851	8,5	12,5
36H	2000	800	6	4,01	linker Bereich durchgehend sehr unregelmäßig	370°; 5°; 0,5; 1000	4	23,14	6,10	21,42	6,48	3,3	16,7				863	8,9	13,3
53D	2000	800	6	4	g; Schichtränder unregelmäßig gewellt (Sch. u. ge.), "ausgefranst"	360°; 5°; 0,5; 1000	4	23,36	6,37	23,84	6,63	4,2	17,4	217	209	213	871	8,9	13,6
36I	2400	800	6	6,5	linker Bereich durchgehend sehr unregelmäßig	370°; 5°; 0,5; 1000	4	28,33	6,21	28,36	6,28	1,8	15,3				892	11,1	11,7
53E	2400	800	6	5,54	g; Bolzen knapp. Sch. u. ge., "ausgefranst"	360°; 5°; 0,5; 1000	4	27,10	6,53	30,43	6,78	2,1	16,3	246	244	244	874	8,6	10,6
36J	700	1100	6	2,29		370°; 5°; 0,5; 700	6	18,70	6,19	14,50	5,35	6,9	23,6				1111	10,6	16,1
36K	700	1100	6	1,18	Schicht unterbrochen bei 1M; 1R; 4L	370°; 5°; 0,5; 700	6	13,78	4,92	10,50	4,98	4,4	22,6				1122	8,8	13,6
37F	700	1100	6	2,07		370°; 5°; 0,7; 700	6	17,67	5,41	14,99	5,32	7,3	20,3				1162	8,5	12,4
52G	700	1100	6	1,03	Anfang ausreichend	360°; 5°; 0,8; 700	6	13,17	5,17	10,60	4,98	4,1	25,0	100	100	100	1123	9,8	12,9
17E	1200	1100	6	2,98	g	360°; 10°; 0,8; 700	2	25,67	5,87	22,46	5,61	4,1	14,9				1166	10,4	17,2
52H	1200	1100	6	2,8	g; Sch. u. ge., "ausgefranst"	360°; 5°; 0,8; 900	3	22,57	5,91	18,39	6,16	8,1	20,4	147	121	153	1158	9,7	15,2

Zink; d_W = 49 mm; d_B = 10 mm; e = 0,2 mm; v_{Wx} = 0; DR_B; DR_W: rechts																			
Nr.	n_B [U/min]	F [N]	n_W [U/min]	ΔL [mm]	Dicke Aussehen Breite; Auswertung	α_1 [°Grad]; α_2[°Grad]; F_1 [kN]; n_{B1} [U/Min]	t_s [s]	H_m [µm]	B_m [mm]	H_{mRz} [µm]	B_{mRz} [mm]	M_Z [Nm]	M_X [Nm]	T_m [°C]	T_{An} [°C]	T_{End} [°C]	F_m [N]	R_{ZQ} [µm]	R_{ZU} [µm]
18B	1600	1100	6	4,94	sgg	360°; 10°; 0,3; 700	2	28,10	6,67	25,85	6,37	4,9	14,6				1177	7,7	13,2
37G	1600	1100	6	6,79	Bolzen ist fast weggeflossen	370°; 5°; 0,7; 1000	4	28,37	6,82	25,04	6,93	6,2	13,6				1187	7,8	12,6
37H	1600	1100	6	6,6	Bolzen ist fast weggeflossen	370°; 5°; 0,7; 1000	4	29,32	6,93	25,87	7,03	6,0	13,6				1191	8,3	12,3
52I	1600	1100	6	3,67	g; Sch. u. ge., "ausgefranst"	360°; 5°; 0,8; 1000	2	29,24	5,94	23,59	6,48	7,9	17,3	188	141	192	1167	10,1	14,9
18F	2000	1100	6	9,22	sgg; mehr n_b oder F geht nicht	360°; 0°; 0,3; 700;	2	35,77	6,18	32,29	6,10	2,5	17,9				1166	8,9	14,7
53G	2000	1100	6	6,22	g; Bolzen knapp; Sch. u. ge., "ausgefranst"	360°; 5°; 0,7; 1000	1	31,56	6,70	29,84	5,90	4,1	14,1	227	206	231	1165	9,1	13,8
35G	700	1400	6	2,3		360°; 5°; 1; 700	4	19,21	5,98	13,69	5,89	8,8	23,7				1418	10,0	14,3
52J	700	1400	6	2,78	g; Sch. u. ge., "ausgefranst"	360°; 5°; 1; 700	4	21,90	6,14	17,78	6,13	5,7	21,1	137	142	134	1434	9,9	18,5
17F	1200	1400	6	5,07	g	360°; 10°; 0,8; 700	2	31,90	6,14	28,14	5,97	3,4	13,2				1453	10,4	18,8
35H	1200	1400	6	5,67		360°; 5°; 1; 700	2	31,54	7,05	26,77	7,02	7,0	16,6				1462	10,2	16,9
35I	1200	1400	6	5,03		360°; 5°; 1; 700	2	30,14	7,05	24,74	6,40	4,6	18,1				1447	9,5	19,8
52K	1200	1400	6	4,8	g	360°; 5°; 1; 900	2	29,58	6,56	27,31	6,58	3,4	17,1	164	130	182	1412	9,5	18,6
18C	1600	1400	6	10,2	sgg; mehr n_B oder F geht nicht	360°; 10°; 0,3; 700	2	44,99	6,68	38,06	6,24	4,9	17,5				1458	10,6	20,6
37A	1600	500	8	0,49	Beschichtung ungleichmäßig bei Punkt 1	370°; 5°; 0,5; 1000	5	10,70	4,89	9,92	3,84	7,5	15,5				536	8,3	7,3
37B	2000	500	8	0,77		370°; 5°; 0,5; 1500	4	13,33	4,92	11,34	4,87	2,9	15,5				516	6,7	9,6
37C	2000	500	8	0,7		370°; 5°; 0,5; 1500	4	13,13	4,92	11,86	4,54	3,5	18,0				507	7,0	8,2
37D	2000	500	8	0,6	Beschichtng fehlt bei 1R	370°; 5°; 0,5; 1500	4	11,93	4,88	10,08	4,11	2,9	14,6				516	7,8	7,7
29E	2400	500	8	0,93	ggg+; Bolzen hat auch gleichmäßig verformt	360°; 10°; 0,7; 1000	2	15,63	4,92			1,8	16,1				492	7,8	9,1
29G	2800	500	8	1,44	ggg+;Bolzen hat auch gleichmäßig verformt	360°; 10°; 0,7; 1000	2	16,93	4,92			1,7	13,5				544	7,5	10,6
37E	2800	500	8	1,24		370°; 5°; 0,5; 1500	4	14,76	4,87	12,38	4,67	1,7	14,0				526	8,4	9,4
38A	1200	800	8	1,08		360°; 5°; 0,5; 700	5	14,73	5,30	12,80	5,28	10,4	20,1				799	9,3	9,3
38B	1600	800	8	2,43	Beschichtung sehr unregelmäßig bei 3L	360°; 5°; 0,5; 1000	5	18,83	5,49	15,91	6,15	6,3	16,9				846	7,8	13,3
38C	1600	800	8	2,48		360°; 0°; 0,5; 1000	5	18,73	5,71	15,69	5,83	6,7	16,9				861	7,9	12,9
38D	1600	800	8	2,36	Beschichtung sehr unregelmäßig bei 4L	370°; 10°; 0,5; 1000	5	18,45	5,83	15,50	5,93	6,2	20,1				864	7,9	11,4
29F	2400	800	8	4	ggg; mehr n_w wird besser sein. Bolzen nicht ganz gut	360°; 10°; 0,7; 1000	2	24,15	5,87			2,9	17,2				865	8,1	11,8
38E	2400	800	8	4,8	Beschichtung unterbrochen an Pos. 3L	360°; 5°; 0,5; 1500	4	21,53	6,45	21,33	6,25	2,1	15,6				887	7,1	11,1
38F	2400	800	8	3,33	Beschichtung unterbrochen an Pos. 1L; 2L	360°; 5°; 0,5; 1500	3	21,14	5,61	19,94	5,90	2,2	15,3				839	6,8	14,1

Zink; d_W = 49 mm; d_B = 10 mm; e = 0,2 mm; v_{Wx} = 0; DR_B; DR_W: rechts																			
Nr.	n_B [U/min]	F [N]	n_W [U/min]	ΔL [mm]	Dicke Aussehen Breite; Auswertung	α_1 [°Grad]; α_2[°Grad]; F_1 [kN]; n_{B1} [U/Min]	t_s [s]	H_m [µm]	B_m [mm]	H_{mRz} [µm]	B_{mRz} [mm]	M_Z [Nm]	M_X [Nm]	T_m [°C]	T_{An} [°C]	T_{End} [°C]	F_m [N]	R_{ZQ} [µm]	R_{ZU} [µm]
29H	2800	800	8	5,52	sgg; Bolzen größer → mehr n_w wird besser	360°; 10°; 0,7; 1000	2	28,63	5,84			2,6	10,0				865	8,1	13,3
37I	700	1100	8	1,27		370°; 5°; 1; 700	4	11,85	5,13	9,28	4,87	3,6	21,9				1122	11,1	11,9
37J	700	1100	8	1,57		370°; 5°; 1; 700	6	14,48	5,57	10,67	5,64	5,2	20,8				1123	9,4	12,6
37K	700	1100	8	1,3		360°; 5°; 1; 700	6	13,70	5,51	10,73	5,28	8,0	22,8				1126	8,5	13,0
38G	700	1100	8	0,94	keine Beschichtung an Pos. 1L	360°; 5°; 0,7; 700	6	11,86	5,20	9,46	5,09	3,4	25,0				1122	8,9	10,6
38H	1200	1100	8	3,28	Beschichtung unregelmäßig bei 3L	360°; 5°; 0,7; 700	5	22,52	6,23	21,80	6,54	3,4	20,0				1147	8,9	13,4
38I	1200	1100	8	3,07		360°; 0°; 0,7; 700	4	20,75	6,35	17,94	6,29	3,6	20,3				1174	9,0	13,3
38J	1200	1100	8	3,57		365°; 5°; 0,7; 700	4	22,31	6,39	18,69	6,42	3,6	20,3				1155	8,5	12,9
18I	1600	1100	8	4,28	sgg	360°; 10°; 0,3; 700	2	25,07	6,17	22,81	6,13	5,0	14,8				1186	8,8	13,9
18G	2000	1100	8	5,76	sgg	360°; 10°; 0,3; 700	2	30,17	5,75	26,02	5,96	2,2	17,0				1155	9,0	12,8
38K	2000	1100	8	6,92	keine Beschichtung an Pos. 1L	360°; 5°; 0,7; 1500	3	29,35	6,59	24,93	6,55	2,8	14,4				1176	7,4	18,6
38L	2000	1100	8	6,6		360°; 5°; 0,7; 1500	2	30,26	6,50	26,14	6,35	6,1	13,8				1172	7,8	16,1
18H	1200	1400	8	5,43	sgg	360°; 10°; 0,3; 700	2	31,67	6,24	27,08	6,03	7,2	18,2				1454	10,0	16,0
18J	1600	1400	8	7,52	sgg	330°; 10°; 0,3; 700	2	38,83	6,44	26,40	6,14	4,0	13,2				948	10,5	16,5
53F	2800	800	16	3,49	g; Sch. u. ge., "ausgefranst" linker Bereich bei 3L und 4L unterbrochen	360°; 5°; 0,5; 1000	3	20,43	5,33	13,66	4,86	3,0	17,0	240	246	240	878	7,6	13,3
53H	2400	1100	16	4,64	g	360°; 5°; 0,7; 1000	2	24,89	5,95	20,91	6,12	2,2	14,9	219	225	237	1152	9,0	14,2
53I	2800	1100	16	5,47	g	360°; 5°; 0,7; 1200	1	29,41	5,89	21,32	5,91	3,0	12,9	233	225	252	1164	8,7	15,4
53K	1200	1400	20	2,36	4L fehlt; Sch. u. ge., "ausgefranst"	360°; 5°; 0,7; 900	2	16,29	5,60	9,95	5,28	4,2	19,9	128	136	148	1403	8,2	13,9
53J	2000	1400	20	5,05	g	360°; 5°; 0,7; 1200	1	26,28	6,21	19,39	5,92	3,7	13,1	206	215	229	1423	9,5	15,4

Aluminium; d_W = 49 mm; d_B = 10 mm; e = 0,2 mm; v_{Wx} = 0; DR_B; DR_W: rechts																			
Nr.	n_B [U/min]	F [N]	n_W [U/min]	ΔL [mm]	Dicke Aussehen Breite; Auswertung	α_1 [°Grad]; α_2[°Grad]; F_1 [kN]; n_{B1} [U/Min]	t_s [s]	H_m [µm]	B_m [mm]	H_{mRz} [µm]	B_{mRz} [mm]	M_Z [Nm]	M_X [Nm]	T_m [°C]	T_{An} [°C]	T_{End} [°C]	F_m [N]	R_{ZQ} [µm]	R_{ZU} [µm]
24A	700	500	4	0,28	sgg; Anfang schlecht wegen t_s klein	360°; 5°; 0,5; 700	3	21,60	4,72	18,06	4,40	3,5	26,2				540,1	20,1	31,7
25A	1200	500	4	0,61	sgg; Anfang schlecht wegen t_s klein	360°; 5°; 0,5; 1000	3	47,95	5,25	47,53	5,13	4,4	29,8				553,5	29,7	42,5
39A	1200	500	4	0,55	Beschichtung fehlt bei 1L	360°; 5°; 0,5; 700	5	53,72	5,38	48,88	5,25	4,1	31,2				559,4	23,9	44,6
39B	1200	500	4	0,48	Beschichtung fehlt bei 1M	360°; 5°; 0,5; 700	6	51,37	5,25	48,16	4,89	5,2	27,3				549,4	21,7	39,3
39C	1600	500	4	0,64	Beschichtung fehlt bei 1M; t_s=6 ist vielleicht besser sein;	360°; 5°; 0,5; 1000	5	70,62	5,26	49,38	5,17	6,5	24,4				544,3	27,4	44,6
39D	2000	500	4	1,18		360°; 5°; 0,5; 1500	5	88,93	5,91	73,88	6,13	4,8	24,4				557,1	25,0	60,5
39E	2000	500	4	1,24		360°; 5°; 0,5; 1500	6	87,68	5,94	80,11	5,85	4,3	23,6				531,6	24,1	49,8
39F	2000	500	4	1,6		365°; 10°; 1; 1500	6	95,10	6,20	84,85	6,39	8,5	24,1				532,7	24,6	53,3
39G	2400	500	4	1,76		365°; 10°; 1; 1500	5	99,25	6,82	86,73	6,28	2,0	20,5				519,4	24,0	48,6
39H	2800	500	4	1,39	Schicht ungleichmäßig	365°; 10°; 1; 1500	5	68,36	7,46	54,74	7,44	3,8	10,5				542,7	17,4	36,8
39I	2800	500	4	1,42	Schicht ungleichmäßig	365°; 10°; 1; 1500	3	77,00	7,64	70,38	7,58	3,9	11,3				547,8	17,0	37,9
39J	2800	500	4	1,46	Schicht ungleichmäßig	365°; 10°; 1; 1500	5	79,16	7,58	69,10	7,24	3,6	14,6				550,9	20,5	49,2
24B	700	800	4	1,93	ggg	360°; 5°; 0,5; 700	3	61,10	6,25	58,25	5,98	3,6	41,4				883,3	20,3	51,5
40A	700	800	4	1,57		365°; 10°; 1; 700	6	54,03	5,79	46,54	5,73	5,0	37,7				878,8	9,8	54,0
40B	700	800	4	1,26		365°; 5°; 1; 700	6	63,46	5,71	49,35	5,81	4,4	37,9				871,7	23,4	44,2
25B	1200	800	4	2,98	ggg	360°; 5°; 0,5; 1000	3	110,47	7,03	97,56	7,18	4,9	39,7				836,3	25,9	54,7
40C	1600	800	4	2,88		365°; 10°; 1; 1000	5	110,83	7,79	97,66	7,85	3,2	23,6				861,3	24,5	53,5
40D	1600	800	4	2,85		365°; 10°; 1; 1000	5	114,72	8,05	115,45	8,05	4,7	25,5				871,4	23,9	60,2
40E	2000	800	4	2,91	Schichtoberfläche war sehr gut; 365° wird besser sein.	360°; 10°; 1; 1500	4	100,20	8,65	78,90	8,57	7,0	11,1				853,8	11,1	27,3
24C	700	1100	4	3,25	ggg	360°; 5°; 0,5; 700	3	74,50	7,32	80,00	7,01	3,7	48,6				1193,7	20,8	57,8
25C	1200	1100	4	4,03	ggg	360°; 5°; 0,5; 1000	3	127,00	8,74	102,10	8,36	4,3	29,6				1150,4	14,2	36,8
40F	1200	1100	4	3,63		360°; 5°; 1,1; 800	4	118,46	8,44	85,71	8,05	5,3	28,8				1167,3	20,7	36,9
40G	1200	1100	4	4,98	es sieht viel besser als 40F aus (auch den Übergang)	360°; 5°; 1; 700	6	119,00	8,94	80,85	8,57	3,8	37,1				1127,9	14,8	17,1
24D	700	1400	4	4,48	sgg	360°; 5°; 0,5; 700	3	79,80	8,39	85,07	8,37	3,6	43,8				1452,1	18,2	30,2
39K	700	1400	4	3,76	Stark vibrrierte am Anfang. Beschichtung Fehlt bei 1M	365°; 10°; 1; 700	5	87,26	8,56	74,05	8,20	4,7	39,1				1474,9	15,9	60,1

Aluminium; d_W = 49 mm; d_B = 10 mm; e = 0,2 mm; v_{Wx} = 0; DR_B; DR_W: rechts																			
Nr.	n_B [U/min]	F [N]	n_W [U/min]	ΔL [mm]	Dicke Aussehen Breite; Auswertung	α_1 [°Grad]; α_2[°Grad]; F_1 [kN]; n_{B1} [U/Min]	t_s [s]	H_m [µm]	B_m [mm]	H_{mRz} [µm]	B_{mRz} [mm]	M_Z [Nm]	M_X [Nm]	T_m [°C]	T_{An} [°C]	T_{End} [°C]	F_m [N]	R_{ZQ} [µm]	R_{ZU} [µm]
25D	1200	1400	4	5,95	ggg	360°; 5°; 0,5; 1000	3	145,27	10,24	124,13	10,00	4,3	17,7				1474,0	9,8	22,3
24E	700	500	6	0,23	sgg; Anfang schlecht wegen t_s klein	360°; 5°; 0,5; 700	5	17,73	4,58	8,20	4,11	10,7	24,2				498,5	17,8	20,3
41A	700	500	6	0,16	Schicht von Position 1 bis 2 sehr dünn, fehlt bei 1M	360°;5°; 0,5; 700	6	19,41	4,32	14,11	4,33	3,0	27,6	100	100	100	541,8	19,4	27,1
41B	700	500	6	0,24		360°;5°; 0,5; 700	10	19,38	4,48	15,17	4,44	3,3	28,0	100	100	100	554,1	17,8	26,7
25E	1200	500	6	0,51	sgg; Anfang eng wegen t_s klein	360°; 5°; 0,5; 1000	5	36,60	4,96	28,33	4,86	3,5	24,4				559,8	23,7	38,5
28E	1600	500	6	0,96	ggg; Bolzen sehr gut	360°; 10°; 0,7; 1000	5	54,74	5,45	55,67	5,33	5,1	29,5				537,7	23,3	40,5
41C	1600	500	6	0,74	Schicht fehlt bei 1L	360°; 5°; 0,5; 1000	6	49,43	5,24	44,03	5,25	3,9	29,7	153	144	138	552,8	25,0	42,3
41D	1600	500	6	0,62		360°; 5°; 0,5; 1000	8	56,50	5,25	48,95	5,20	7,1	28,6	140	107	134	538,4	23,2	35,9
30A	2000	500	6	2,35	ggg; sehr gut; Bolzen gut verformt	360°; 5°; 0,5; 1500	4	90,30	5,93	94,04	5,83	3,1	32,2				523,4	27,2	54,0
30F	2400	500	6	1,68	ggg; sehr gut; Bolzen verformt gut, aber t_s soll größer sein	360°; 5°; 0,5; 1500	4	93,47	6,76	79,24	6,34	2,0	23,8				571,6	24,0	29,5
41E	2400	500	6	0,95		360°; 5°; 0,5; 1500	5	84,41	5,90	76,02	5,48	3,0	25,5	196	190	189	536,3	21,8	55,8
41F	2400	500	6	1,56		360°; 5°; 0,5; 1500	7	92,95	6,62	79,53	6,16	2,7	24,9	231	200	219	516,2	27,8	66,9
30J	2800	500	6	0,43	ggg; Bolzen gut verformt	360°; 5°; 0,5; 1500	4	72,93	7,61	63,89	7,18	4,2	12,7				542,4	10,8	21,5
41G	2800	500	6	1,32		360°; 5°; 0,5; 1500	5	72,18	7,19	73,23	6,70	3,6	18,2	219	250	230	542,7	27,8	64,4
24F	700	800	6	0,94	sgg; Anfang schlecht wegen t_s klein	360°; 5°; 0,5; 700	5	41,45	5,41	27,06	5,02	10,1	32,7				874,6	22,0	36,7
25F	1200	800	6	2,4	ggg	360°; 5°; 0,5; 1000	5	73,86	6,92	67,28	6,77	4,3	37,1				899,8	20,7	52,7
41H	1200	800	6	1,6		360°; 5°; 0,7; 700	5	73,85	5,63	65,73	5,90	6,1	36,1	130	106	159	862,6	18,4	47,2
41I	1200	800	6	2,15		360°; 5°; 0,7; 700	10	67,25	6,30	66,66	6,45	5,2	35,7	158	180	157	886,6	12,5	47,6
28F	1600	800	6	1,67	ggg; Bolzen sehr gut	360°; 10°; 0,7; 1000	5	89,48	7,27	78,83	7,34	2,9	21,9				856,2	19,2	42,7
30B	2000	800	6	2,62	ggg; sehr gut; Bolzen verformt gut	360°; 5°; 0,5; 1500	4	86,80	7,99	71,87	8,01	3,2	12,3				858,4	11,0	17,9
42A	2000	800	6	2,24		360°; 5°; 0,5; 1000	5	96,83	8,22	86,81	7,75	6,3	14,3	240	277	237	850,1	11,1	27,8
42B	2000	800	6	2,65		360°; 5°; 0,5; 800	5	89,56	8,53	75,38	8,12	6,4	14,0	254	293	265	853,1	10,1	21,2
30G	2400	800	6	5,99	sgg; mehr Kraft geht nicht;Bolzen ist fast weggeflossen.	360°; 5°; 0,5; 1500	4	111,17	10,28	90,30	9,42	5,7	13,5				880,6	13,0	48,4
24G	700	1100	6	2,27	ggg	360°; 5°; 0,5; 700	5	67,10	6,58	58,15	6,37	10,3	43,2				1173,9	20,1	40,2
40I	700	1100	6	2,89		360°; 5°; 1; 700	6	74,66	6,70	71,65	6,94	10,0	46,6				1143,2	17,9	46,5
25G	1200	1100	6	3,69	sgg; Anfang eng wegen t_s klein	360°; 10°; 0,7; 1000	5	94,86	8,75	77,39	8,35	4,8	33,2				1165,1	10,0	17,8

Aluminium; d_W = 49 mm; d_B = 10 mm; e = 0,2 mm; v_{Wx} = 0; DR_B; DR_W: rechts																			
Nr.	n_B [U/min]	F [N]	n_W [U/min]	ΔL [mm]	Dicke Aussehen Breite; Auswertung	α_1 [°Grad]; α_2[°Grad]; F_1 [kN]; n_{B1} [U/Min]	t_s [s]	H_m [µm]	B_m [mm]	H_{mRz} [µm]	B_{mRz} [mm]	M_Z [Nm]	M_X [Nm]	T_m [°C]	T_{An} [°C]	T_{End} [°C]	F_m [N]	R_{ZQ} [µm]	R_{ZU} [µm]
28G	1600	1100	6	5,17	L dicker als recht	360°; 10°; 0,7; 1000	5	113,00	9,96	93,67	9,79	3,9	16,2				1194,8	7,6	31,1
41J	1600	1100	6	4,22		360°; 5°; 0,7; 1000	5	109,62	9,31	94,48	8,96	3,6	20,1	256	294	283	1170,2	19,7	22,3
41K	1600	1100	6	3,86		360°; 5°; 0,7; 1000	5	112,72	9,21	79,36	8,93	3,3	16,6	276	311	289	1181,8	21,5	19,5
24H	700	1400	6	3,78	ggg	360°; 5°; 0,5; 700	5	85,13	7,80	79,43	7,67	9,4	49,4				1444,9	14,7	58,9
25H	1200	1400	6	5,69	ggg	360°; 10°; 0,7; 1000	5	138,03	9,64	95,69	9,86	4,8	25,0				1491,5	9,8	21,1
24I	700	500	8	0,23	sss	360°; 5°; 0,5; 700	5	10,60	4,46	4,56	4,18	12,2	22,6				531,1	15,8	14,4
28A	1200	500	8	0,59	t_s soll größer sein	360°; 10°; 0,7; 1000	5	43,25	4,84	45,55	4,64	7,0	28,1				563,8	22,5	36,0
42C	1200	500	8	0,59		360°; 5°; 0,5; 800	7	32,81	4,70	25,65	4,61	4,1	25,0	100	100	110	560,1	23,3	34,0
28J	1600	500	8	-0,17	ggg; Bolzen sehr gut	360°; 10°; 0,7; 1000	5	52,27	5,13	47,93	4,72	4,6	26,0				530,0	21,3	38,7
30C	2000	500	8	2,19	ggg; sehr gut; Bolzen gut verformt	360°; 5°; 0,5; 1500	4	68,27	5,78	53,46	5,79	2,8	26,4				540,3	20,2	42,7
42E	2000	500	8	0,84	Schicht fehlt bei 1L	360°; 5°; 0,5; 1000	6	63,81	5,65	50,65	5,69	2,9	25,6	179	183	170	563,6	23,7	37,6
42F	2000	500	8	0,84	Schicht fehlt bei 1L	360°; 5°; 0,5; 1000	10	65,20	5,81	53,08	5,65	4,6	24,5	191	204	188	537,2	25,1	51,8
30H	2400	500	8	0,38	sgg; Bolzen gut verformt	360°; 5°; 0,5; 1500	4	75,40	6,74	61,09	6,35	2,9	23,9				576,6	21,6	48,4
30K	2800	500	8	1,34	ggg; Bolzen gut verformt.	360°; 5°; 0,5; 1500	4	80,39	6,65	62,41	6,49	3,5	23,0				548,2	19,8	48,3
24J	700	800	8	0,67	sgg	360°; 5°; 0,5; 700	5	30,25	5,09	21,67	4,73	4,3	33,3				862,6	18,0	30,4
43A	700	800	8	0,39		360°; 5°; 0,5; 700	10	30,31	4,72	28,08	4,47	6,6	33,8	100	100	100	807,4	18,8	29,9
43B	700	800	8	1,07		360°; 5°; 0,5; 700	10	36,24	4,82	35,08	4,81	6,2	37,5	100	100	100	854,9	21,3	29,3
28B	1200	800	8	2,34	t_s soll größer sein	360°; 10°; 0,7; 1000	5	73,47	6,46	75,48	6,51	5,2	35,9				854,3	20,1	58,0
28K	1600	800	8	1,68	t_s soll größer sein	360°; 10°; 0,7; 1000	5	64,23	7,29	55,68	7,52	3,1	30,0				873,1	12,3	52,9
43C	1600	800	8	1,94		360°; 5°; 0,5; 1000	7	69,39	6,54	63,60	6,70	3,6	35,5	194	229	190	805,2	14,4	52,0
43D	1600	800	8	2,04		360°; 5°; 0,5; 1000	7	66,97	6,83	52,13	6,98	4,2	34,2	202	232	210	857,5	12,5	51,9
30D	2000	800	8	2,89	ggg; Fehler Bolzen zu früh runter→ Kraft nicht genullt. sehr gut; Bolzen verformt gut	360°; 5°; 0,5; 1500	4	84,57	8,97	71,43	9,01	3,3	12,4				887,2	9,8	15,2
30E	2000	800	8	2,87	ggg; sehr gut; Bolzen gut verformt	360°; 5°; 0,5; 1500	4	80,80	7,35	74,06	7,36	6,3	17,7				843,8	15,6	22,1
30I	2400	800	8	3,63	sgg; mehr Kraft geht nicht; Bolzen ist fast weggeflossen.	360°; 5°; 0,5; 1500	4	107,33	9,98	78,32	9,57	6,8	9,7				892,7	8,5	26,8
43E	2400	800	8	3,19		360°; 5°; 0,5; 1000	5	88,79	9,04	81,12	8,83	5,3	9,3	292	310	321	907,5	7,5	33,4
43F	2400	800	8	2,99		360°; 5°; 0,5; 1000	5	94,98	9,08	79,27	8,77	5,2	11,9	298	324	329	896,9	7,1	32,7

Aluminium; d_W = 49 mm; d_B = 10 mm; e = 0,2 mm; v_{Wx} = 0; DR_B; DR_W: rechts

Nr.	n_B [U/min]	F [N]	n_W [U/min]	ΔL [mm]	Dicke Aussehen Breite; Auswertung	α_1 [°Grad]; α_2[°Grad]; F_1 [kN]; n_{B1} [U/Min]	t_s [s]	H_m [µm]	B_m [mm]	H_{mRz} [µm]	B_{mRz} [mm]	M_Z [Nm]	M_X [Nm]	T_m [°C]	T_{An} [°C]	T_{End} [°C]	F_m [N]	R_{ZQ} [µm]	R_{ZU} [µm]
31A	2800	800	8	4,34	ggg; Bolzen ist fast weggeflossen. mehr F oder klein n_w geht nicht	360°; 5°; 0,5; 1500	4	108,68	10,24	83,53	8,92	6,3	9,7				901,1	19,3	34,7
24K	700	1100	8	1,44	Anfang eng wegen t_s klein	360°; 5°; 0,5; 700	5	47,70	5,78	35,62	5,60	4,5	40,0				1123,5	17,8	34,5
28C	1200	1100	8	3,98	ggg	360°; 10°; 0,7; 1000	5	91,59	8,17	87,99	7,92	4,1	32,7				1169,8	17,9	59,2
42G	1200	1100	8	2,83	zwischen 1L & 2L Schicht unterbrochen	360°; 5°; 0,8; 700	8	68,35	6,99	59,86	7,24	4,1	37,0	198	199	236	1117,7	14,9	30,8
42H	1200	1100	8	3,52	zwischen 1L & 2L Schicht unterbrochen	360°; 5°; 0,8; 700	9	87,93	8,07	73,98	7,40	4,4	29,1	226	286	234	1088,2	11,5	18,1
42K	1600	1100	8	3,35		360°; 5°; 0,8; 1000	7	96,82	8,89	75,97	7,70	2,9	20,2	248	309	255	1168,8	10,8	25,5
24L	700	1400	8	3,52	sgg	360°; 5°; 0,5; 700	5	63,17	6,85	41,29	6,05	9,7	47,4				1435,9	16,3	39,4
42I	700	1400	8	3,83	Bevor die Welle drehte und stoppte, gab es starke Vibration	360°; 5°; 0,8; 700	9	68,16	7,09	53,46	7,34	6,1	47,0	173	176	191	1426,6	16,7	43,7
42J	700	1400	8	3,33	Schicht fehlt bei 1L; 1M. Bevor die Welle drehte und die Welle stoppte, gab es starke Vibration	360°; 5°; 0,8; 700	9	69,17	7,10	60,34	7,17	4,3	43,8	157	159	174	1439,5	14,0	38,2
25I	1200	1400	8	6,18	ggg	360°; 10°; 0,7; 1000	5	142,58	9,79	96,95	9,71	5,8	30,2				1500,0	7,4	20,7
28D	1200	1400	8	6,84		360°; 10°; 0,7; 1000	5	137,53	9,93	97,81	9,20	5,4	31,2				1482,7	6,9	11,5
31D	1600	500	12	0,5		360°; 5°; 0,5; 1500	5	33,13	4,32	28,58	4,00	10,1	25,0				512,0	24,5	24,4
31E	1600	800	12	2,12		360°; 5°; 0,5; 1500	5	83,93	6,06	67,32	6,23	3,8	33,6				850,3	16,5	45,0
31B	2800	800	12	3,74	ggg; Bolzen war ok	360°; 5°; 0,5; 1500	4	97,03	9,73	85,65	9,01	6,3	13,1				924,9	8,1	24,4
31F	1600	1100	12	4,4		360°; 5°; 0,5; 1500	5	99,67	8,92	104,20	8,39	3,1	25,2				1160,5	8,5	16,1
31C	2800	800	16	3,11	sgg; Bolzen ok	360°; 5°; 0,5; 1500	4	83,09	8,32	74,76	8,09	5,8	19,4				890,7	8,7	15,6

Kupfer; d_W = 49 mm; d_B = 10 mm; e = 0,2 mm; v_{Wx} = 0; DR_B; DR_W: rechts																			
Nr.	n_B [U/min]	F [N]	n_W [U/min]	ΔL [mm]	Dicke Aussehen Breite; Auswertung	α_1 [°Grad]; α_2[°Grad]; F_1 [kN]; n_{B1} [U/Min]	t_s [s]	H_m [µm]	B_m [mm]	H_{mRz} [µm]	B_{mRz} [mm]	M_Z [Nm]	M_X [Nm]	T_m [°C]	T_{An} [°C]	T_{End} [°C]	F_m [kN]	R_{ZQ} [µm]	R_{ZU} [µm]
19A	700	800	4	0,36	ggg; Anfang schlecht (**As**)	360°; 10°; 1; 700	2	37,88	4,00	32,8	3,9	8,1	59,3				0,87	26,7	43,7
19G	1200	800	4	0,67		360°; 5°; 1; 700	2	74,00	4,30	66,8	4,3	4,1	67,8				0,85	28,7	16,1
44A	1200	800	4	0,77		360°; 5°; 0,8; 800	3	68,17	4,67	60,6	4,8	9,7	67,4	206	100	230	0,86	32,9	31,3
44B	1200	800	4	0,78	Beschichtung bei Pos. 1 teilweise unterbrochen	360°; 5°; 0,8; 800	4	77,26	4,31	67,2	4,3	2,9	68,0	210	100	242	0,87	33,3	34,9
20A	1600	800	4	0,78	sgg	360°; 5°; 1; 700	2	87,01	3,64	70,9	3,7	2,7	56,3				0,86	28,5	33,5
20E	2000	800	4	0,66	sss	360°; 5°; 1; 700	2	41,50	3,93	49,0	4,0	2,7	46,4				0,84		
45A	2000	800	4	0,6	Anfang eng (**Ae**), 1/2 haftet; Pos. 1M fehlt, ab Pos. 2 fehlt rechter Bereich	360°; 5°; 0,8; 1200	3	77,76	3,34	68,6	3,2	7,1	51,7	228	100	273	0,83	24,1	41,6
45B	2000	800	4	0,8	1/2 haftet; ab Pos. 2 fehlt rechter Bereich	365°; 5°; 0,8; 1200	4	86,71	3,27	72,0	3,0	3,7	52,7	214	100	254	0,85	24,5	34,0
44C	2400	800	4	0,58	s; Beschichtung fehlt zwischen Punkt 1 & 2; Ab Punkt 2 mittlerer und rechter Bereich immer wieder unterbrochen, fehlt teilweise ganz	360°; 5°; 0,8; 1500	2	68,70	3,46	57,2	3,6	3,6	45,7	256	122	272	0,84		
46A	2800	800	4	0,61	s; 1/2 haftet; ab Pos. 2 fehlen rechter und mittlerer Bereich	360°; 5°; 0,8; 800	2	77,75	2,37	65,2	2,2	4,4	38,5	254	100	284	0,84		
46B	2800	800	4	0,53	s; 1/2 haftet; ab Pos. 2 fehlen rechter und mittlerer Bereich	365°; 5°; 0,8; 1200	4	76,45	2,47	64,8	2,0	4,5	39,3	256	100	287	0,85		
19B	700	1200	4	0,83	ggg; Anfang schlecht	360°; 10°; 1; 700	2	80,27	4,71	66,9	4,7	3,5	83,8				1,26	28,9	17,9
44D	700	1200	4	0,74		360°; 5°; 1; 700	3	79,14	4,21	65,5	4,6	10,1	77,5	136	100	167	1,26	27,2	34,1
44E	700	1200	4	1,05		360°; 5°; 1; 700	5	78,87	5,01	60,7	5,3	5,8	85,6	186	123	211	1,24	26,4	16,7
19H	1200	1200	4	1,78	ggg; Anfang schlecht	360°; 5°; 1; 700	2	85,40	5,08	74,7	5,2	3,0	78,8				1,26	25,8	11,6
20B	1600	1200	4	1,75	sgg; Anfang und Ende schlecht	360°; 5°; 1; 700	2	99,57	4,28	78,7	5,6	3,1	59,9				1,23	18,9	15,4
45D	1600	1200	4	1,39	s; Pos. 1L fehlt; ab Pos. 3 fehlt rechter Bereich	360°; 5°; 0,8; 800	3	94,24	4,97	80,3	5,0	2,9	63,4	280	100	304	1,24	18,3	18,8
45E	1600	1200	4	1,54	Anfang&Ende schlecht (**AEs**); Pos. 1L fehlt; ab Pos. 3 fehlt rechter Bereich	365°; 5°; 0,8; 800	4	97,26	4,94	81,2	4,6	3,4	64,9	276	100	313	1,24	19,5	20,0
20F	2000	1200	4	1,35	ssg	360°; 5°; 1; 700	2	76,50	3,41	63,0	3,4	3,1	32,4				1,25		
46E	2400	1200	4	1,01	s; 1/2 haftet; rechter Bereich fehlt vollständig	360°; 5°; 0,8; 1200	4	96,69	2,81	97,6	3,1	4,0	37,8	272	218	308	1,26		
46F	2400	1200	4	1,24	s; 1/2 haftet; rechter Bereich fehlt vollständig; teilweise Anlauffarben	370°; 5°; 0,8; 1200	2	93,91	3,08	88,0	3,6	3,6	41,2	283	125	307	1,27		

Kupfer; d_W = 49 mm; d_B = 10 mm; e = 0,2 mm; v_{Wx} = 0; DR_B; DR_W: rechts																				
Nr.	n_B [U/min]	F [N]	n_W [U/min]	ΔL [mm]	Dicke Aussehen Breite; Auswertung	α_1 [°Grad]; α_2[°Grad]; F_1 [kN]; n_{B1} [U/Min]	t_s [s]	H_m [µm]	B_m [mm]	H_{mRz} [µm]	B_{mRz} [mm]	M_Z [Nm]	M_X [Nm]	T_m [°C]	T_{An} [°C]	T_{End} [°C]	F_m [kN]	R_{ZQ} [µm]	R_{ZU} [µm]
44F	2800	1200	4	0,96	s; mittlerer und rechter Bereich fehlen komplett	360°; 5°; 0,8; 1600	2	72,13	2,83	53,9	3,0	5,1	13,4	273	134	325	1,27		
19C	700	1600	4	1,38	ggg; Anfang schlecht	360°; 10°; 1; 700	2	97,88	4,93	86,3	4,9	3,7	84,0				1,66	22,2	25,4
19I	1200	1600	4	4,21	ggg; Anfang schlecht	360°; 5°; 1; 700	2	99,30	6,04	88,2	6,3	4,6	83,4				1,65	20,4	24,1
44G	1200	1600	4	3,02	Ae; keine Beschichtung bei Pos. 1M; 1R	360°; 5°; 1; 800	3	98,78	6,06	91,1	6,7	9,1	68,5	269	100	332	1,64	19,4	12,6
44H	1200	1600	4	2,15	Ae; keine Beschichtung an Pos. 1R	360°; 5°; 1; 800	4	97,40	6,54	87,7	7,0	4,3	53,8	258	128	296	1,65	15,8	15,3
20C	1600	1600	4	1,76	ssg; Farbe ist wenig schlecht	360°; 5°; 1; 700	2	105,05	3,85	90,3	4,1	3,1	28,5				1,66	5,7	14,5
20G	2000	1600	4	2,25	Farbe schlecht→mehr Kraft schlecht	360°; 5°; 1; 700	2	115,00	5,60	120,0	4,0	7,7	15,3				1,66	7,6	18,8
46G	2000	1600	4	1,35	s; 1/2 haftet; rechter Bereich fehlt vollständig; teilweise Anlauffarben	365°; 5°; 1; 1000	2	92,63	3,69	78,8	3,6	8,0	10,0	295	219	334	1,65		
46H	2000	1600	4	2,05	s; 1/2 haftet; rechter Bereich fehlt vollständig; teilweise Anlauffarben	360°; 5°; 1; 1000	4	127,50	4,05	123,3	5,4	9,3	27,5	326	220	348	1,66		
44I	2400	1600	4	1,6	s; Beschichtung fehlt auf rechter Seite; Schicht zeigt Anlauffarben	360°; 5°; 0,8; 1500	2	93,18	3,75	109,3	3,4	4,3	10,0	303	152	362	1,66		
19D	700	2000	4	1,68		360°; 10°; 1; 700	2	115,80	4,71	106,8	5,0	14,1	75,7				2,07	20,0	36,9
46I	700	2000	4	3,07	g	360°; 5°; 1,2; 700	4	105,31	5,63	93,9	5,8	4,0	103,7	195	139	242	2,04	20,9	10,1
46J	700	2000	4	2,41	g; Pos. 1R fehlt	370°; 5°; 1,2; 700	6	109,04	5,57	95,6	5,7	5,1	99,4	198	127	260	2,03	17,8	9,5
19J	1200	2000	4	4,59	Anfang eng	360°; 5°; 1; 700	2	124,51	7,06	120,2	7,6	8,6	51,8				2,03	9,3	19,2
20D	1600	2000	4	3,92	Farbe schlecht→mehr Kraft schlecht	360°; 5°; 1; 700	2	151,00	4,91	145,0	5,1	4,0	15,6				2,05	8,7	20,0
20H	2000	2000	4	14,75	sss; Ende geglüht→ nicht gut	360°; 5°; 1; 700	2	300,00	11,00	313,1	9,2	12,9	25,7				1,66	15,7	34,8
19E	700	2400	4	4,25	ggg	360°; 10°; 1; 700	2	149,00	5,87	130,3	6,6	9,2	81,1				2,46	21,8	29,0
19K	1200	2400	4	6,67	Farbe schlecht → mehr Kraft schlecht;	360°; 5°; 1; 700	2	164,00	7,35	143,3	7,8	9,5	24,3				2,43	8,6	19,1
44J	1200	2400	4	5,32	s; Farbe → n_w soll größer; Beschichtung fehlt bei 1L; Schicht zeigt Anlauffarben	360°; 5°; 1; 800	2	162,48	7,45	141,7	7,6	6,6	25,1	355	243	391	2,47	5,8	22,5
44K	1200	2400	4	5,82	s; Farbe; Beschichtung fehlt bei 1R und 2R; Schicht zeigt Anlauffarben	360°; 5°; 1; 800	2	173,58	7,51	148,2	7,7	5,4	22,2	366	300	391	2,41	9,1	21,6
19F	700	2800	4	6,98	ggg; Mehr Kraft→ Schlecht	360°; 5°; 1; 700	2	156,50	7,69	143,6	8,0	11,7	81,4				2,85	12,9	18,1
47A	700	800	6	0,33	Schicht bis Pos. 2 nur sehr dünn, danach dicker	360°; 5°; 0,8; 700	6	39,73	4,08	36,4	4,1	3,9	59,1	118	100	148	0,83	23,4	32,4
47B	700	800	6	0,33	Schicht bis Pos. 2 nur sehr dünn, danach dicker	360°; 5°; 0,8; 700	10	42,28	4,04	37,3	4,1	4,1	58,3	100	100	100	0,83	21,8	22,6

Kupfer; d_W = 49 mm; d_B = 10 mm; e = 0,2 mm; v_{Wx} = 0; DR_B; DR_W: rechts																			
Nr.	n_B [U/min]	F [N]	n_W [U/min]	ΔL [mm]	Dicke Aussehen Breite; Auswertung	α_1 [°Grad]; α_2[°Grad]; F_1 [kN]; n_{B1} [U/Min]	t_s [s]	H_m [µm]	B_m [mm]	H_{mRz} [µm]	B_{mRz} [mm]	M_Z [Nm]	M_X [Nm]	T_m [°C]	T_{An} [°C]	T_{End} [°C]	F_m [kN]	R_{ZQ} [µm]	R_{ZU} [µm]
47C	700	800	6	0,22	Schicht bis Pos. 2 nur sehr dünn, danach dicker ; d_B=8,5mm;	360°; 5°; 0,8; 700	14	30,63	3,67	21,2	3,3	4,9	45,3	100	100	100	0,83	22,1	23,6
21B	1200	800	6	0,59	ggg	360°; 5°; 1; 700	2	60,63	4,63	57,8	4,4	3,6	67,6				0,84	30,9	21,3
21A	1600	800	6	0,7	ggg; Anfang schlecht	360°; 5°; 1; 700	2	74,17	4,35	56,7	4,3	3,3	59,5				0,84	28,8	20,0
49A	1600	800	6	0,48	Anfang & Ende schlecht, unregelmäßig	360°; 5°; 0,8; 900	4	58,21	4,26	47,5	4,5	8,7	59,1	174	136	192	0,85	26,1	20,0
49B	1600	800	6	0,54	Anfang & Ende schlecht, unregelmäßig	360°; 5°; 0,8; 900	4	56,42	4,40	48,8	4,4	3,1	59,3	154	100	180	0,86	24,7	23,5
21G	2000	800	6	5,91		370°; 10°; 1; 700	2	59,93	4,08	58,3	4,3	2,8	57,5				0,85	18,7	18,6
48A	2400	800	6	0,65	s; rechter Bereich fehlt ab Pos. 3; Anfang ok; Ende schlecht	360°; 5°; 0,8; 1500	4	67,70	3,42	55,8	3,2	3,3	51,8	237	100	287	0,81	26,0	36,2
45C	2800	800	6	0,63	ab Pos. 3 fehlt rechter Bereich	365°; 5°; 0,8; 1500	2	66,62	2,86	61,7	2,8	4,4	43,9	236	100	264	0,86		
45F	700	1200	6	0,77		365°; 5°; 0,8; 700	6	72,24	4,76	54,2	4,9	3,1	79,3	194	140	214	1,22	25,6	19,8
21C	1200	1200	6	1,38	ggg	360°; 5°; 1; 700	2	78,58	5,04	68,0	5,1	5,3	78,2				1,21	24,6	16,3
49D	1200	1200	6	0,95	Schicht zwischen Pos. 1 & 2 nur unregelmäßig, ab Pos. 2 gleichmäßiger	360°; 5°; 0,8; 800	5	75,57	4,70	62,4	5,0	3,0	73,5	178	147	196	1,23	19,7	10,1
49E	1200	1200	6	0,92	Schicht zwischen Pos. 1 & 2 nur unregelmäßig, ab Pos. 2 gleichmäßiger	365°; 5°; 0,8; 800	6	76,40	4,70	60,1	5,0	3,6	70,2	180	151	198	1,24	22,6	11,4
20K	1600	1200	6	1,97	ggg; Anfang schlecht	360°; 5°; 1; 700	2	80,59	5,54	67,2	5,6	3,6	63,9				1,22	15,7	13,5
21H	2000	1200	6	7,06	ssg; Schicht nicht gleich breit	370°; 10°; 1; 700	2	90,80	5,11	71,3	5,9	6,0	46,5				1,23	13,4	15,8
47D	2000	1200	6	1,51	Pos. 1L fehlt; rechter Bereich ab Pos. 3 sehr dünn; Schichtränder unregelmäßig gewellt (**Sch. u. ge.**), "ausgefranst"	360°; 5°; 0,8; 1200	4	83,92	5,45	85,5	5,8	4,9	48,4	307	150	325	1,25	15,7	17,6
47F	2400	1200	6	1,27	s; Pos. 1L fehlt; rechter Bereich ab Pos. 3 sehr dünn; Sch. u. ge., "ausgefranst"	360°; 5°; 0,8; 1400	4	80,30	4,36	66,2	4,2	5,4	35,0	292	126	303	1,24	15,5	17,2
48C	2800	1200	6	0,59	s; 1/2 haftet; mittlerer und rechter Bereich fehlen komplett	365°; 10°; 0,8; 1600	2	60,85	2,63	34,3	2,5	5,0	21,3	288	211	326	1,24		
48F	2800	1200	6	0,9	s; 1/2 haftet; rechter Bereich fehlt; Sch. u. ge., "ausgefranst"	365°; 10°; 0,8; 1600	2	85,38	3,22	81,3	3,4	5,2	35,4	246	121	280	1,25		
47H	700	1600	6	1,31		360°; 5°; 1; 700	8	88,43	4,93	69,0	5,0	3,8	90,0	181	155	207	1,60	23,8	11,1
47I	700	1600	6	1,9	g; Anfang kleiner als Ende	360°; 5°; 1; 700	6	85,93	5,30	73,5	5,5	3,8	96,1	169	121	204	1,63	26,7	11,9
21D	1200	1600	6	2,91	ggg	370°; 10°; 1; 700	2	92,65	5,41	83,2	5,6	4,0	82,8				1,61	15,9	18,9

Kupfer; d_W = 49 mm; d_B = 10 mm; e = 0,2 mm; v_{Wx} = 0; DR_B; DR_W: rechts																				
Nr.	n_B [U/min]	F [N]	n_W [U/min]	ΔL [mm]	Dicke Aussehen Breite; Auswertung	α_1 [°Grad]; α_2[°Grad]; F_1 [kN]; n_{B1} [U/Min]	t_s [s]	H_m [µm]	B_m [mm]	H_{mRz} [µm]	B_{mRz} [mm]	M_Z [Nm]	M_X [Nm]	T_m [°C]	T_{An} [°C]	T_{End} [°C]	F_m [kN]	R_{ZQ} [µm]	R_{ZU} [µm]
20J	1600	1600	6	3,98	ggg; Anfang & Ende schlecht; Schicht nicht gleich breit	360°; 5°; 1; 700	2	99,10	6,90	90,5	6,7	3,4	53,3				1,61	11,3	12,6
45G	1600	1600	6	3,6	Anfang enger als 45H→ t_s muss kleiner; 1M und 1R fehlen; Sch. u. ge., "ausgefranst"	365°; 5°; 1; 900	6	97,17	6,26	90,3	6,5	3,9	66,6	288	153	357	1,63	18,2	14,2
45H	1600	1600	6	2,77	Pos. 1R fehlt; Sch. u. ge., "ausgefranst"	365°; 5°; 1; 900	4	99,83	6,23	91,2	6,4	3,7	61,3	318	228	348	1,62	18,8	12,6
21I	2000	1600	6	2,28	ssg	370°; 10°; 1; 700	2	115,63	4,80	110,2	4,6	5,9	16,8				1,66	5,8	16,3
48G	2400	1600	6	1,36	s; 1/2 haftet; rechter Bereich fehlt; Sch. u. ge., "ausgefranst"	360°; 5°; 0,8; 1400	2	107,69	3,96	76,8	3,7	4,0	15,5	306	234	343	1,64		
46K	700	2000	6	1,63	g	370°; 10°; 0,8; 700	6	105,50	5,16	90,2	5,2	8,5	102,5	191	114	217	2,01	16,9	12,3
21E	1200	2000	6	4,83	sgg; Schicht nicht gleich breit	370°; 10°; 1; 700	2	108,87	6,86	103,3	7,7	7,9	71,5				2,02	7,3	17,0
47K	1200	2000	6	3,37	Ae, Ende schlecht; Pos. 1L fehlt; Sch. u. ge., "ausgefranst"; d_B=8mm	360°; 5°; 1,2; 800	4	112,65	6,95	101,5	7,7	5,3	62,5	295	208	328	2,01	8,5	16,2
20I	1600	2000	6	5,15	ggg; Farbe schlecht→mehr Kraft schlecht	360°; 5°; 1; 700	2	126,90	7,41	137,0	7,4	6,3	21,0				2,01	6,4	25,7
21J	2000	2000	6	12,67	sss; Hat geglüht. Farbe schlecht	370°; 10°; 1; 700	2	150,67	9,00	149,3	8,9	12,7	29,5				1,98	8,7	23,9
45I	700	2400	6	2,62	g	365°; 5°; 0,8; 700	5	128,95	5,55	109,9	5,7	16,9	107,4	219	160	231	2,41	18,6	13,1
45J	700	2400	6	3,18	g	360°; 5°; 1,2; 700	3	133,31	5,56	115,7	5,9	10,1	105,9	218	163	240	2,42	19,7	14,1
45K	700	2400	6	3,58	g	360°; 5°; 1,6; 700	2	121,55	5,72	110,7	6,0	18,3	106,7	206	160	247	2,41	19,6	13,5
21F	1200	2400	6	9,19	Farbe nicht gut → mehr Kraft nicht gut	370°; 10°; 1; 700	2	147,00	8,27	157,1	8,2	11,1	31,7				2,40	5,9	18,2
49C	700	800	8	0,17	Schicht nur zwischen Pos. 3 & 4 gleichmäßig, sonst extrem dünn und immer wieder unterbrochen	360°; 5°; 1,2; 700	10	19,68		20,3	4,2	11,2	38,6	100	100	100	0,80	23,3	
51A	1200	800	8	0,33	g; Schicht an Pos. 1 unregelmäßig	360°; 5°; 0,8; 800	6	53,95	4,39	44,6	4,5	7,1	58,2	152	100	193	0,84	25,4	16,7
51B	1200	800	8	0,32	g; Pos. 1 unregelmäßig; 1R fehlt	360°; 5°; 0,8; 800	8	58,30	4,24	45,3	4,3	4,9	60,3	142	100	184	0,79	24,4	19,5
51C	1200	800	8	0,37	g	360°; 5°; 0,8; 800	6	59,76	4,41	46,6	4,6	2,8	64,5	155	111	186	0,84	23,9	10,1
22D	1600	800	8	0,54	sgg	370°; 10°; 1; 700	2	66,93	4,41	50,9	4,3	3,3	62,7				0,86	24,7	15,0
22A	2000	800	8	0,67	sgg	370°; 10°; 1; 700	2	67,07	4,26	54,3	4,4	3,6	59,9				0,84	24,4	15,6
50A	2000	800	8	0,53	g; As; 1M fehlt; Schicht bis Pos. 2 sehr ungleichmäßig, danach besser	360°; 5°; 0,8; 1000	4	70,19	4,38	51,8	4,3	4,7	59,4	216	100	261	0,83	24,9	13,2

Kupfer; d_W = 49 mm; d_B = 10 mm; e = 0,2 mm; v_{Wx} = 0; DR_B; DR_W: rechts																				
Nr.	n_B [U/min]	F [N]	n_W [U/min]	ΔL [mm]	Dicke Aussehen Breite; Auswertung	α_1 [°Grad]; α_2[°Grad]; F_1 [kN]; n_{B1} [U/Min]	t_s [s]	H_m [µm]	B_m [mm]	H_{mRz} [µm]	B_{mRz} [mm]	M_Z [Nm]	M_X [Nm]	T_m [°C]	T_{An} [°C]	T_{End} [°C]	F_m [kN]	R_{ZQ} [µm]	R_{ZU} [µm]
50B	2000	800	8	0,51	g; 1R fehlt; Schicht bis Pos. 2 sehr ungleichmäßig, danach besser	360°; 5°; 0,8; 1000	4	66,20	4,35	48,4	4,4	5,1	56,0	238	149	281	0,82	21,8	18,9
50C	2400	800	8	0,66	bis Pos. 2 sehr ungleichmäßig, danach besser; rechter Bereich fehlt ab Pos. 4	360°; 5°; 0,8; 1000	4	61,99	4,19	52,2	4,2	4,1	53,9	258	100	320	0,85	21,2	25,3
51D	700	1200	8	0,46	g	360°; 5°; 0,5; 700	8	57,86	4,53	52,9	4,7	4,3	78,8	141	100	174	1,22	22,6	19,1
51E	700	1200	8	0,53	g	360°; 5°; 0,5; 700	8	59,91	4,58	49,3	4,7	9,2	78,8	121	100	143	1,21	23,7	13,6
51F	700	1200	8	0,46	g	360°; 5°; 0,5; 700	8	56,09	4,42	51,2	4,6	9,3	77,5	122	100	152	1,22	22,0	16,2
49F	1200	1200	8	0,83	Schicht zwischen Pos. 1&2 nur unregelmäßig, ab Pos. 2 gleichmäßiger	365°; 10°; 0,8; 800	6	72,68	4,60	56,8	4,9	3,2	69,5	164	136	180	1,22	20,6	12,6
22E	1600	1200	8	1,55	ggg; Anfang schlecht	370°; 10°; 1; 700	2	75,06	4,92	62,2	5,0	3,2	72,8				1,20	20,9	10,0
50D	1600	1200	8	1,11	g; Schicht bis Pos. 2 sehr ungleichmäßig, danach besser	360°; 5°; 0,8; 900	4	73,44	4,75	59,2	4,8	3,5	69,2	213	100	273	1,22	25,0	14,5
50E	1600	1200	8	1,08	g; Schicht bis Pos. 2 sehr ungleichmäßig	360°; 5°; 0,8; 900	4	70,18	4,59	59,7	4,7	3,5	69,0	263	139	308	1,22	24,5	18,6
22B	2000	1200	8	1,93	ggg; Anfang schlecht	370°; 10°; 1; 700	2	81,23	5,38	64,1	5,3	5,7	68,7				1,19	21,5	14,8
50F	2400	1200	8	1,92	Anfang schlecht, Ende gut; 1M und 1R fehlen; Anlauffarben am Ende	360°; 5°; 0,8; 1400	4	79,84	4,58	62,5	4,5	6,0	57,6	317	191	393	1,21	20,5	20,5
50G	2400	1200	8	2,14	1M und 1R fehlen; Anlauffarben am Ende	360°; 5°; 0,8; 1400	4	78,33	4,98	65,5	4,8	4,6	56,7	319	165	402	1,21	21,4	15,7
49G	1200	1600	8	1,49	Schicht zwischen Pos. 1&2 nur unregelmäßig, ab Pos. 2 gleichmäßiger	360°; 5°; 0,8; 800	4	83,85	4,86	75,1	5,2	3,5	77,5	188	151	204	1,63	19,2	12,4
49H	1200	1600	8	1,48	Schicht zwischen Pos. 1&2 nur unregelmäßig, ab Pos. 2 gleichmäßiger	360°; 5°; 0,8; 800	5	86,12	4,95	76,1	5,3	3,6	79,8	187	133	209	1,60	21,0	11,4
22F	1600	1600	8	3,37	ggg; Anfang schlecht	370°; 10°; 1; 700	2	93,80	6,11	76,5	5,7	4,0	76,0				1,55	21,1	12,3
22C	2000	1600	8	3,57	sgg; Anfang + Farbe schlecht	370°; 10°; 1; 700	2	113,57	7,08	108,5	7,1	13,7	42,2				1,61	8,5	16,5
50I	2000	1600	8	4,04	1M und 1R fehlen; Anlauffarben; Sch. u. ge., "ausgefranst"	360°; 5°; 0,8; 1200	4	91,68	6,15	83,6	6,6	9,3	57,9	341	199	392	1,61	19,6	11,7
50J	2000	1600	8	4,13	1M und 1R fehlen; Anlauffarben; Sch. u. ge., "ausgefranst"	360°; 5°; 0,8; 1200	4	99,45	6,45	96,9	6,2	11,4	56,6	334	193	393	1,64	16,4	11,5
50K	2400	1600	8	4,68	1 M und 1R fehlen; Anlauffarben; Sch. u. ge., "ausgefranst"	360°; 5°; 0,8; 1200	2	96,14	6,16	86,7	6,4	7,2	43,3	374	244	453	1,59	17,3	9,0
51G	700	2000	8	1,52	g	360°; 5°; 1; 700	6	96,31	5,04	85,0	5,2	6,0	101,5	174	112	204	1,97	20,6	10,1

Kupfer; d_W = 49 mm; d_B = 10 mm; e = 0,2 mm; v_{Wx} = 0; DR_B; DR_W: rechts																			
Nr.	n_B [U/min]	F [N]	n_W [U/min]	ΔL [mm]	Dicke Aussehen Breite; Auswertung	α_1 [°Grad]; α_2[°Grad]; F_1 [kN]; n_{B1} [U/Min]	t_s [s]	H_m [µm]	B_m [mm]	H_{mRz} [µm]	B_{mRz} [mm]	M_Z [Nm]	M_X [Nm]	T_m [°C]	T_{An} [°C]	T_{End} [°C]	F_m [kN]	R_{ZQ} [µm]	R_{ZU} [µm]
51H	700	2000	8	1,42	g	360°; 5°; 1; 700	6	99,07	5,07	84,1	5,1	8,1	102,2	185	123	210	1,97	19,8	8,8
51I	700	2000	8	1,26	g; Sch. u. ge., "ausgefranst"	370°; 5°; 1; 700	6	91,89	5,05	82,9	5,1	13,2	103,0	155	101	183	1,96	22,2	10,1
48J	1200	2000	8	2,64	g	360°; 5°; 0,8; 700	3	116,61	5,49	96,0	5,8	5,6	87,2	263	184	314	1,99	24,8	12,2
22G	1600	2000	8	6,27	sgg; Anfang & Ende schlecht	370°; 10°; 1; 700	2	127,48	7,77	111,6	7,3	6,0	75,1				1,96	14,1	14,7
51J	1600	2000	8	3,24	As; 1R fehlt; Anlauffarben; Sch. u. ge., "ausgefranst"	360°; 5°; 1; 800	4	113,61	7,05	103,3	7,6	4,9	46,9	313	215	356	2,04	10,2	17,2
51K	1600	2000	8	3,19	As; 1R fehlt; Anlauffarben; Sch. u. ge., "ausgefranst"	360°; 5°; 1; 800	4	119,79	7,24	108,0	7,7	3,9	51,9	322	229	351	2,03	9,3	16,1
21K	2000	2000	8	10,61	Farbe schlecht; Hat geglüht	370°; 10°; 1; 700	2	115,96	8,03	110,8	8,1	14,3	37,8				2,00	6,5	14,4
48K	700	2400	8	2,24	g	360°; 5°; 0,8; 700	6	110,28	5,31	96,0	5,4	15,8	99,4	207	175	224	2,39	21,5	13,6
49J	1200	2400	8	3,89	Sch. u. ge., "ausgefranst"	360°; 5°; 0,8; 800	2	116,49	6,15	122,5	7,2	7,5	75,2	188	172	201	2,37	15,0	14,6
49K	1200	2400	8	3,43	Schicht bei Pos. 5 breiter	360°; 5°; 0,8; 800	2	118,68	5,94	95,7	5,7	5,1	82,6	187	174	213	2,43	14,6	11,8
22H	1600	2000	12	4,48	ggg; Anfang schlecht	370°; 10°; 1; 700	2	98,60	6,42	93,5	6,2	6,1	79,7				1,88	19,1	13,6
22I	2000	2000	12	9,8	sgg; AEs; Abbruchstastatur	370°; 10°; 1; 700	2	125,00	8,37	124,7	8,3	7,6	46,2				2,01	9,3	11,7
48B	2400	800	16	0,4	g; Schicht bei Pos. 1 sehr dünn und unregelmäßig; Ende gut	360°; 5°; 0,8; 1500	6	56,29	4,28	45,8	4,2	2,8	52,4	173	100	244	0,81	23,0	16,0
46C	2800	800	16	0,52	g	370°; 5°; 0,8; 1600	6	55,41	4,25	45,0	4,3	6,7	57,0	207	100	273	0,81	23,8	19,2
47E	2000	1200	16	1,1		360°; 5°; 0,8; 1200	4	73,65	4,76	65,3	5,0	9,2	69,0	246	174	311	1,22	21,2	9,5
46D	2400	1200	16	1,1	g	360°; 5°; 0,8; 1200	4	70,56	4,69	59,5	4,9	6,1	64,1	276	177	358	1,18	22,5	12,6
50H	2400	1200	16	1,19	1M und 1R fehlen; Anlauffarben am Ende	360°; 5°; 0,8; 1200	4	70,07	4,56	56,8	4,8	5,5	63,0	266	164	356	1,20	20,6	12,0
48D	2800	1200	16	1,12	g	360°; 10°; 0,8; 1600	2	80,25	4,80	60,8	5,0	7,8	52,5	364	147	442	1,21	23,6	13,5
48E	2800	1200	16	1,48	g	365°; 10°; 0,8; 1600	2	71,97	5,10	60,8	5,3	8,6	61,7	328	185	378	1,16	22,4	15,1
47G	700	1600	16	0,8	g	360°; 5°; 1; 700	8	62,12	4,24	51,4	4,5	9,2	76,0	130	132	146	1,51	19,1	13,9
49I	1200	1600	16	0,98	Schicht zwischen Pos. 1&2 unregelmäßig, ab Pos. 2 gleichmäßiger; Sch. u. ge., "ausgefranst"	360°; 10°; 0,8; 800	6	77,18	4,52	68,4	4,9	4,4	69,8	168	149	195	1,59	19,9	9,8
48H	2400	1600	16	3,01	g; 1M & 1R fehlen; Sch. u. ge., "ausgefranst"	360°; 5°; 0,8; 1400	2	81,45	6,41	79,9	6,3	7,5	57,6	339	253	428	1,58	21,9	13,5
47J	1200	2000	16	1,96		360°; 5°; 1,2; 800	6	101,12	5,33	82,0	5,4	3,9	89,4	235	181	290	1,93	21,2	12,4
22J	2000	2000	16	8,45	sgg; AEs; Abbruchstastatur	370°; 10°; 1; 700	2	105,85	7,68	93,0	7,2	9,4	65,1				1,95	16,9	15,7
22K	2000	2000	20	5,21	sgg; AEs; Abbruchstastatur	370°; 10°; 1; 700	2	86,63	7,01	76,9	6,3	5,5	70,5				1,93	13,9	17,4
48I	2400	1600	24	2,37	g; 1M und 1R fehlen	360°; 5°; 1,6; 2000	3	74,00	5,45	66,3	5,4	10,2	63,1	294	212	414	1,56	19,5	13,4

Aluminium; d_W = 49 mm; d_B = 10 mm; e = 2 mm; v_{Wx} = 0; Drehrichtung

Nr.	n_B [U/min]	F [N]	n_W [U/min]	ΔL [mm]	Dicke Aussehen Breite; Auswertung	α_1 [°Grad]; α_2[°Grad]; F_1 [kN]; n_{B1} [U/Min]	t_s [s]	DR_B	DR_W	H_m [µm]	B_m [mm]	M_Z [Nm]	M_X [Nm]	T_m [°C]	T_{An} [°C]	T_{End} [°C]	F_m [N]
90A	1200	800	6	3,15	gut	360°; 5°; 0,5; 700	10	L	L	72,35	5,65	6,2	36,1	176	181	179	866,0
90B	1200	800	6	2,57	gut	360°; 5°; 0,5; 700	10	L	L	63,81	5,78	5,9	34,8	184	202	194	855,1
90C	1200	800	6	0,84	Schicht: links ganz dick und eng, rechts ganz dünn	360°; 5°; 0,5; 700	10	R	L	140,60	1,96	5,5	2,4	156	180	181	853,1
90D	1200	800	6	0,92	Schicht: links ganz dick und eng, rechts ganz dünn	360°; 5°; 0,5; 700	10	R	L	159,60	1,92	5,9	3,1	153	157	169	872,3
90E	1200	800	6	1,39	Schicht ganz dünn	360°; 5°; 0,5; 700	10	L	R	1,63	4,98	6,9	20,5	166	180	195	812,2
90F	1200	800	6	1,79	Schicht ganz dünn	360°; 5°; 0,5; 700	10	L	R	1,75	5,24	6,9	24,4	179	190	194	819,3
90G	1200	800	6	1,02	beschichtet aber ungeleichmässig	360°; 5°; 0,5; 700	10	R	R	37,42	7,64	5,3	13,0	160	162	169	854,6
90H	1200	800	6	1,26	beschichtet aber ungeleichmässig	360°; 5°; 0,5; 700	10	R	R	33,89	7,88	7,8	10,9	161	164	173	803,4
90I	1600	800	6	-	gut	360°; 5°; 0,5; 1000	5	L	L	116,93	6,10	7,4	42,2	240	209	299	858,6
90J	1600	800	6	2,14	gut	360°; 5°; 0,5; 1000	5	L	L	80,93	5,74	10,0	29,6	197	214	212	468,4
90K	1600	800	6	-	Schicht: ganz dünn	360°; 5°; 0,5; 1000	5	L	R	1,56	6,37	10,0	36,9	266	235	331	833,3

Zink; d_W = 49 mm; d_B = 10 mm; e = 0,2 mm - Beschichtung mit Vorschub

Nr.	n_B [U/min]	F [N]	n_W [U/min]	ΔL [mm]	Dicke Aussehen Breite; Auswertung	t_s [s]	v_{Wx} [mm/s]	DR_B	DR_W	H_m [µm]	B_m [mm]	M_Z [Nm]	M_X [Nm]	T_m [°C]	T_{An} [°C]	T_{End} [°C]	F_m [N]
26B	2000	500	4	8,41	Steuerungsfehler, am Ende hat an eine Position durchgedreht	5	-0,322	R	R	16,12		2,2	20,4				520
26C	2000	800	6	9,86	x=70, Bolzen nicht genug lang	3	-0,55	R	R	23,67		2,8	14,5				865
26D	1600	800	6	9,33	nicht beschichtet	3	-0,5	R	L	0,00	0,00	5,9	11,8				837
26E	1600	800	6	6,82	Beschichtungslänge: 20 mm	3	-0,5	R	R	17,56		3,3	21,6				851
26F	1600	800	6	8,72	Beschichtungslänge: 20 mm	3	-0,45	R	R	17,20		6,7	19,5				863
27A	1600	800	6	6,6	Beschichtungslänge: 20 mm	3	-0,52	R	R	18,13	4,65	4,1	20,3				859
27B	1600	800	6	4,46	Beschichtungslänge: 20 mm; Beschitung schlecht	3	0,5	R	R	7,22	0,00	7,4	19,0				866
27C	1600	1100	6	8,1	x=95; Bolzen ist nicht genug lang	3	-0,66	R	R	25,00	6,20	3,5	16,7				1172
27D	1600	1100	6	10,81	Bolzen ist nicht genug lang	3	-0,62	R	R	18,85	5,27	5,7	16,2				1176
27E	1200	600	4	3,58	Bolzen hat sehr gleichmässig verformt-->gut	5	-0,33	R	R	7,55	4,20	5,0	17,2				650
29A	1600	800	6	7,58	nicht beschichtet	3	-0,5	R	L	0,00	0,00	3,2	15,7				824
29B	1600	800	6	8,02	ggg	3	-0,5	R	R	24,55	0,00	4,1	20,9				824

Zink; d_W = 49 mm; d_B = 10 mm; v_{Wx} = 0; Einfluss der Exzentrizität

e [mm]	Nr.	n_B [U/min]	F [N]	n_W [U/min]	ΔL [mm]	Dicke Aussehen Breite; Auswertung	α_1 [°Grad]; α_2[°Grad]; F_1 [kN]; n_{B1} [U/Min]	t_s [s]	DR_B	DR_W	H_m [µm]	B_m [mm]	M_Z [Nm]	M_X [Nm]	T_m [°C]	T_{An} [°C]	T_{End} [°C]	F_m [N]
2,08	60C	700	800	6	0,7	g; links neben eigentlicher Spur noch ein sehr dünner, ungleichmäßiger Bereich (**L. dü. ungl. B.**); Dicke: 0,8 µm	360°; 5°; 0,5; 700	10	L	L	8,74	4,53	6,4	13,7	100	100	100	852,2
2,08	60G	700	1100	6	1,45	g; L. dü. ungl. B.; Dicke: 1,2 µm	360°; 5°; 0,8; 700	6	L	L	14,39	4,65	5,1	11,8	132	154	131	1145,9
2,08	60H	700	1100	6	1,03	g; L. dü. ungl. B.; Dicke: 1,1 µm;	360°; 5°; 0,8; 700	6	L	L	10,34	4,60	4,3	16,2	100	100	100	1134,8
2,08	60I	700	1100	6	0,92	g; L. dü. ungl. B.; Dicke: 0,7 µm	370°; 10°; 0,8; 700	6	L	L	10,64	4,49	4,5	12,9	101	101	109	1132,1
2,08	60K	700	1400	6	2,76	g; L. dü. ungl. B.; Dicke: 1,9 µm	360°; 5°; 1; 700	4	L	L	17,20	4,72	5,1	11,7	125	133	132	1384,3
2,08	60B	1200	500	6	0,32	g	360°; 5°, 0,5; 900	8	L	L	5,57	4,48	9,0	10,7	101	117	100	555,6
2,08	60D	1200	800	6	1,23	g; L. dü. ungl. B.; Dicke: 1,4 µm	360°; 5°; 0,5; 900	4	L	L	12,49	4,62	6,6	13,8	163	178	169	836,9
2,08	60E	1200	800	6	1,21	g; L. dü. ungl. B.; Dicke: 0,7 µm	360°; 5°; 0,5; 900	6	L	L	11,11	4,65	9,5	14,9	132	144	140	836,7
2,08	60F	1200	800	6	1,44	g; L. dü. ungl. B.; Dicke: 1,4 µm	370°; 5°; 0,5; 900	6	L	L	12,14	4,66	8,0	13,5	150	162	155	840,4
2,08	60J	1200	1100	6	3,24	g; L. dü. ungl. B.; Dicke: 1,2 µm	360°; 5°; 0,8; 900	3	L	L	23,13	5,15	6,3	13,5	179	172	190	1154,5
2,08	59I	1200	1400	6	7,85	L. dü. ungl. B.; Dicke: 2,1 µm; Bolzen knapp	360°; 5°; 1; 900	2	L	L	47,28	6,19	4,1	14,0	214	224	202	1435,8
2,08	59J	1200	1400	6	8,47	L. dü. ungl. B.; Dicke: 1,5 µm; Bolzen knapp	360°; 5°; 1; 900	2	L	L	47,94	6,36	3,9	13,2	221	237	210	1442,0
2,08	59K	1200	1400	12	5,67	g; L. dü. ungl. B.; Dicke: 2,0 µm	360°; 5°; 1; 900	3	L	L	32,28	6,17	4,7	10,9	208	245	196	1482,9
2,08	59A	1600	500	6	0,64	g	360°; 5°; 0,5; 1000	6	L	L	9,28	4,59	8,1	14,2	127	134	137	523,5
2,08	59B	1600	500	6	0,81	g	360°; 5°; 0,5; 1000	6	L	L	10,61	4,67	4,2	11,9	144	152	152	532,6
2,08	59C	1600	500	6	0,58	g	360°; 5°; 0,5; 1000	6	L	L	8,61	4,58	4,0	10,5	126	132	136	527,5
2,08	59E	1600	800	6	2,81	g; L. dü. ungl. B.; Dicke: 1,9 µm	360°; 5°; 0,5; 1000	5	L	L	18,57	5,25	6,6	14,1	188	190	199	840,6
2,08	59H	1600	800	6	2,53	g; L. dü. ungl. B.; Dicke: 1,5 µm	360°; 5°; 0,5; 1000	5	L	L	17,69	5,27	6,4	14,5	188	185	197	830,5
2,08	56J	1600	1100	6	7	g	360°; 5°; 0,8; 1000	2	L	L	30,29	6,08	5,8	17,5	206	216	196	1163,1
2,08	56K	1600	1100	6	0	g	360°; 5°; 0,8; 1000	2	L	L	31,18	5,98	6,2	14,7	215	219	208	1157,1
2,08	59D	2000	500	6	1,86	g	360°; 5°; 0,5; 1200	5	L	L	14,88	5,06	3,3	13,1	188	188	196	580,3
2,08	59F	2000	800	6	5,23	g; Anfang schlecht (**As**); L. dü. ungl. B.; Dicke: 1,8 µm	360°; 5°; 0,5; 1000	4	L	L	24,63	5,75	3,6	14,5	219	236	214	832,1
2,08	59G	2000	800	6	6,12	g; As; L. dü. ungl. B.; Dicke: 1,9 µm	360°; 5°; 0,5; 1000	4	L	L	26,88	5,83	2,8	12,0	232	242	225	832,2
2,08	61A	2400	500	6	1,68	g	360°; 5°; 1; 1400	4	L	L	13,43	5,01	2,3	12,2	199	196	212	518,2
2,08	61B	2400	500	6	1,66	g	360°; 5°; 1; 1400	4	L	L	14,47	5,02	2,2	14,9	200	198	215	574,7
2,08	61C	2400	500	6	1,78	g	360°; 5°; 0,5; 1000	4	L	L	14,65	5,02	2,4	12,2	205	197	217	540,6
2,08	60A	2800	500	6	1,64	g	360°; 5°, 0,5; 1600	4	L	L	13,80	4,89	1,7	11,4	208	200	221	473,6

Zink; d_W = 49 mm; d_B = 10 mm; v_{Wx} = 0; Einfluss der Exzentrizität																			
e [mm]	Nr.	n_B [U/min]	F [N]	n_W [U/min]	ΔL [mm]	Dicke Aussehen Breite; Auswertung	α_1 [°Grad]; α_2[°Grad]; F_1 [kN]; n_{B1} [U/Min]	t_s [s]	DR_B	DR_W	H_m [µm]	B_m [mm]	M_Z [Nm]	M_X [Nm]	T_m [°C]	T_{An} [°C]	T_{End} [°C]	F_m [N]
0,20	52A	700	500	6	0,13	Schicht bei Pos. 1 sehr dünn und unregelmäßig; Ende gut	360°; 5°; 0,5; 700	10	R	R	9,83	4,65	5,3	20,1	100	100	100	564,3
2,08	55A	700	500	6	0,14	schlecht (s); 1M, 1R und 2M fehlen	360°; 5°, 0,5; 700	10	R	R	3,50	5,91	2,5	5,2	100	100	100	544,5
-2,15	58B	700	800	6	0,83	5R fehlt; Schichtränder unregelmäßig gewellt (**Sch. u. ge.**), "ausgefranst"; L. dü. ungl. B.; Dicke: 1,1µm	360°; 5°; 0,5; 700	10	R	R	9,61	4,17	4,1	14,6	101	116	107	886,9
0,20	52D	700	800	6	0,38	1M und 1R fehlen; Ende gut	360°; 5°; 0,5; 700	10	R	R	10,73	4,85	4,0	23,3	100	100	100	832,1
2,08	55C	700	800	6	0,31	1R fehlt; Sch. u. ge., "ausgefranst"	360°; 5°; 0,5; 700	10	R	R	4,42	6,45	6,0	9,9	100	100	100	826,7
0,20	36J	700	1100	6	2,29		370°; 5°; 0,5;700	6	R	R	18,70	6,19	6,9	23,6				1110,9
0,20	36K	700	1100	6	1,18	Schicht unterbrochen bei 1M; 1R; 4L	370°; 5°; 0,5;700	6	R	R	13,78	4,92	4,4	22,6				1121,7
0,20	37F	700	1100	6	2,07		370°; 5°; 0,7;700	6	R	R	17,67	5,41	7,3	20,3				1162,4
0,20	52G	700	1100	6	1,03	Anfang nicht so gut	360°; 5°; 0,8; 700	6	R	R	13,17	5,17	4,1	25,0	100	100	100	1122,6
2,08	55G	700	1100	6	0,81	Sch. u. ge., "ausgefranst"; g	360°; 5°; 0,8; 700	6	R	R	8,10	6,81	6,2	10,0	101	111	100	1133,5
2,08	55H	700	1100	6	1,09	g	360°; 5°; 0,8; 700	6	R	R	7,16	6,67	7,4	10,3	107	123	101	1133,2
2,08	55I	700	1100	6	-4,7	g	370°; 10°; 0,8; 700	8	R	R	7,88	6,87	10,7	10,0	111	127	109	1118,9
0,20	35G	700	1400	6	2,3		360°; 5°; 1; 700	4	R	R	19,21	5,98	8,8	23,7				1417,8
0,20	52J	700	1400	6	2,78	g ; Sch. u. ge., "ausgefranst"	360°; 5°; 1; 700	4	R	R	21,90	6,14	5,7	21,1	137	142	134	1434,2
2,08	55K	700	1400	6	1,44	Sch. u. ge., "ausgefranst"; OK	360°; 5°; 1; 700	4	R	R	9,55	7,36	4,8	8,3	118	111	120	1423,0
-2,15	58I	1200	500	6	0,4		360°; 5°; 0,5; 900	8	R	R	6,34	4,39	6,1	14,5	101	104	112	558,5
0,20	52B	1200	500	6	0,31	1M fehlt; Ende gut	360°; 5°; 0,5; 900	8	R	R	10,18	4,72	7,5	19,2	100	100	100	548,4
2,08	55B	1200	500	6	0,18	1M und 1R fehlen; S	360°; 5°, 0,5; 900	8	R	R	3,88	6,10	9,3	7,0	100	100	100	557,2
-2,15	58C	1200	800	6	1,4	L. dü. ungl. B.; Dicke: 1,3 µm	360°; 5°; 0,5; 900	6	R	R	11,55	4,70	8,5	17,0	153	168	157	832,6
-2,15	58D	1200	800	6	1,3	L. dü. ungl. B.; Dicke: 1,6 µm	360°; 5°; 0,5; 900	6	R	R	10,89	4,76	5,2	16,9	153	174	159	824,1
0,20	18A	1200	800	6	1,52	ggg	360°; 10°; 0,3; 700	2	R	R	19,27	5,67	7,1	18,4				874,4
0,20	36F	1200	800	6	1,42		360°; 5°; 0,5;700	4	R	R	16,54	5,17	4,8	19,2				829,9
0,20	36G	1200	800	6	1,44	Schicht unterbrochen bei 1M; 1R	370°; 5°; 0,5;700	4	R	R	16,15	5,10	3,7	19,0				852,1
0,20	52E	1200	800	6	0,84	Anfang und Ende gut	360°; 5°; 0,5; 900	4	R	R	14,55	4,99	8,3	22,2	114	100	131	792,8
2,08	55D	1200	800	6	0,53	g	360°; 5°; 0,5; 900	4	R	R	6,65	6,19	8,3	9,8	129	149	121	869,0
2,08	55E	1200	800	6	0,44	1R fehlt; g	360°; 5°; 0,5; 900	6	R	R	5,84	6,19	8,9	9,0	123	134	114	844,0
2,08	55F	1200	800	6	-3,1	1R und 2R fehlen; Sch. u. ge., "ausgefranst"; g	370°; 5°; 0,5; 900	6	R	R	6,05	5,82	4,5	8,5	110	115	113	867,6

Zink; d_W = 49 mm; d_B = 10 mm; v_{Wx} = 0; Einfluss der Exzentrizität																			
e [mm]	Nr.	n_B [U/min]	F [N]	n_W [U/min]	ΔL [mm]	Dicke Aussehen Breite; Auswertung	α_1 [°Grad]; α_2[°Grad]; F_1 [kN]; n_{B1} [U/Min]	t_s [s]	DR_B	DR_W	H_m [µm]	B_m [mm]	M_Z [Nm]	M_X [Nm]	T_m [°C]	T_{An} [°C]	T_{End} [°C]	F_m [N]
-2,15	58J	1200	1100	6	2,9	L. dü. ungl. B.; Dicke: 2,0 µm	360°; 5°; 0,8; 900	2	R	R	26,66	5,21	4,7	17,8	188	172	201	1126,5
0,20	17E	1200	1100	6	2,98	g	360°; 10°; 0,8; 700	2	R	R	25,67	5,87	4,1	14,9				1166,3
0,20	52H	1200	1100	6	2,8	g; Sch. u. ge., "ausgefranst"	360°; 5°; 0,8; 900	3	R	R	22,57	5,91	8,1	20,4	147	121	153	1157,7
2,08	55J	1200	1100	6	0,71	linker Bereich zwischen Pos. 2 und 3 unterbrochen; Sch. u. ge., "ausgefranst"; OK	360°; 5°; 0,8; 900	3	R	R	17,47	7,17	7,7	7,4	171	170	177	1183,4
-2,15	58K	1200	1400	6	6,71	L. dü. ungl. B.; Dicke: 1,8 µm	360°; 5°; 1; 900	2	R	R	41,91	6,17	4,8	18,2	211	216	210	1428,8
-2,15	58L	1200	1400	6	7,09	L. dü. ungl. B.; Dicke: 2,1 µm	360°; 5°; 1; 900	2	R	R	42,33	5,91	5,3	12,0	215	222	212	1450,1
0,20	17F	1200	1400	6	5,07	g	360°; 10°; 0,8; 700	2	R	R	31,90	6,14	3,4	13,2				1453,2
0,20	35H	1200	1400	6	5,67		360°; 5°; 1; 700	2	R	R	31,54	7,05	7,0	16,6				1461,7
0,20	35I	1200	1400	6	5,03		360°; 5°; 1; 700	2	R	R	30,14	7,05	4,6	18,1				1446,9
0,20	52K	1200	1400	6	4,8	g	360°; 5°; 1; 900	2	R	R	29,58	6,56	3,4	17,1	164	130	182	1412,4
0,20	35J	1600	500	6	0,58	Beschichtung fehlt bei 1M; 1R; E dünn	360°; 5°; 0,5; 1000	4	R	R	13,64	4,77	8,2	18,6				555,0
0,20	36A	1600	500	6	0,45	Beschichtung sehr unregelmäßig bei Punkt 1	360°; 5°; 0,5;1000	5	R	R	12,56	4,77	4,9	17,8				532,9
0,20	52C	1600	500	6	0,38	1M und 1R fehlen; Ende gut	360°; 5°; 0,5; 1000	6	R	R	11,38	4,66	9,1	18,3	102	100	100	548,9
-2,15	58E	1600	800	6	2,51	L. dü. ungl. B.; Dicke: 0,8 µm	360°; 5°; 0,5; 1000	5	R	R	16,28	5,24	5,6	14,9	190	196	202	818,4
0,20	17H	1600	800	6	2,15	ggg	360°; 10°; 0,3; 700	2	R	R	21,00	5,17	7,7	16,0				862,7
0,20	52F	1600	800	6	1,94	g	360°; 5°; 0,5; 1000	3	R	R	19,01	5,33	3,1	20,5	168	126	181	812,6
-2,15	57E	1600	1100	6	5,31	Schicht hört zwischen Pos. 3 und 4 auf; Bolzen alle; STOP gedrückt	360°; 5°; 0,8; 1000	2	R	R	37,29	6,07	7,2	17,5	179	222		1128,6
-2,15	57F	1600	1100	6	6,88	nur mittlerer und rechter Bereich vorhanden, Rest sehr dünn, Messen nur an Pos. 1, 3 und 5	360°; 5°; 0,8; 1000	2	R	R	32,68	6,07	5,9	14,9	245	252	238	1160,5
0,20	18B	1600	1100	6	4,94	sgg	360°; 10°; 0,3; 700	2	R	R	28,10	6,67	4,9	14,6				1177,3
0,20	37G	1600	1100	6	6,79	Bolzen ist fast weggeflossen	370°; 5°; 0,7;1000	4	R	R	28,37	6,82	6,2	13,6				1187,2
0,20	37H	1600	1100	6	6,6	Bolzen ist fast weggeflossen	370°; 5°; 0,7;1000	4	R	R	29,32	6,93	6,0	13,6				1191,4
0,20	52I	1600	1100	6	3,67	g; Sch. u. ge., "ausgefranst"	360°; 5°; 0,8; 1000	2	R	R	29,24	5,94	7,9	17,3	188	141	192	1166,6
2,08	56E	1600	1100	6	3,88	linker Bereich fehlt, 2M fehlt; Sch. u. ge, "ausgefranst"	360°; 5°; 0,8; 1000	2	R	R	26,10	8,23	6,6	5,2	197	190	204	1176,1
2,08	56F	1600	1100	6	3,9	linker Bereich fehlt, 2M fehlt; Sch. u. ge., "ausgefranst"	360°; 5°; 0,8; 1000	2	R	R	25,93	8,47	4,7	4,8	202	192	209	1171,7
0,20	18C	1600	1400	6	10,2	sgg; mehr Vb oder F geht nicht	360°; 10°; 0,3; 700	2	R	R	44,99	6,68	4,9	17,5				1457,7

Zink; d_W = 49 mm; d_B = 10 mm; v_{Wx} = 0; Einfluss der Exzentrizität																			
e [mm]	Nr.	n_B [U/min]	F [N]	n_W [U/min]	ΔL [mm]	Dicke Aussehen Breite; Auswertung	α_1 [°Grad]; α_2[°Grad]; F_1 [kN]; n_{B1} [U/Min]	t_s [s]	DR_B	DR_W	H_m [µm]	B_m [mm]	M_Z [Nm]	M_X [Nm]	T_m [°C]	T_{An} [°C]	T_{End} [°C]	F_m [N]
0,20	18D	2000	500	6	0,95	ggg; Anfang rau → t_s vergrößen	360°; 10°; 0,3; 700	2	R	R	17,25	4,69	3,2	19,6				530,7
0,20	53A	2000	500	6	0,79	g	360°; 5°; 1; 1200	5	R	R	15,09	4,92	3,2	15,8	152	100	170	520,8
-2,15	58F	2000	567	6	1,78		360°; 5°; 0,5; 1000	4	R	R	13,74	5,08	3,9	16,7	190	189	197	566,8
-2,15	58G	2000	573	6	1,75		360°; 5°; 0,5; 1000	4	R	R	14,60	5,07	3,7	16,4	198	199	206	573,4
-2,15	58M	2000	800	6	5,2	L. dü. ungl. B.; Dicke: 1,3 µm	360°; 5°; 0,5; 1000	4	R	R	23,35	6,00	2,8	13,8	244	262	236	835,9
0,20	18E	2000	800	6	3,75	ggg	360°; 10°; 0,3; 700	2	R	R	23,87	5,41	2,5	20,0				851,4
0,20	36H	2000	800	6	4,01	linker Bereich durchgehend sehr unregelmäßig	370°; 5°; 0,5;1000	4	R	R	23,14	6,10	3,3	16,7				863,3
0,20	53D	2000	800	6	4	g; Sch. u. ge., "ausgefranst"	360°; 5°; 0,5; 1000	4	R	R	23,36	6,37	4,2	17,4	217	209	213	871,5
0,20	18F	2000	1100	6	9,22	sgg; mehr n_B oder F geht nicht	360°;0°; 0,3; 700	2	R	R	35,77	6,18	2,5	17,9				1166,4
0,20	53G	2000	1100	6	6,22	g; Sch. u. ge., "ausgefranst"; Bolzen Knapp	360°; 5°; 0,7; 1000	1	R	R	31,56	6,70	4,1	14,1	227	206	231	1164,5
-2,15	57A	2400	500	6	1,62		360°; 5°; 0,5; 1400	4	R	R	13,08	5,09	3,1	13,0	194	175	213	583,4
0,20	36B	2400	500	6	1,22	Beschichtung fehlt bei 1M; 1R	360°; 5°; 0,5;1500	4	R	R	17,15	5,00	3,1	15,0				518,7
0,20	36C	2400	500	6	1,01	Beschichtung fehlt bei 1R	360°; 5°; 0,5;1500	4	R	R	16,48	4,87	1,9	16,8				542,3
0,20	36D	2400	500	6	1,41		360°; 5°; 0,5;1500	5	R	R	17,73	5,02	2,1	17,0				492,1
0,20	53B	2400	500	6	1,18	g	360°; 5°; 0,5; 1400	4	R	R	16,83	4,87	2,0	17,6	175	127	192	518,7
2,08	56A	2400	500	6	0,32	1M fehlt; Sch. u. ge., "ausgefranst"	360°; 5°; 0,5; 1400	4	R	R	5,63	5,82	2,5	7,4	160	166	160	545,4
-2,15	58H	2400	520	6	1,76		360°; 5°; 0,5; 1000	4	R	R	15,18	5,09	1,9	15,0	210	209	218	520,9
0,20	36I	2400	800	6	6,5	linker Bereich durchgehend sehr unregelmäßig	370°; 5°; 0,5;1000	4	R	R	28,33	6,21	1,8	15,3				891,8
0,20	53E	2400	800	6	5,54	g; Sch. u. ge., "ausgefranst"; Bolzen Knapp	360°; 5°; 0,5; 1000	4	R	R	27,10	6,53	2,1	16,3	246	244	244	873,6
0,20	36E	2800	500	6	1,76		360°; 5°; 0,5;1500	4	R	R	19,21	4,95	2,3	16,4				523,2
0,20	53C	2800	500	6	1,77	g	360°; 5°; 0,5; 1600	4	R	R	19,37	4,95	1,9	17,1	224	189	233	529,1

Zink; d_B = 10 mm; e = 0,2 mm; v_{Wx} = 0; DR_B; DR_W: rechts; Einfluss der Wellendurchmesser																
d_W [mm]	Nr.	n_B [U/min]	F [N]	n_W [U/min]	ΔL_B [mm]	Dicke Aussehen Breite; Auswertung	α_1 [°Grad]; α_2[°Grad]; F_1 [kN]; n_{B1} [U/Min]	t_s [s]	H_m [µm]	B_m [mm]	M_Z [Nm]	M_X [Nm]	T_m [°C]	T_{An} [°C]	T_{End} [°C]	F_m [kN]
20	1d20B	700	700	14,7	0,45	Schicht zum Ende hin sehr dünn	360°; 5°, 0,5; 700	10	9,0	4,8	3,4	8,5	100,0	100,0	100,0	0,71
29	2d29A	700	800	10,14	0,37	links neben eigentlicher Spur noch ein sehr dünner, ungleichmäßiger Bereich (**L. dü. ungl. B.**); Dicke: 2,3 µm;	360°; 5°, 0,5; 700	10	11,0	4,7	4,4	13,1	100,0	100,0	100,0	0,82
39	1d39E	700	800	7,538	0,53	1M fehlt;L. dü. ungl. B.; Dicke: 2,8 µm	360°; 5°, 0,5; 700	10	9,2	4,2	9,4	17,9	100,0	100,0	100,0	0,85
49	52D	700	800	6	0,38	Anfang schlecht (**As**), Ende eng (**Eg**); 1M&1R fehlen	360°; 5°; 0,5; 700	10	10,7	4,9	4,0	23,3	100,0	100,0	100,0	0,83
59	1d59H	700	800	4,98	0,77	1R fehlt; Ae	360°; 5°, 0,5; 700	10	8,2	4,8	6,0	23,5	100,0	100,0	100,0	0,86
69	1d69H	700	800	4,26	0,65	As; 1R fehlt; Schichtränder immer wieder unregelmäßig gewellt (**Sch. u. ge.**), "ausgefranst"	360°; 5°, 0,5; 700	10	6,3	4,6	4,8	29,7	100,0	100,0	100,0	0,86
29	1d29A	1200	500	10,14	0,31	Schlecht (s); 1R fehlt; As	360°; 5°, 0,5; 900	8	8,8	4,5	7,5	10,1	100,0	100,0	100,0	0,54
39	1d39A	1200	500	7,538	0,39	1M, 1R & 2R fehlen; L. dü. ungl. B.; Dicke: 1,5 µm	360°; 5°, 0,5; 900	8	9,8	4,3	9,5	14,4	100,0	100,0	100,0	0,58
49	52B	1200	500	6	0,31	As; Eg; 1M fehlt	360°; 5°; 0,5; 900	8	10,2	4,7	7,5	19,2	100,0	100,0	100,0	0,55
59	1d59A	1200	500	4,98	0,29	Anfang schlecht (**As**); 1M & 1R fehlen, Mitte fehlt zwischen Pos. 1 & 2	360°; 5°, 0,5; 900	8	7,6	4,4	6,0	17,1	100,0	100,0	100,0	0,56
69	1d69A	1200	500	4,26	0,37	1L und 1R fehlen; As	360°; 5°, 0,5; 900	8	7,1	4,5	3,5	25,1	100,0	100,0	100,0	0,58
20	2d20A	1200	800	14,7	0,84	g	360°; 5°; 0,5; 900	4	19,1	4,7	6,9	9,3	113,2	122,0	126,6	0,79
20	2d20B	1200	800	14,7	0,95	g	360°; 5°; 0,5; 900	6	18,6	4,7	9,9	9,3	124,0	133,2	134,9	0,79
20	2d20C	1200	800	14,7	1,11	g	360°; 5°; 0,5; 900	6	18,1	5,0	9,1	10,0	133,7	147,5	140,0	0,77
29	1d29B	1200	800	10,14	0,82	g; L. dü. ungl. B.; Dicke: 2,7 µm	360°; 5°; 0,5; 900	4	15,6	4,8	8,1	12,3	118,9	109,8	132,2	0,81
29	1d29C	1200	800	10,14	1,16	g; L. dü. ungl. B.; Dicke: 3,1 µm	360°; 5°; 0,5; 900	6	16,2	4,9	9,4	11,3	133,6	132,6	137,6	0,85
29	1d29D	1200	800	10,14	1,03	g; L. dü. ungl. B.; Dicke: 3,2 µm	360°; 5°; 0,5; 900	6	16,8	5,0	7,8	11,5	133,2	133,9	140,3	0,81
39	1d39B	1200	800	7,538	1,13	L. dü. ungl. B.; Dicke: 2,2 µm	360°; 5°; 0,5; 900	4	15,1	5,2	6,5	17,7	123,2	104,4	130,9	0,83
39	1d39C	1200	800	7,538	0,83	L. dü. ungl. B.; Dicke: 4,1 µm	360°; 5°; 0,5; 900	6	13,8	5,1	9,1	17,1	109,2	100,0	114,5	0,81
39	1d39D	1200	800	7,538	0,98	L. dü. ungl. B.; Dicke: 3,3 µm	360°; 5°; 0,5; 900	6	13,9	5,1	5,9	17,7	114,7	100,0	123,2	0,86
49	18A	1200	800	6	1,52	ggg	360°; 10°;0,3; 700	2	17,6	5,7	7,1	18,4				0,87
49	36F	1200	800	6	1,42		360°; 5°; 0,5;700	4	16,5	5,2	4,8	19,2				0,83
49	36G	1200	800	6	1,44	Schicht unterbrochen bei 1M; 1R	370°; 5°; 0,5; 700	4	16,2	5,1	3,7	19,0				0,85
49	52E	1200	800	6	0,84	Anfang & Ende gut	360°; 5°; 0,5; 900	4	14,6	5,0	8,3	22,2	113,7	100,0	130,5	0,79
59	1d59B	1200	800	4,98	1,14	1M und 1R fehlen; As	360°; 5°; 0,5; 900	4	12,4	5,0	3,9	23,4	118,7	100,0	128,8	0,86

Zink; d_B = 10 mm; e = 0,2 mm; v_{Wx} = 0; DR_B; DR_W: rechts; Einfluss der Wellendurchmesser																
d_W [mm]	Nr.	n_B [U/min]	F [N]	n_W [U/min]	ΔL_B [mm]	Dicke Aussehen Breite; Auswertung	α_1 [°Grad]; α_2[°Grad]; F_1 [kN]; n_{B1} [U/Min]	t_s [s]	H_m [µm]	B_m [mm]	M_Z [Nm]	M_X [Nm]	T_m [°C]	T_{An} [°C]	T_{End} [°C]	F_m [kN]
59	1d59C	1200	800	4,98	1,26	g; 1R fehlt	360°; 5°; 0,5; 900	6	11,8	5,1	3,8	20,7	122,7	100,0	131,7	0,87
59	1d59D	1200	800	4,98	1,18	g; 1R fehlt	360°; 5°; 0,5; 900	6	12,4	5,1	5,9	21,4	121,0	100,0	138,0	0,85
69	1d69B	1200	800	4,26	1,38	g; 5L fehlt	360°; 5°; 0,5; 900	4	11,4	5,0	7,8	28,8	100,0	100,0	100,0	0,86
69	1d69C	1200	800	4,26	1,23	g; 1M, 1R & 5L fehlt; Sch. u. ge., "ausgefranst"; As	360°; 5°; 0,5; 900	4	11,0	4,9	7,8	28,2	100,4	100,0	101,0	0,88
69	1d69D	1200	800	4,26	1,51	1M & 1R fehlen; Sch. u. ge., "ausgefranst"; As	360°; 5°; 0,5; 900	6	11,1	5,1	7,8	28,6	100,0	100,0	100,0	0,83
20	1d20D	1200	1100	14,7	1,73	g	360°; 5°; 0,8; 900	3	23,7	5,3	6,8	10,0	137,8	138,8	149,0	1,09
29	1d29E	1200	1100	10,14	2,23	g; L. dü. ungl. B.; Dicke: 2,2 µm	360°; 5°; 0,8; 900	3	21,5	5,4	4,4	10,5	155,4	154,9	159,0	1,11
39	1d39F	1200	1100	7,538	2,09	L. dü. ungl. B.; Dicke: 3,8 µm	360°; 5°; 0,8; 900	3	21,8	5,5	3,2	16,4	144,0	126,1	149,0	1,16
49	17E	1200	1100	6	2,98	g	360°; 10°;0,8; 700	2	25,7	5,9	4,1	14,9				1,17
49	52H	1200	1100	6	2,8	g; Sch. u. ge., "ausgefranst"	360°; 5°; 0,8; 900	3	22,6	5,9	8,1	20,4	147,4	121,4	153,2	1,16
59	2d59H	1200	1100	4,98	2,4	g; 1L fehlt; 2L dünner als der Rest	360°; 5°; 0,8; 900	1	16,8	5,4	4,9	22,5	149,6	100,0	163,1	1,15
69	2d69H	1200	1100	4,26	2,99	Sch. u. ge., "ausgefranst"	360°; 5°; 0,8; 900	3	16,7	6,5	5,9	21,0	121,4	100,0	141,4	1,19
20	2d20D	1200	1400	14,7	3	g	360°; 5°; 1; 900	2	31,0	5,2	6,7	9,3	155,0	168,9	155,9	1,36
20	3d20D	1200	1400	14,7	3,63	g	360°; 5°; 1; 900	2	35,2	5,9	3,7	9,5	168,0	187,7	166,3	1,38
29	1d29F	1200	1400	10,14	4,14	g; L. dü. ungl. B.; Dicke: 2,8 µm	360°; 5°; 1; 900	2	32,0	5,9	7,3	9,4	174,5	178,9	181,1	1,42
29	1d29G	1200	1400	10,14	4,05	g; L. dü. ungl. B.; Dicke: 2,0 µm	360°; 5°; 1; 900	2	28,9	5,8	5,9	10,6	164,8	168,7	171,8	1,37
29	2d29G	1200	1400	10,14	5,95	g; L. dü. ungl. B.; Dicke: 3,1 µm	365°; 5°; 1; 900	2	35,9	6,1	6,4	8,1	183,2	192,8	186,2	1,47
39	1d39G	1200	1400	7,538	3,78	L. dü. ungl. B.; Dicke: 3,3 µm	360°; 5°; 1; 900	2	29,2	6,2	5,0	16,0	162,5	150,4	168,4	1,41
39	1d39H	1200	1400	7,538	3,6	L. dü. ungl. B.; Dicke: 3,6 µm	360°; 5°; 1; 900	2	28,0	6,1	5,6	15,3	165,0	150,2	168,9	1,41
39	1d39I	1200	1400	7,538	2,63	L. dü. ungl. B.; Dicke: 3,0 µm	365°; 5°; 1; 900	3	19,6	5,3	5,9	15,6	151,6	168,9	149,2	1,38
49	17F	1200	1400	6	5,07	g	360°; 10°; 0,8; 700	2	31,9	6,1	3,4	13,2				1,45
49	35H	1200	1400	6	5,67		360°; 5°; 1; 700	2	31,5	7,1	7,0	16,6				1,46
49	35I	1200	1400	6	5,03		360°; 5°; 1; 700	2	30,1	7,1	4,6	18,1				1,45
49	52K	1200	1400	6	4,8	g	360°; 5°; 1; 900	2	29,6	6,6	3,4	17,1	164,2	130,0	181,9	1,41
59	1d59I	1200	1400	4,98	6,38	g; Sch. u. ge., "ausgefranst"	360°; 5°; 1; 900	2	24,9	6,7	5,2	19,8	183,3	187,2	187,2	1,48
59	1d59J	1200	1400	4,98	6,79	g; 1L fehlt; Sch. u. ge., "ausgefranst"	360°; 5°; 1; 900	2	26,3	6,6	4,0	15,9	191,4	196,3	191,4	1,47
69	1d69I	1200	1400	4,26	4,67	g; Sch. u. ge., "ausgefranst"	360°; 5°; 1; 900	2	23,8	6,9	7,6	23,0	126,4	100,0	152,9	1,49
69	1d69J	1200	1400	4,26	5,77	g; Sch. u. ge., "ausgefranst"	360°; 5°; 1; 900	2	25,7	6,8	5,2	20,1	149,9	115,9	173,3	1,46
20	1d20C	1600	800	14,7	1,69	g	360°; 5°; 0,5; 1000	5	20,4	5,3	7,0	8,7	166,7	179,2	172,9	0,79
29	2d29B	1600	800	10,14	1,96	g; L. dü. ungl. B.; Dicke: 3,0 µm	360°; 5°; 0,5; 1000	5	22,1	5,4	6,0	11,6	168,6	164,1	170,7	0,84

Zink; d_B = 10 mm; e = 0,2 mm; v_{Wx} = 0; DR_B; DR_W: rechts; Einfluss der Wellendurchmesser																	
d_W [mm]	Nr.	n_B [U/min]	F [N]	n_W [U/min]	ΔL_B [mm]	Dicke Aussehen Breite; Auswertung	α_1 [°Grad]; α_2[°Grad]; F_1 [kN]; n_{B1} [U/Min]	t_s [s]	H_m [µm]	B_m [mm]	M_Z [Nm]	M_X [Nm]	T_m [°C]	T_{An} [°C]	T_{End} [°C]	F_m [kN]
39	2d39A	1600	800	7,538	1,94	L. dü. ungl. B.; Dicke: 2,9 µm	360°; 5°; 0,5; 1000	5	19,5	5,4	7,5	15,5	166,4	152,9	169,8	0,85
49	17H	1600	800	6	2,15	ggg	360°; 10°;0,3; 700	2	21,0	5,2	7,7	16,0				0,86
49	52F	1600	800	6	1,94	g	360°; 5°; 0,5; 1000	3	19,0	5,3	3,1	20,5	167,5	125,9	181,3	0,81
59	1d59E	1600	800	4,98	2,51	g; Sch. u. ge., "ausgefranst"	360°; 5°; 0,5; 1000	5	16,0	5,6	8,0	18,8	167,9	127,1	190,5	0,88
59	1d59F	1600	800	4,98	1,93	g; 1R fehlt; Sch. u. ge., "ausgefranst"; Aws	360°; 5°; 0,5; 1000	3	14,6	5,5	7,4	18,7	157,5	100,0	190,2	0,87
69	1d69E	1600	800	4,26	2,37	1R fehlt; Sch. u. ge., "ausgefranst"; Aws	360°; 5°; 0,5; 1000	3	14,3	5,5	7,5	25,8	122,4	100,0	143,6	0,85
69	1d69F	1600	800	4,26	2,19	g; 1R fehlt; Sch. u. ge., "ausgefranst"	360°; 5°; 0,5; 1000	3	14,0	5,4	6,2	25,5	110,0	100,0	125,4	0,84
59	2d59A	2000	500	4,98	0,8	g; 1R fehlt; Aws	360°; 5°; 0,5; 1400	6	12,9	4,8	3,0	20,4	151,8	100,0	169,4	0,53
69	2d69A	2000	500	4,26	1,16	g; 1R fehlt; Sch. u. ge., "ausgefranst"	360°; 5°; 0,5; 1400	6	11,7	4,7	4,8	21,4	110,2	100,0	124,8	0,56
20	3d20C	2000	540	14,7	1,13	g, punkt 4, 5 sehr dünn	370°; 5°; 0,5; 1000	4	19,2	5,1	3,0	9,1	182,2	192,4	163,1	0,54
20	3d20A	2000	800	14,7	2,85	g	360°; 5°; 0,5; 1000	4	27,4	5,4	3,7	9,1	194,3	212,4	207,9	0,80
20	3d20B	2000	800	14,7	2,74	g	360°; 5°; 0,5; 1000	4	27,1	5,6	3,1	9,1	196,6	218,1	193,3	0,80
29	2d29C	2000	800	10,14	2,97	g; L. dü. ungl. B.; Dicke: 2,7 µm	360°; 5°; 0,5; 1000	4	25,6	5,8	3,1	10,5	197,3	195,2	200,2	0,82
29	2d29D	2000	800	10,14	3,3	g; L. dü. ungl. B.; Dicke: 3,0 µm	360°; 5°; 0,5; 1000	4	25,0	5,8	2,7	10,0	199,7	203,2	202,4	0,82
29	2d29E	2000	800	10,14	3,21	g; L. dü. ungl. B.; Dicke: 3,0 µm	370°; 5°; 0,5; 1000	4	24,6	5,7	4,7	10,2	194,8	197,4	197,8	0,80
39	2d39B	2000	800	7,538	2,54	L. dü. ungl. B.; Dicke: 2,5 µm	360°; 5°; 0,5; 1000	3	23,5	5,7	4,4	14,9	190,8	158,4	195,5	0,84
39	2d39C	2000	800	7,538	2,95	L. dü. ungl. B.; Dicke: 3,3 µm	360°; 5°; 0,5; 1000	4	23,7	5,9	3,3	14,4	196,0	188,9	196,2	0,86
39	2d39D	2000	800	7,538	3,18	L. dü. ungl. B.; Dicke: 1,9 µm	360°; 5°; 0,5; 1000	4	24,8	5,9	2,8	14,8	197,5	194,0	196,1	0,87
49	18E	2000	800	6	3,75	ggg	360°; 10°;0,3; 700	2	23,9	5,4	2,5	20,0				0,85
49	36H	2000	800	6	4,01	linker Bereich durchgehend sehr unregelmäßig	370°; 5°; 0,5;1000	4	23,1	6,1	3,3	16,7				0,86
49	53D	2000	800	6	4	g; Sch. u. ge., "ausgefranst"	360°; 5°; 0,5; 1000	4	23,4	6,4	4,2	17,4	217,3	209,1	213,2	0,87
59	2d59D	2000	800	4,98	3,64	Sch. u. ge., "ausgefranst"; links schlecht (Ls)	360°; 5°; 0,5; 1000	3	20,4	5,8	5,3	18,7	211,4	191,0	220,0	0,87
59	2d59E	2000	800	4,98	4,33	Sch. u. ge., "ausgefranst"; Ls	360°; 5°; 0,5; 1000	4	19,5	5,8	3,5	19,0	218,7	219,5	225,3	0,88
59	2d59F	2000	800	4,98	3,88	Sch. u. ge., "ausgefranst"; Ls	370°; 5°; 0,5; 1000	4	19,1	5,9	3,9	18,6	214,3	213,1	218,4	0,85
69	2d69D	2000	800	4,26	3,68	1R fehlt; Sch. u. ge., "ausgefranst"	360°; 5°; 0,5; 1000	3	17,8	6,3	2,4	16,1	143,0	100,7	169,2	0,87
69	2d69E	2000	800	4,26	3,86	Sch. u. ge., "ausgefranst"	360°; 5°; 0,5; 1000	4	17,3	5,9	5,4	18,3	152,6	133,1	171,9	0,87
69	2d69F	2000	800	4,26	3,89	Sch. u. ge., "ausgefranst"	370°; 5°; 0,5; 1000	4	18,0	6,4	4,2	16,2	159,5	136,4	174,8	0,87
59	2d59B	2400	500	4,98	1,99	1L fehlt; Ae	360°; 5°; 0,5; 1400;	4	15,7	4,9	1,9	19,9	200,7	125,4	213,2	0,53
69	2d69B	2400	500	4,26	1,25	1R und 5L fehlen; Sch. u. ge., "ausgefranst"; As	360°; 5°; 0,5; 1400	4	12,2	4,9	2,0	16,7	121,2	100,0	142,4	0,54
20	4d20A	2400	530	14,7	1,2	punkt 4, 5 sehr dünn	360°; 5°; 0,5; 1000	4	21,1	5,2	1,9	8,0	182,6	194,6	164,8	0,53

Zink; d_B = 10 mm; e = 0,2 mm; v_{Wx} = 0; DR_B; DR_W: rechts; Einfluss der Wellendurchmesser

d_W [mm]	Nr.	n_B [U/min]	F [N]	n_W [U/min]	ΔL_B [mm]	Dicke Aussehen Breite; Auswertung	α_1 [°Grad]; α_2[°Grad]; F_1 [kN]; n_{B1} [U/Min]	t_s [s]	H_m [µm]	B_m [mm]	M_Z [Nm]	M_X [Nm]	T_m [°C]	T_{An} [°C]	T_{End} [°C]	F_m [kN]
29	2d29F	2400	800	10,14	5,3	g; L. dü. ungl. B.; Dicke: 3,4 µm	360°; 5°; 0,5; 1000	4	28,0	5,9	2,0	9,8	228,4	240,5	227,6	0,84
39	2d39E	2400	800	7,538	4,14	L. dü. ungl. B.; Dicke: 1,5 µm; Bolzen knapp	360°; 5°; 0,5; 1000	4	26,3	6,1	2,4	10,8	223,0	225,4	221,8	0,89
49	36I	2400	800	6	6,5	linker Bereich durchgehend sehr unregelmäßig	370°; 5°; 0,5;1000	4	28,3	6,2	1,8	15,3				0,89
49	53E	2400	800	6	5,54	g; Sch. u. ge., "ausgefranst"; Bolzen knapp	360°; 5°; 0,5; 1000	4	27,1	6,5	2,1	16,3	245,7	243,6	243,6	0,87
59	1d59G	2400	800	4,98	5,94	g; Sch. u. ge., "ausgefranst"; Bolzen knapp	360°; 5°; 0,5; 1000	4	20,8	6,1	3,0	15,7	239,0	239,2	241,3	0,90
69	1d69G	2400	800	4,26	5,33	g; Sch. u. ge., "ausgefranst"; Bolzen knapp	360°; 5°; 0,5; 1000	4	20,8	5,7	2,5	20,3	190,0	147,9	215,4	0,86
20	4d20B	2800	500	14,7	1,09	punkt 4, 5 sehr dünn	360°; 5°; 0,5; 1600	4	26,2	5,1	1,4	8,2	192,5	200,1	173,6	0,47
39	2d39F	2800	500	7,538	1,42	L. dü. ungl. B.; Dicke: 1,9 µm	360°; 5°; 0,5; 1600	4	18,9	5,2	1,9	14,1	212,5	191,4	218,8	0,53
59	2d59C	2800	500	4,98	1,53	g; Aws	360°; 5°; 0,5; 1600	4	17,0	5,0	2,0	19,3	215,2	138,1	227,5	0,53
69	2d69C	2800	500	4,26	1,82	5L fehlt; Sch. u. ge., "ausgefranst"; Ag Es	360°; 5°; 0,5; 1600	4	13,8	5,8	1,5	19,7	159,0	108,5	178,0	0,54

Zink; d_W = 49 mm; e = 0,2 mm; v_{Wx} = 0; DR_B; DR_W: rechts; Einfluss der Bolzendurchmesser

d_B [mm]	Nr.	n_B [U/min]	F [kN]	n_W [U/min]	ΔL [mm]	Dicke Aussehen Breite; Auswertung	α_1 [°Grad]; α_2[°Grad]; F_1 [kN]; n_{B1} [U/Min]	t_s [s]	H_m [µm]	B_m [mm]	M_Z [Nm]	M_X [Nm]	T_m [°C]	T_{An} [°C]	T_{End} [°C]	F_m [kN]
10	52D	700	800	6	0,38	Anfang schlecht (As); Ende gut (Eg); 1M und 1R fehlen	360°; 5°; 0,5; 700	10	10,73	4,85	4,03	23,35	100,0	100,0	100,0	0,83
14	54A	700	800	6	0,19	g; 1M&1R fehlen; Schicht von Pos. 1 bis 2 schmaler; As	360°; 0°; 0,5; 700	10	10,46	6,56	7,27	30,91	100,0	100,0	100,0	0,88
10	52B	1200	500	6	0,31	As; Eg; 1M fehlt	360°; 5°; 0,5; 900	8	10,18	4,72	7,50	19,21	100,0	100,0	100,0	0,55
14	54G	1200	500	6	0,13	g; 1M&1R fehlen; Schicht von Pos. 3 bis 4 dünner; As	360°; 5°; 0,5; 700	10	9,35	6,41	5,36	21,76	100,0	100,0	100,0	0,55
10	18A	1200	800	6	1,52	ggg	360°; 10°; 0,3; 700	2	17,58	5,67	7,06	18,38				0,87
10	36F	1200	800	6	1,42		360°; 5°; 0,5; 700	4	16,54	5,17	4,77	19,17				0,83
10	36G	1200	800	6	1,44	Schicht unterbrochen bei 1M; 1R	370°; 5°; 0,5; 700	4	16,15	5,10	3,75	18,96				0,85
10	52E	1200	800	6	0,84	Anfang und Ende gut (AEg)	360°; 5°; 0,5; 900	4	14,55	4,99	8,27	22,15	113,7	100,0	130,5	0,79
14	54B	1200	800	6	0,45	g; 1R fehlt; As	370°; 0°; 0,5; 1200	5	14,50	6,71	7,37	27,58	109,5	100,0	125,4	0,83
22	66A	1200	800	6	0,17	Anfang schlecht	360°; 5°; 0,5; 900	6	17,61	10,15	8,25	34,88	124,3	100,0	150,4	0,87
22	67A	1200	800	6	0,31	As aber besser	360°; 5°; 0,5; 900	10	22,60	10,11	9,37	35,07	157,9	100,0	180,6	0,87
10	17E	1200	1100	6	2,98	g	360°; 10°; 0,8; 700	2	25,67	5,87	4,14	14,93				1,17
10	52H	1200	1100	6	2,8	g; Schichtränder unregelmäßig gewellt (**Sch.u.g.**), "ausgefranst"	360°; 5°; 0,8; 900	3	22,57	5,91	8,06	20,39	147,4	121,4	153,2	1,16

Zink; d_W = 49 mm; e = 0,2 mm; v_{Wx} = 0; DR_B; DR_W: rechts; Einfluss der Bolzendurchmesser																
d_B [mm]	Nr.	n_B [U/min]	F [kN]	n_W [U/min]	ΔL [mm]	Dicke Aussehen Breite; Auswertung	α_1 [°Grad]; α_2[°Grad]; F_1 [kN]; n_{B1} [U/Min]	t_s [s]	H_m [µm]	B_m [mm]	M_Z [Nm]	M_X [Nm]	T_m [°C]	T_{An} [°C]	T_{End} [°C]	F_m [kN]
14	54H	1200	1100	6	1,08	1R fehlt; Sch.u.g., "ausgefranst"	360°; 5°; 0,8; 900	3	18,48	7,03	5,91	30,20	137,8	100,0	163,2	1,18
22	66D	1200	1100	6	0,46	g	360°; 5°; 0,8; 900	3	25,55	10,74	10,13	40,22	163,1	100,0	199,1	1,12
22	67D	1200	1100	6	0,57	As	360°; 5°; 0,8; 900	3	26,83	10,39	10,28	40,60	170,9	100,0	207,8	1,16
10	17F	1200	1400	6	5,07	g	360°; 10°; 0,8; 700	2	31,90	6,14	3,43	13,19				1,45
10	35H	1200	1400	6	5,67		360°; 5°; 1; 700	2	31,54	7,05	7,00	16,62				1,46
10	35I	1200	1400	6	5,03		360°; 5°; 1; 700	2	30,14	7,05	4,56	18,11				1,45
10	52K	1200	1400	6	4,8	g	360°; 5°; 1; 900	2	29,58	6,56	3,42	17,13	164,2	130,0	181,9	1,41
14	54I	1200	1400	6	2,25	g; Sch.u.g., "ausgefranst"	360°; 5°; 1; 900	2	25,61	7,40	3,39	28,34	172,4	122,8	189,6	1,49
22	66E	1200	1400	6	1,17	G	360°; 5°; 1; 900	2	30,83	11,52	12,14	45,08	193,4	116,2	222,0	1,40
22	67E	1200	1400	6	1,36	F	360°; 5°; 1; 900	2	30,21	11,37	10,16	43,09	189,8	123,3	220,1	1,35
10	17H	1600	800	6	2,15	ggg	360°; 10°; 0,3; 700	2	21,00	5,17	7,65	15,95				0,86
10	52F	1600	800	6	1,94	g	360°; 5°; 0,5; 1000	3	19,01	5,33	3,12	20,49	167,5	125,9	181,3	0,81
14	54C	1600	800	6	0,83	g; 1M fehlt ; As	360°; 5°; 0,5; 1000	4	18,01	7,07	4,45	26,88	149,5	100,0	175,8	0,84
22	66B	1600	800	6	0,42	As	360°; 5°; 0,5; 1000	6	25,26	10,55	7,93	33,91	183,9	100,0	206,1	0,89
22	67B	1600	800	6	0,42	g	360°; 5°; 0,5; 1000	8	26,65	10,59	8,67	32,31	207,3	155,3	223,7	0,82
10	18E	2000	800	6	3,75	ggg	360°; 10°; 0,3; 700	2	23,87	5,41	2,54	20,05				0,85
10	36H	2000	800	6	4,01	linker Bereich durchgehend sehr unregelmäßig	370°; 5°; 0,5; 1000	4	23,14	6,10	3,32	16,65				0,86
10	53D	2000	800	6	4	g; Sch.u.g. "ausgefranst"	360°; 5°; 0,5; 1000	4	23,36	6,37	4,22	17,45	217,3	209,1	213,2	0,87
14	54D	2000	800	6	1,69	g; Sch.u.g., "ausgefranst"	360°; 5°; 0,5; 1000	4	22,71	7,38	6,04	23,88	204,4	154,1	216,7	0,86
10	36I	2400	800	6	6,5	linker Bereich durchgehend sehr unregelmäßig	370°; 5°; 0,5;1000	4	28,33	6,21	1,79	15,26				0,89
10	53E	2400	800	6	5,54	g; Sch.u.g., "ausgefranst"; Bolzen knapp	360°; 5°; 0,5; 1000	4	27,10	6,53	2,10	16,29	245,7	243,6	243,6	0,87
14	54E	2400	800	6	2,08	g; Sch.u.g.; "ausgefranst"	360°; 5°; 0,5; 1000	3	26,80	6,95	2,92	23,25	226,7	190,6	246,5	0,85
22	66C	2400	800	6	0,98	Schlecht	360°; 5°; 0,5; 1000	6	27,43	6,12	6,13	29,00	242,2	210,5	261,8	0,85
22	67C	2400	800	6	1,08	Schlecht	360°; 5°; 0,5; 1000	6	24,06	6,12	6,38	26,62	244,7	215,4	265,3	0,83

Zink; e = 0,2 mm; v_{Wx} = 0; DR_B; DR_W: rechts - Schichtposition (Po)																		
d_W [mm]	d_B [mm]	Po.	Nr.	n_B [U/min]	F [kN]	n_W [U/min]	ΔL [mm]	Dicke Aussehen Breite; Auswertung	α_1 [°Grad]; α_2[°Grad]; F_1 [kN]; n_{B1} [U/Min]	t_s [s]	H_m [µm]	B_m [mm]	M_Z [Nm]	M_X [Nm]	T_m [°C]	T_{An} [°C]	T_{End} [°C]	F_m [kN]
59	14	0	3d59C	1200	0,8	4,98	0,65	1M und 1R fehlen; Anfang schlecht	360°; 5° ; 0,5; 900	10	12,28	6,76	7,2	31,7	143	100	164	0,870
59	14	0	3d59I	1200	0,8	4,98	0,85	1L fehlt; Anfang nicht so gut	360°; 5° ; 0,5; 1000	15	11,83	6,73	4,2	28,7	160	106	172	0,878
59	14	2	4d59A	1200	0,8	4,98	1,22	L fehlt	360°; 5° ; 0,5; 1000	15	23,74		4,2	31,6	174	155	177	0,863
59	14	2	4d59B	1200	0,8	4,98	1,68	L Fehlt; T nicht richtig	360°; 5° ; 0,5; 1000	15	24,25		4,8	32,4	169	179	174	0,862
59	14	0	3d59B	1600	0,8	4,98	0,92	g	360°; 5° ; 0,5; 1000	6	15,35	6,89	5,7	31,8	181	132	199	0,826
59	14	2	4d59C	1600	0,8	4,98	1,75	L fast gut	360°; 5° ; 0,5; 1000	8	25,28		4,7	29,8	197	184	200	0,859
59	14	2	4d59D	1600	0,8	4,98	1,91	L fast gut	360°; 5° ; 0,5; 1000	8	25,24		4,4	30,4	199	186	203	0,854
59	14	0	3d59A	2000	0,8	4,98	1,61	g	360°; 5° ; 0,5; 1000	4	18,71	7,04	4,9	29,8	217	164	234	0,828
59	14	2	4d59J	2000	0,8	4,98	3,25	Gut	360°; 5° ; 0,5; 1000	4	28,95		4,5	27,6	226	215	235	0,844
59	14	1	3d59Ao	2000	0,8	4,98	4,97	g	360°; 5° ; 0,5; 1000	4	26,31	6,41	5,4	27,1	233	219	239	0,838
59	14	0	3d59E	2400	0,8	4,98	2,45	g	360°; 5°; 0,5; 1000	4	22,87	7,13	2,6	27,8	249	231	263	0,837
59	14	2	4d59G	2400	0,8	4,98	4,54	g	360°; 5°; 0,5; 1000	4	34,69		3,3	28,0	251	238	260	0,842
59	14	2	4d59H	2400	0,8	4,98	5,18	g	360°; 5°; 0,5; 1000	4	32,93		3,7	27,1	260	243	267	0,849
49	22	0	67B	1600	0,8	6,00	0,42	g	360°; 5°; 0,5; 1000	8	26,65	10,59	8,7	32,3	207	155	224	0,822
49	22	1	67Ao	1600	0,8	6,00	0,7	g; Anfang schlecht	360°; 5°; 0,5; 1000	8	27,80	10,05	8,0	30,9	212	173	226	0,833
20	10	0	2d20B	1200	0,8	14,70	0,95	g	360°; 5°; 0,5; 900	6	18,58	4,74	9,9	9,3	124	133	135	0,788
20	10	0	2d20C	1200	0,8	14,70	1,11	g	360°; 5°; 0,5; 900	6	18,14	4,98	9,1	10,0	134	147	140	0,773
20	10	1	4d20Ao	1200	0,8	14,70	2,1	g	360°; 5°; 0,5; 900	6	24,08	5,63	7,5	10,7	144	166	146	0,836
20	10	0	1d20C	1600	0,8	14,70	1,69	g	360°; 5°; 0,5; 1000	5	20,38	5,33	7,0	8,7	167	179	173	0,792
20	10	1	1d20Ao	1600	0,8	14,70	2,01	g, Verunreinigung bei 5L	360°; 5°; 0,5; 1000	5	21,15	5,58	3,2	9,3	167	188	168	0,791
20	10	1	2d20Ao	1600	0,8	14,70	1,73	g; X=116	360°; 5°; 0,5; 1000	5	23,47	4,95	8,2	7,2	168	177	176	0,807
29	10	0	2d29B	1600	0,8	10,14	1,96	g; links neben eigentlicher Spur noch ein sehr dünner, ungleichmäßiger Bereich **(L. dü. ungl. B.)**	360°; 5°; 0,5; 1000	5	22,14	5,44	6,0	11,6	169	164	171	0,843
29	10	1	2d29Ao	1600	0,8	10,14	2,84	g	360°; 5°; 0,5; 1000	5	25,50	6,19	5,7	12,9	177	174	180	0,840
29	10	0	2d29C	2000	0,8	10,14	2,97	g; L. dü. ungl. B.	360°; 5°; 0,5; 1000	4	25,61	5,81	3,1	10,5	197	195	200	0,816
29	10	0	2d29D	2000	0,8	10,14	3,3	g; L. dü. ungl. B.	360°; 5°; 0,5; 1000	4	25,00	5,79	2,7	10,0	200	203	202	0,822
29	10	0	2d29E	2000	0,8	10,14	3,21	g; L. dü. ungl. B.	370°; 5°; 0,5; 1000	4	24,55	5,73	4,7	10,2	195	197	198	0,803
29	10	1	1d29Ao	2000	0,8	10,14	4,51	g	360°; 5°; 0,5; 1000	4	28,80	6,25	3,4	10,9	209	215	211	0,819

Anlage 7: Ergebnisse der Eignung des RALö und KS für die PV-PLV

A7.1: Probengeometrie

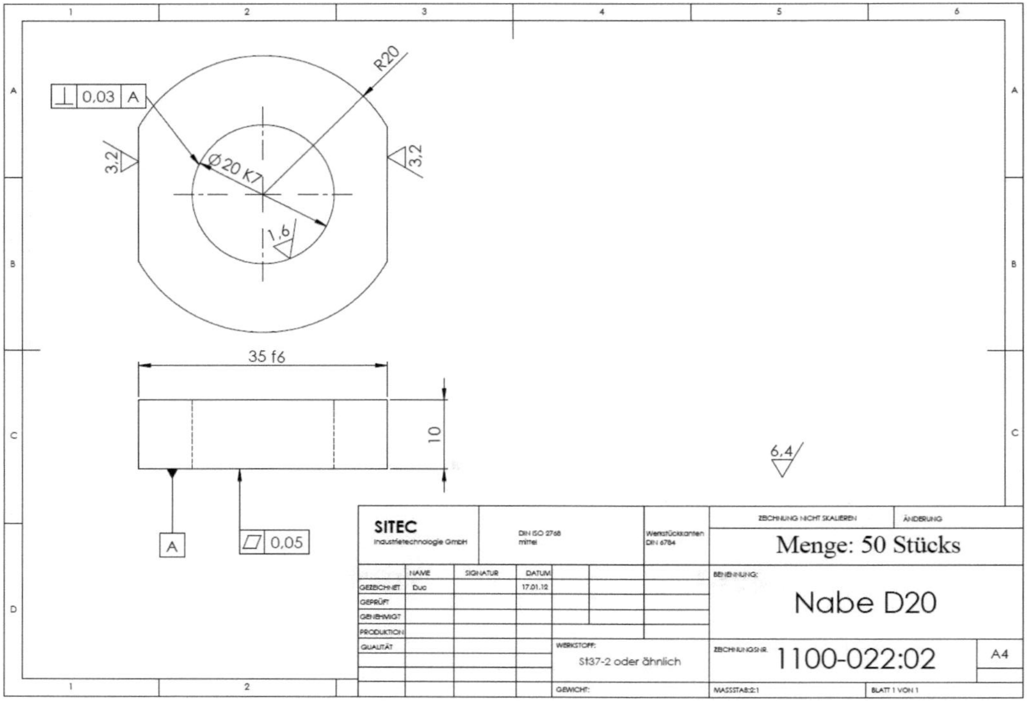

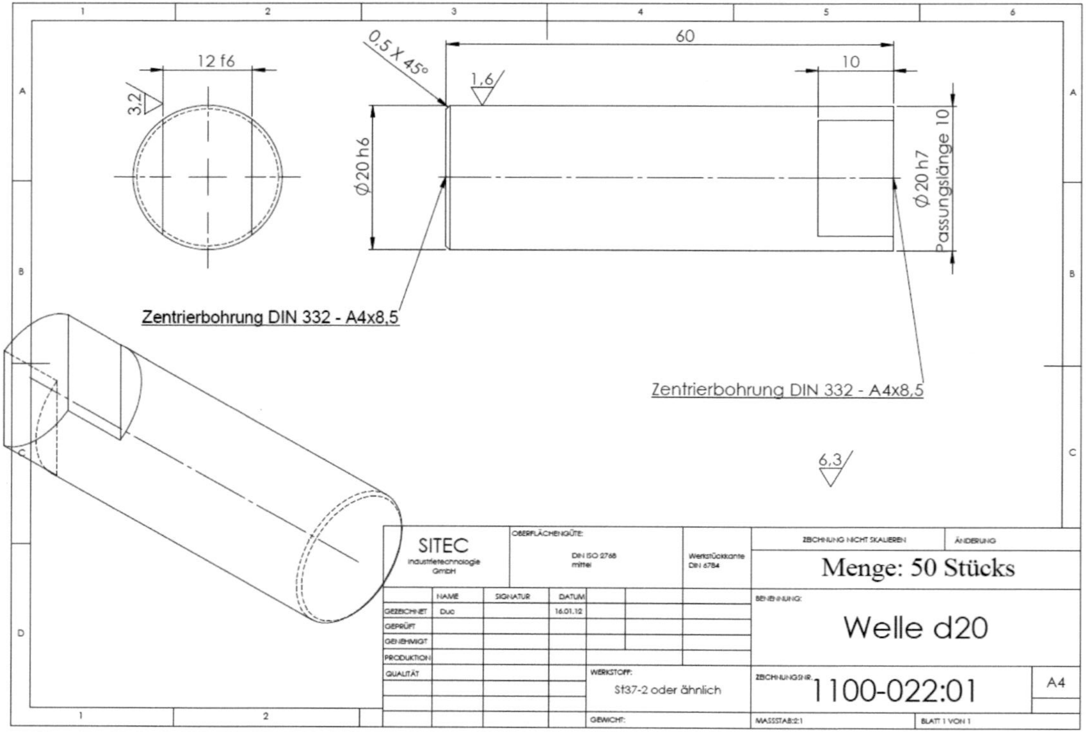
12 f6
3,2
0,5 X 45°
1,6
60
10
Ø20 h6
Ø20 h7
Passungslänge 10
Zentrierbohrung DIN 332 - A4x8,5
Zentrierbohrung DIN 332 - A4x8,5
6,3
SITEC
Industrietechnologie GmbH
OBERFLÄCHENGÜTE:
DIN ISO 2768 mittel
Werkstückkante DIN 6784
ZEICHNUNG NICHT SKALIEREN
ÄNDERUNG
Menge: 50 Stücks
NAME
SIGNATUR
DATUM
GEZEICHNET
Duc
16.01.12
GEPRÜFT
GENEHMIGT
PRODUKTION
QUALITÄT
BENENNUNG:
Welle d20
WERKSTOFF:
St37-2 oder ähnlich
ZEICHNUNGSNR.
1100-022:01
A4
GEWICHT:
MASSSTAB:2:1
BLATT 1 VON 1

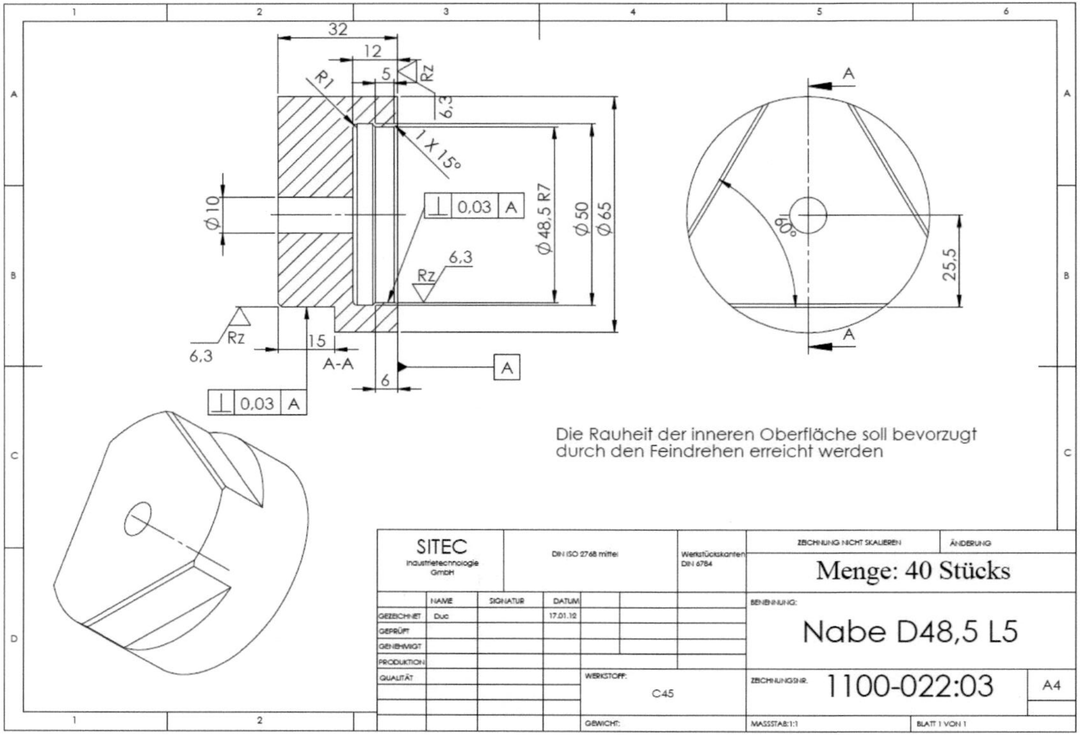
32
12
5
R1
Rz
6,3
1 X 15°
Ø10
⊥ 0,03 A
Ø48,5 R7
Ø50
Ø65
6,3
Rz
Rz
6,3
15
A-A
6
A
⊥ 0,03 A
A
A
60°
25,5
Die Rauheit der inneren Oberfläche soll bevorzugt
durch den Feindrehen erreicht werden
SITEC
Industrietechnologie GmbH
DIN ISO 2768 mittel
Werkstückskanten DIN 6784
ZEICHNUNG NICHT SKALIEREN
ÄNDERUNG
Menge: 40 Stücks
NAME
SIGNATUR
DATUM
GEZEICHNET
Duc
17.01.12
GEPRÜFT
GENEHMIGT
PRODUKTION
QUALITÄT
BENENNUNG:
Nabe D48,5 L5
WERKSTOFF:
C45
ZEICHNUNGSNR.
1100-022:03
A4
GEWICHT:
MASSSTAB:1:1
BLATT 1 VON 1

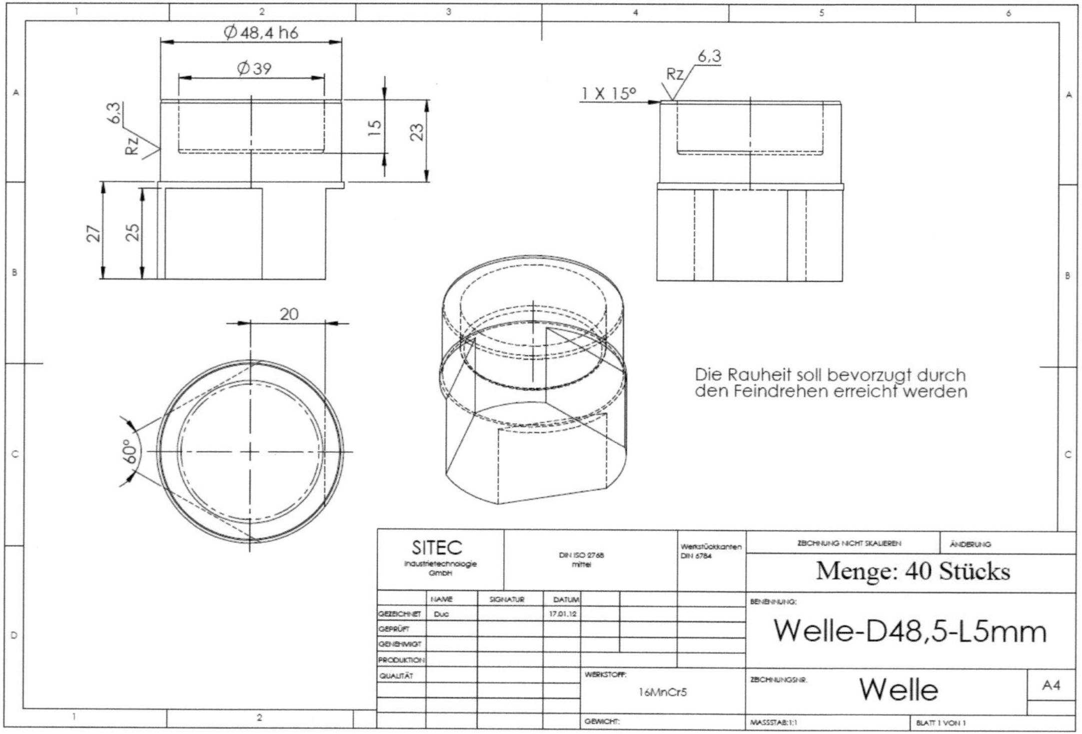
Ø48,4 h6
Ø39
6,3
Rz
15
23
27
25
1 X 15°
20
60°
Die Rauheit soll bevorzugt durch
den Feindrehen erreicht werden
SITEC
Industrietechnologie GmbH
DIN ISO 2768 mittel
Werkstückkanten DIN 6784
ZEICHNUNG NICHT SKALIEREN
ÄNDERUNG
Menge: 40 Stücks
NAME
SIGNATUR
DATUM
GEZEICHNET
Duc
17.01.12
GEPRÜFT
GENEHMIGT
PRODUKTION
QUALITÄT
BENENNUNG:
Welle-D48,5-L5mm
WERKSTOFF:
16MnCr5
ZEICHNUNGSNR.
Welle
A4
GEWICHT:
MASSSTAB:1:1
BLATT 1 VON 1

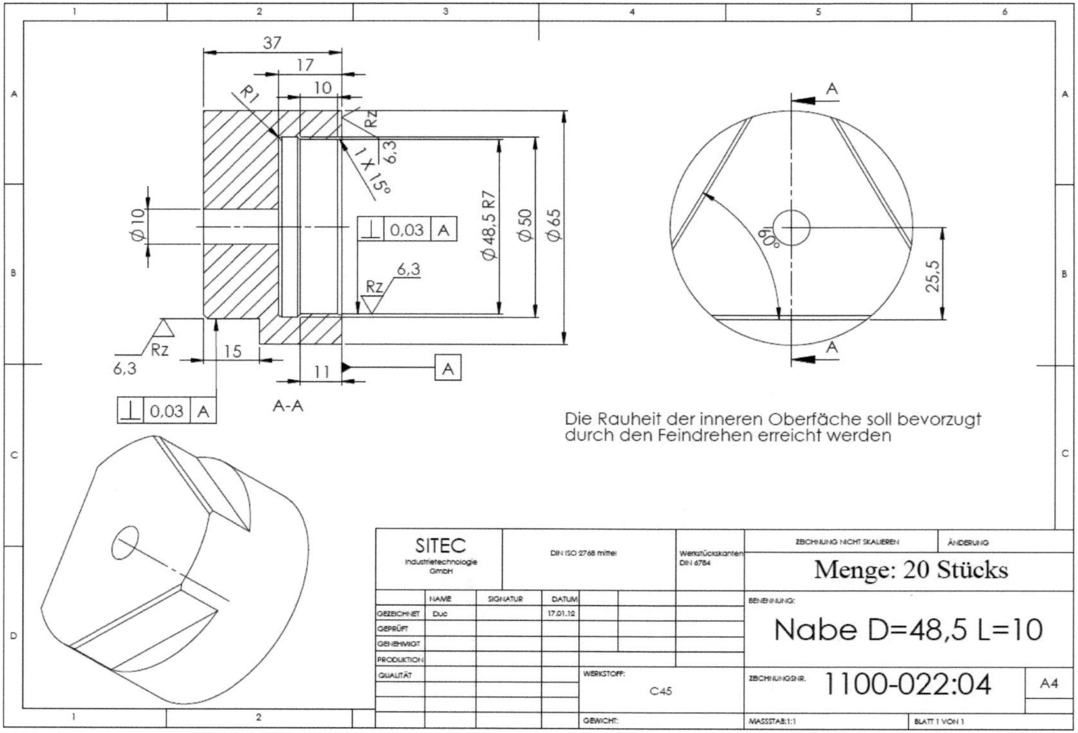
37
17
10
R1
Rz
6,3
1 X 15°
⌀10
⊥ 0,03 A
Rz 6,3
⌀48,5 R7
⌀50
⌀65
Rz
6,3
15
11
A
⊥ 0,03 A
A-A
A
60°
25,5
A
Die Rauheit der inneren Oberfäche soll bevorzugt
durch den Feindrehen erreicht werden
SITEC
Industrietechnologie GmbH
DIN ISO 2768 mittel
Werkstückskanten DIN 6784
ZEICHNUNG NICHT SKALIEREN
ÄNDERUNG
Menge: 20 Stücks
NAME
SIGNATUR
DATUM
GEZEICHNET
Duc
17.01.12
GEPRÜFT
GENEHMIGT
PRODUKTION
QUALITÄT
BENENNUNG:
Nabe D=48,5 L=10
WERKSTOFF:
C45
ZEICHNUNGSNR.
1100-022:04
A4
GEWICHT:
MASSSTAB:1:1
BLATT 1 VON 1

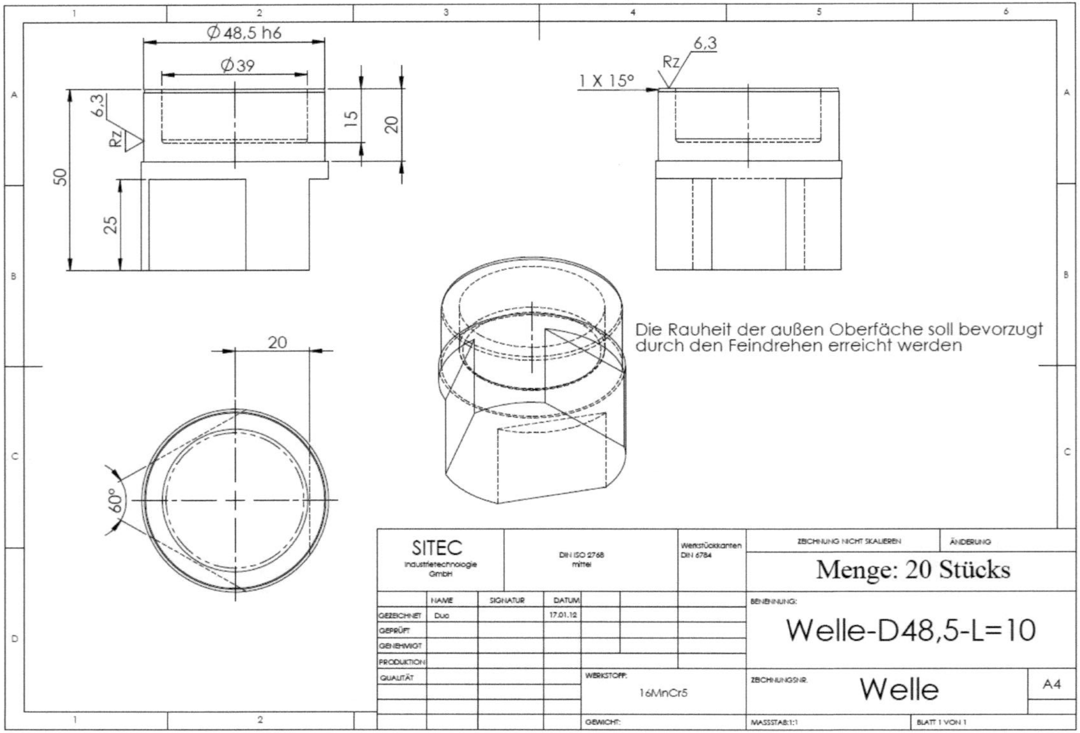
Ø48,5 h6
Ø39
6,3
Rz
50
25
15
20
1 X 15°
Rz
6,3
20
60°
Die Rauheit der außen Oberfäche soll bevorzugt durch den Feindrehen erreicht werden
SITEC
Industrietechnologie GmbH
DIN ISO 2768 mittel
Werkstückkanten DIN 6784
ZEICHNUNG NICHT SKALIEREN
ÄNDERUNG
Menge: 20 Stücks
NAME
SIGNATUR
DATUM
GEZEICHNET
Duo
17.01.12
GEPRÜFT
GENEHMIGT
PRODUKTION
QUALITÄT
BENENNUNG:
Welle-D48,5-L=10
WERKSTOFF:
16MnCr5
ZEICHNUNGSNR.
Welle
A4
GEWICHT:
MASSSTAB:1:1
BLATT 1 VON 1

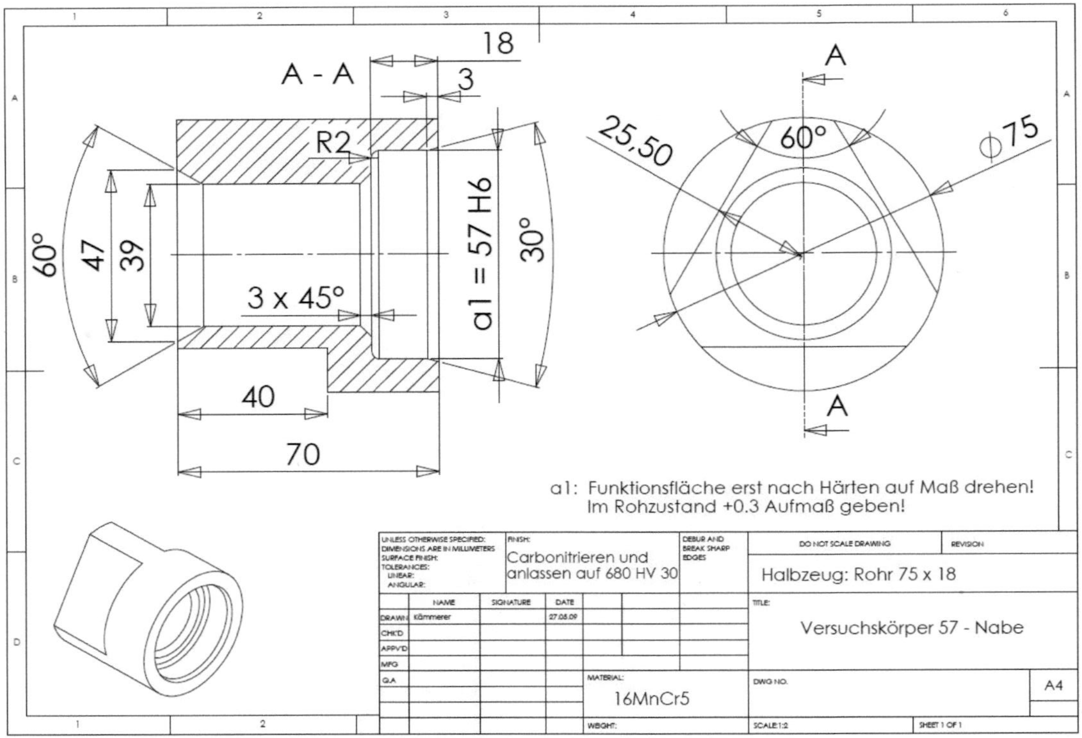
A - A
18
3
R2
60°
47
39
3 x 45°
a1 = 57 H6
30°
40
70
A
25,50
60°
ϕ75
A
a1: Funktionsfläche erst nach Härten auf Maß drehen!
Im Rohzustand +0.3 Aufmaß geben!
UNLESS OTHERWISE SPECIFIED:
DIMENSIONS ARE IN MILLIMETERS
SURFACE FINISH:
TOLERANCES:
LINEAR:
ANGULAR:
FINISH:
Carbonitrieren und
anlassen auf 680 HV 30
DEBUR AND BREAK SHARP EDGES
DO NOT SCALE DRAWING
REVISION
Halbzeug: Rohr 75 x 18
NAME
SIGNATURE
DATE
DRAWN
Kämmerer
27.05.09
CHK'D
APPV'D
MFG
Q.A
TITLE:
Versuchskörper 57 - Nabe
MATERIAL:
16MnCr5
DWG NO.
A4
WEIGHT:
SCALE:1:2
SHEET 1 OF 1

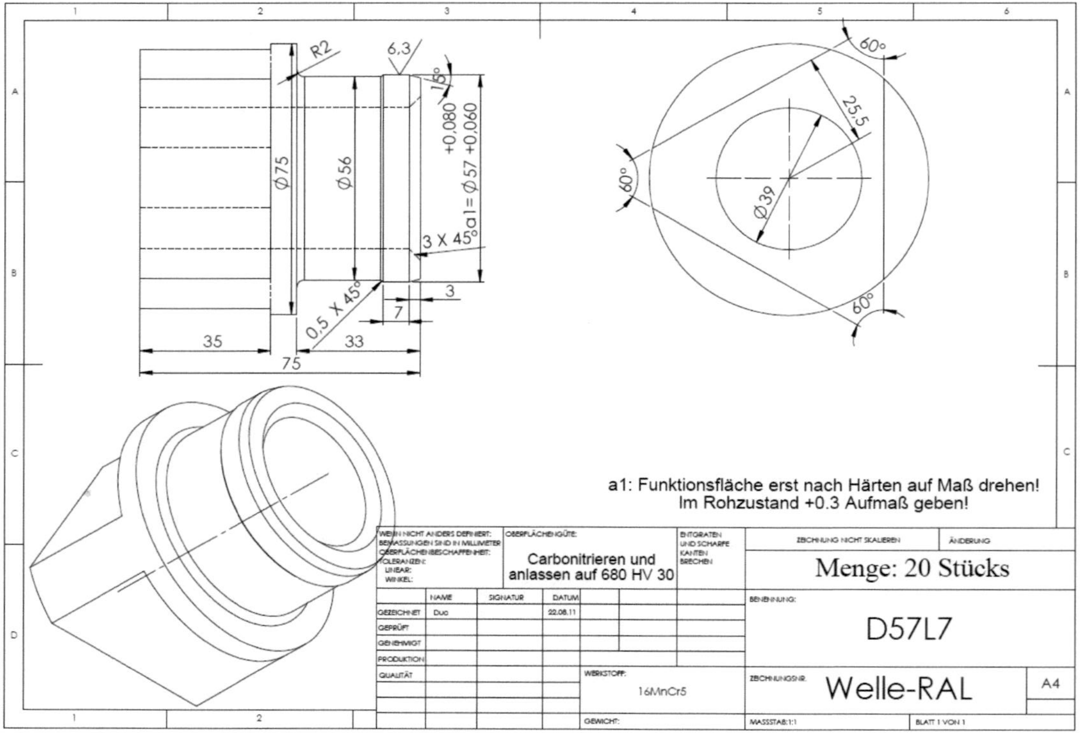
R2
6,3
15°
+0,080
a1 = Ø57 +0,060
Ø75
Ø56
3 X 45°
0,5 X 45°
3
7
35
33
75
60°
25,5
Ø39
a1: Funktionsfläche erst nach Härten auf Maß drehen!
Im Rohzustand +0.3 Aufmaß geben!
OBERFLÄCHENGÜTE:
Carbonitrieren und anlassen auf 680 HV 30
ENTGRATEN UND SCHARFE KANTEN BRECHEN
ZEICHNUNG NICHT SKALIEREN
ÄNDERUNG
Menge: 20 Stücks
NAME
SIGNATUR
DATUM
GEZEICHNET
Duo
22.08.11
GEPRÜFT
GENEHMIGT
PRODUKTION
QUALITÄT
BENENNUNG:
D57L7
WERKSTOFF:
16MnCr5
ZEICHNUNGSNR.
Welle-RAL
A4
GEWICHT:
MASSSTAB:1:1
BLATT 1 VON 1

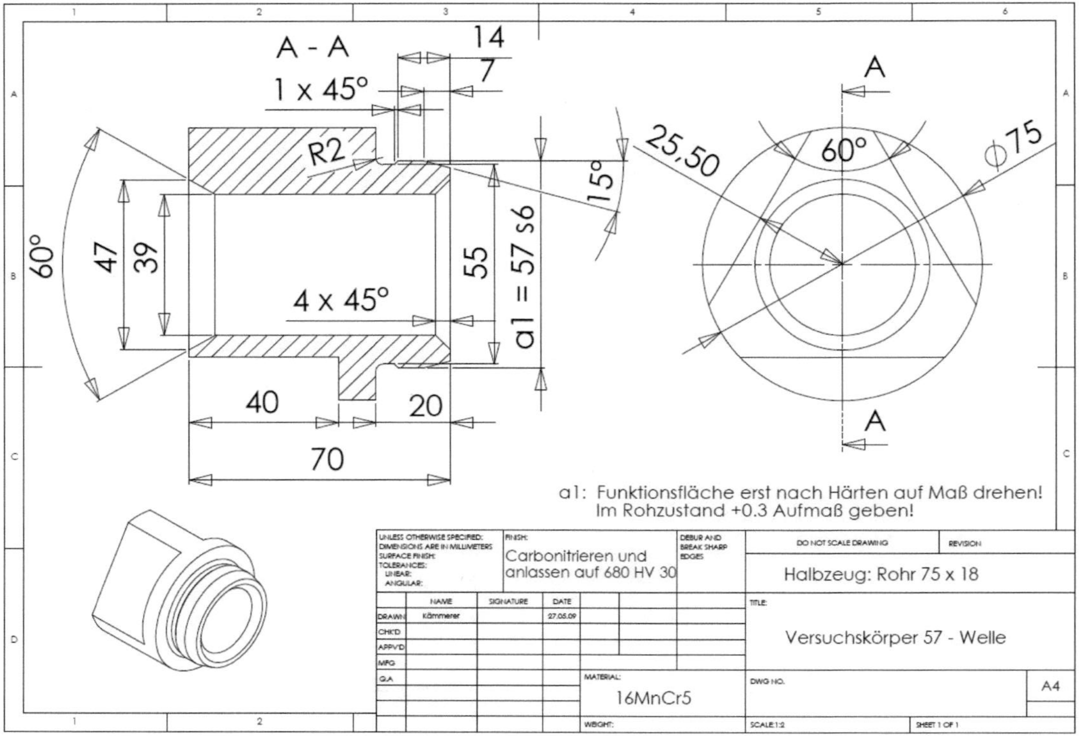
A - A
14
7
1 x 45°
R2
60°
47
39
4 x 45°
55
a1 = 57 s6
15°
40
20
70
25,50
60°
ϕ75
A
A
a1: Funktionsfläche erst nach Härten auf Maß drehen!
Im Rohzustand +0.3 Aufmaß geben!
UNLESS OTHERWISE SPECIFIED:
DIMENSIONS ARE IN MILLIMETERS
SURFACE FINISH:
TOLERANCES:
LINEAR:
ANGULAR:
FINISH:
Carbonitrieren und anlassen auf 680 HV 30
DEBUR AND BREAK SHARP EDGES
DO NOT SCALE DRAWING
REVISION
Halbzeug: Rohr 75 x 18
NAME
SIGNATURE
DATE
DRAWN
Kämmerer
27.05.09
CHK'D
APPV'D
MFG
Q.A
TITLE:
Versuchskörper 57 - Welle
MATERIAL:
16MnCr5
DWG NO.
A4
WEIGHT:
SCALE:1:2
SHEET 1 OF 1

A7.2: Beschichtungsvorgang der RALö-Proben

D485L5Al; $v_{Wx} = 0$; DR_B, DR_W: rechts; $d_B = 10$ mm

Nr.	n_B [U/min]	F [kN]	n_W [U/min]	ΔL_B [mm]	Bemerkung	t_s [s]	H_m [µm]	B_m [mm]	M_Z [Nm]	M_X [Nm]	T_m [°C]	T_{An} [°C]	T_{En} [°C]	F_{Zm} [kN]	R_{zWB} [µm]
W133	800	0,8	4	1,19	365°; 5°; 0,5KN; 700U/min; Xo=169; X=180; Zo=40,5	6	60,8	5,4	4,71	35,51	119,7	100,0	143,7	0,82	31,0
W23	1200	0,8	6	2,43	365°; 5°; 0,5KN; 800U/min; Xo=169,1; X=179,8; Zo=40,5	5	68,8	6,9	4,80	34,02	197,2	198,5	202,3	0,82	28,5
W129	1200	0,8	6	2,19	365°; 5°; 0,5KN; 800U/min; Xo=168,9; X=179,5; Zo=40,5	5	62,1	5,9	9,21	34,14	187,5	179,7	193,0	0,79	23,5
W119	1200	0,8	6	2,09	365°; 5°; 0,5KN; 800U/min; Xo=169,1; X=179,7; Zo=40,8	5	67,5	6,6	8,27	33,85	185,8	153,6	217,5	0,87	24,9
W13	800	0,8	4	1,48	365°; 5°; 0,5KN; 700U/min; Xo=169; X=179,7; Zo=40,5	8	60,2	6,0	5,93	38,14	140,5	117,2	160,5	0,85	40,5
W208	800	0,8	4	1,12	365°; 5°; 0,5KN; 700U/min; Xo=169,2; X=179,9; Zo=42	8	49,8	5,7	4,51	35,19	120,8	100,0	147,5	0,83	27,0
W111	800	0,8	4	2,34	365°; 5°; 0,5KN; 700U/min; Xo=168,6; X=179,3; Zo=40,7	8	60,5	6,1	5,89	40,85	151,7	100,0	180,5	0,88	16,9
W32	800	0,8	4	1,6	365°; 5°; 0,5KN; 700U/min; Xo=168,9; X=179,4 ; Zo=41,44	8	53,9	5,8	5,18	37,39	137,1	100,0	172,3	0,85	19,1
W33	1200	0,8	6	2,96	365°; 5°; 0,5KN; 800U/min; Xo=168,5; X=179 ; Zo=40,9	6	74,9	6,8	7,29	37,85	225,5	224,5	233,2	0,85	22,7
W156	800	0,8	5	1,19	365°; 5°; 0,5KN; 800U/min; Xo=169,1; X= 179,1 ; Zo= 42,3	10	39,0	5,9	5,10	35,44	129,9	134,2	149,6	0,85	17,1
W226	800	0,8	5	1,09	365°; 5°; 0,5KN; 800U/min; Xo=168,8; X= 178,8 ; Zo= 42,6	10	34,6	5,8	5,16	33,57	128,3	116,4	143,5	0,83	13,0
WL1	800	0,8	5	1,26	365°; 5°; 0,5KN; 800U/min; Xo=168,8; X= 178,8 ; Zo= 43,1	10	39,0	6,1	5,35	36,49	134,1	100,0	157,0	0,86	14,5

D485L5Zn; $v_{Wx} = 0$; DR_B, DR_W: rechts; $d_B = 14$ mm

Nr.	n_B [U/min]	F [kN]	n_W [U/min]	ΔL_B [mm]	Bemerkung	t_s [s]	H_m [µm]	B_m [mm]	M_Z [Nm]	M_X [Nm]	T_m [°C]	T_{An} [°C]	T_{En} [°C]	F_{Zm} [kN]	R_{zWB} [µm]
Ww19	1200	1,4	6	3,59	360° - 3°- 1kN; 900U/min; Xo=166,9; X=177,9; Zo=34,4	4	32,1	8,1	6,01	27,78	193,1	189,4	196,1	1,45	11,9
Ww11	1200	1,4	6	3,88	360° - 3°- 1kN; 900U/min; Xo=166,9; X=177,7; Zo=34,4	4	31,9	8,2	6,75	26,70	193,2	191,1	197,8	1,45	11,8
Ww01	1200	1,4	6	3,56	360° - 3°- 1kN; 900U/min; Xo=166,9; X=177,7; Zo=34,4	4	30,0	7,5	6,32	25,95	197,2	203,0	195,7	1,44	11,7
W78	1200	1,4	6	2,7	360° - 3°- 1kN; 900U/min; Xo=166,6; X=178,6; Zo=34,4	3	30,6	7,2	5,05	25,81	186,9	150,1	197,4	1,43	12,8
W68	1200	1,4	6	3,15	360° - 3°- 1kN; 900U/min; Xo=166,8; X=178; Zo=35	4	31,1	7,9	7,18	23,11	194,1	180,5	195,5	1,43	10,5
W96	1200	1,4	6	3,41	360° - 3°- 1kN; 900U/min; Xo=166,9; X=177,9; Zo=36,1	4	31,2	8,0	6,02	24,45	193,9	183,0	198,4	1,41	11,5
W252	1200	0,8	6	0,79	360° - 3° - 0,5KN; 900U/min; Xo=167,1; X=177,9; Zo=34,4	15	17,4	6,8	4,03	26,16	153,7	113,3	165,0	0,85	11,3
W83	1200	0,8	6	0,79	360° - 3° - 1KN; 900U/min; Xo=166,7; X=177,9; Zo=34,9	15	17,5	7,0	3,54	27,50	146,2	100,0	164,0	0,82	12,5
W251	1200	0,8	6	0,73	360° - 3° - 1KN; 900U/min; Xo=166,8; X=177,6; Zo=34,9	15	17,4	7,0	8,42	25,82	145,2	100,0	162,0	0,83	10,2
W47	1200	1,4	6	3,5	360° - 3°- 1kN; 900U/min; Xo=167,1; X= 177,6; Zo= 37,5	4	30,4	7,5	5,65	25,57	192,1	190,1	193,3	1,45	11,5
W231	1200	1,4	6	3,96	360° - 3°- 1kN; 900U/min; Xo=167,3; X=177,8; Zo=35,5	4	29,7	7,8	8,33	25,18	199,7	198,4	197,9	1,42	12,1
W117	1200	1,4	6	4,05	360° - 3°- 1kN; 900U/min; Xo=167; X=177,5; Zo=35,2	4	30,2	7,8	6,31	24,47	199,2	197,9	198,8	1,44	12,7

D485L10Zn; v_{Wx} = 0; DR_B, DR_W: rechts; d_B = 22 mm																
Nr.	n_B [U/min]	F [kN]	n_W [U/min	ΔL_B [mm]	Bemerkung	t_s [s]	H_m [µm]	B_m [mm]	M_Z [Nm]	M_X [Nm]	T_m [°C]	T_{An} [°C]	T_{En} [°C]	F_{Zm} [kN]	R_{zWB} [µm]
Ww18	1200	1,4	6	1,51	360°; 5°; 1kN; 900U/min; Xo=163,2; X=179,2; Zo=23,8	3	31,1	11,0	8,93	39,45	215,2	181,3	231,5	1,49	13,0
Ww06	1200	1,4	6	1,33	360°; 5°; 1kN; 900U/min; Xo=163; X=179; Zo=24,2	3	29,1	10,8	7,03	37,87	216,5	172,3	234,8	1,39	13,6
Ww14	1200	1,4	6	1,31	360°; 5°; 0,8kN; 900U/min; Xo=163,3; X=179,3; Zo=24,1	3	31,3	11,1	7,34	37,66	203,9	156,3	224,2	1,38	13,0
Ww20	1200	1,4	6	1,38	362°; 5°; 1kN; 900U/min; Xo=163,2; X=179,2; Zo=22,3	3	29,7	11,2	7,88	38,01	205,8	165,0	225,9	1,42	12,5
Ww08	1200	1,4	4	1,89	360°; 5°; 1kN; 900U/min; Xo=162,9; X=178,9 ; Zo= 24,3	3	35,6	11,0	8,92	37,34	210,9	149,0	239,7	1,46	16,2
Ww24	1200	1,4	4	2,16	360°; 5°; 0,7kN; 900U/min; Xo= 162,8; X=178,8; Zo= 25,7	3	34,8	11,2	10,55	36,52	220,1	165,2	244,1	1,49	16,6
Ww02	1200	1,4	6	1,48	360°; 5°; 0,7kN; 900U/min; Xo= 162,8; X=178,8; Zo= 25,7	3	30,6	11,0	12,64	38,64	207,4	176,1	223,7	1,42	15,4
Ww21	1200	1,4	6	1,25	360°; 5°; 0,7kN; 900U/min; Xo= 162,6; X=178,6; Zo= 26,6	3	30,7	10,7	9,97	38,82	203,0	153,1	219,8	1,38	13,9
Ww07	1200	1,1	6	0,81	360°; 5°; 0,7kN; 900U/min; Xo= 163; X=179; Zo= 27,3	4	24,3	10,6	7,27	36,96	192,1	151,4	215,9	1,18	12,5
Ww23	1200	1,1	6	0,63	360°; 5°; 0,7kN; 700U/min; Xo= 162,6; X=178,6; Zo= 26,7	4	23,3	10,6	5,94	36,21	193,0	159,3	204,1	1,11	12,9
Ww03	1200	1,1	6	0,72	360°; 5°; 0,7kN; 1000U/min; Xo= 162,8; X=178,8; Zo= 27	4	25,6	10,4	9,92	34,72	189,8	145,0	205,7	1,10	13,0
Ww09	1200	1,1	6	0,78	360°; 3°; 1kN; 1000U/min; Xo=162,7; X=178,7; Zo= 27	4	24,1	10,7	6,61	35,66	189,9	157,1	201,9	1,18	13,0
Ww10	1200	1,4	6	1,37	360°; 5°; 0,7kN; 900U/min; Xo= 163; X=179; Zo= 25,5	3	33,3	11,1	13,08	38,10	210,9	162,8	230,2	1,48	15,8
Ww12	1200	1,4	6	1,4	363°; 3°; 1kN; 900U/min; Xo=163,1; X=178,1; Zo=27,1	4	31,3	10,9	15,99	39,46	210,2	152,0	223,9	1,51	12,2
Ww13	1200	1,4	6	1,63	363°; 3°; 1kN; 900U/min; Xo=163,2; X=178,2; Zo=23,9	4	34,3	10,7	10,09	38,52	211,2	166,2	229,6	1,44	13,6
Ww25	1200	1,4	6	1,73	363°; 3°; 1kN; 900U/min; Xo=163,1; X=178,1; Zo=25	4	34,9	11,0	8,17	38,07	213,1	188,3	226,1	1,44	13,3

D485L5Cu; v_{Wx} = 0; DR_B, DR_W: rechts; d_B = 10 mm																
Nr.	n_B [U/min]	F [KN]	n_W [U/min]	ΔL_B [mm]	Bemerkung	t_s [s]	H_m [µm]	B_m [mm]	M_Z [Nm]	M_X [Nm]	T_m [°C]	T_{An} [°C]	T_{En} [°C]	F_{Zm} [kN]	R_{zWB} [µm]
W135	2000	2	16,2	4,45	370°; 5°; 1kN; 1200U/min; Xo=169,7; X=180,7; Zo=34,7	3	91,9	5,9	11,43	75,43	332,7	242,4	385,2	1,91	8,2
W30	2400	1,6	24	2,3	370°; 5°; 1kN; 1400U/min; Xo=169,2; X=179,9; Zo=34,9	4	66,1	5,1	8,73	62,95	336,5	274,1	370,2	1,45	10,0
W188	2400	1,6	24	2,34	370°; 5°; 1kN; 1400U/min; Xo=169,3; X=180; Zo=37,2	4	68,1	5,6	10,61	54,62	342,2	263,5	378,9	1,61	10,1
W223	2400	1,6	24	2,92	370°; 5°; 1kN; 1400U/min; Xo=169,3; X=180; Zo=36,8	4	69,6	5,5	10,39	60,05	364,5	297,9	392,6	1,57	19,9
W48	2400	1,6	24	2,39	370°; 5°; 1kN; 1400U/min; Xo=168,8; X=179,5; Zo=36,1	4	67,1	5,2	10,13	67,24	340,1	270,9	370,0	1,35	16,7
W401	2400	1,6	24	2,45	370°; 5°; 1kN; 1400U/min; Xo=168,6; X=179,3; Zo=36,7	4	66,5	5,4	9,85	64,25	331,7	281,8	364,1	1,43	13,1
W113	2400	1,6	24	2,61	370°; 5°; 1kN; 1400U/min; Xo=168,9; X=178,9; Zo= 37	4	64,7	5,3	9,95	65,43	332,0	284,9	364,4	1,46	8,0
W112	2400	1,6	24	2,42	370°; 5°; 1kN; 1400U/min; Xo=169; X= 179; Zo= 36,9	4	66,5	5,3	10,22	65,88	329,6	246,5	370,0	1,40	11,6
W02	2400	1,6	24	2,61	370°; 5°; 1kN; 1400U/min; Xo=168,9; X=178,9; Zo=37,3	4	70,0	5,2	10,11	63,69	332,7	264,0	374,8	1,45	11,8

D57L7Zn; v_{Wx} = 0; DR_B, DR_W: rechts; d_B = 22 mm														
Nr.	n_B [U/min]	F [kN]	n_W [U/min]	ΔL_B [mm]	Bemerkung	t_s [s]	H_m [µm]	M_{Zm} [Nm]	M_{Xm} [Nm]	T_m [°C]	T_{An} [°C]	T_{En} [°C]	F_{Zm} [kN]	R_{zBm} [µm]
RAL2	1600	0,8	5,15	2,48	360° - 3° - 0,5KN; 1000U/min; Xo=157,9; X=167,6; Zo=29,9;	8	23,7	6,02	26,55	215,6	230,4	214,9	0,82	11,2
RAL11	2000	0,8	5,15	2,46	360° - 3°- 0,5KN; 1000U/min; Xo=157,8; X=167,35; Zo=30,4;	4	25,2	4,41	25,21	226,8	203,9	234,4	0,83	10,1
RAL16	2000	0,8	5,15	2,69	360° - 3°- 0,5KN; 1000U/min; Xo=157,9; X=167,2; Zo=31,5;	4	27,5	4,37	25,54	228,2	218,4	235,3	0,83	11,3
RAL3	2000	0,8	5,15	2,84	360° - 3°- 0,5KN; 1000U/min; Xo=157,9; X=167,2; Zo=31,3;	4	23,6	4,44	25,83	235,6	222,7	240,4	0,83	11,9
RAL8	1200	1,1	3,44	5,16	360° - 3° - 0,8KN; 900U/min; Xo=157,8; X=167,4; Zo=30,4;	8	33,9	10,16	32,48	216,1	223,9	211,3	1,15	12,4
RAL7	1600	0,8	3,44	3,93	360° - 3° - 0,5KN; 1000U/min; Xo=158; X=167; Zo=31,3;	8	27,7	3,45	27,97	228,3	225,4	225,6	0,87	13,0
RAL22	1600	0,8	3,44	4,45	360° - 3° - 0,5KN; 1000U/min; Xo=158; X=166,9; Zo=28,8;	8	27,5	7,98	27,12	236,1	239,0	239,2	0,88	11,9
RAL20	1600	0,8	3,44	5,3	360° - 3° - 0,5KN; 1000U/min; Xo=158; X=166,85; Zo=28,8;	8	28,9	8,89	27,44	241,9	238,8	242,9	0,88	11,6

D57L7Al; v_{Wx} = 0; DR_B, DR_W: rechts; d_B = 22 mm														
Nr.	n_B [U/min]	F [kN]	n_W [U/min]	ΔL_B [mm]	Bemerkung	t_s [s]	H_m [µm]	M_{Zm} [Nm]	M_{Xm} [Nm]	T_m [°C]	T_{An} [°C]	T_{En} [°C]	F_{Zm} [kN]	R_{zBm} [µm]
RAL9	1600	0,8	12	0,93	360° - 5°- 0,5KN; 900U/min; Zo=16,2; X=164,5; E=105	15	53,8	12,78	50,55	306,6	325,8	309,3	0,85	20,9
RAL14	1600	0,8	12	0,71	360° - 5°- 0,5KN; 900U/min; Zo=16,7; X=164,7; E=105	15	52	8,62	50,60	312,1	330,6	301,1	0,87	18,9
RAL13	1500	0,8	11	1,12	360° - 5°- 0,5KN; 900U/min; Zo=16,7; X=164,5; E=105	16	52,7	9,90	51,23	314,6	332,2	308,1	0,82	17,5
RAL17	1500	0,8	12	0,8	360° - 5°- 0,5KN; 900U/min; Zo=16,7; X=164,7; E=105	16	59,4	16,05	52,96	318,4	338,8	314,2	0,83	22,1
RAL4	1500	0,8	12	0,81	360° - 5°- 0,5KN; 900U/min; Zo=16,4; X=164,5; E=105	16	75,2	12,50	60,22	289,7	291,5	305,0	0,88	18,7
RAL19	1500	0,8	12	0,67	360° - 5°- 0,5KN; 900U/min; Zo=16,4; X=164,3; E=105	16	61,1	13,17	53,45	325,5	346,3	319,3	0,84	20,4

D20L10Zn; v_{Wx} = 0; DR_B, DR_W: rechts; d_B = 22 mm

Nr.	n_B [U/min]	F [kN]	n_W [U/min]	ΔL_B [mm]	Bemerkung	t_s [s]	Hm [µm]	M_Z [Nm]	M_X [Nm]	T_m [°C]	T_{An} [°C]	T_{En} [°C]	F_{Zm} [kN]	R_{zWB} [µm]
w29	800	0,8	9,8	0,08	360°; 5°; 0,5kN; 700U/min; Zo=37; x=174,4; Xo=163,4	15	17,7	7,14	13,23	115,8	100,0	123,6	0,83	9,1
W08	1200	0,8	9,8	0,27	360°; 5°; 0,5kN; 900U/min; Zo=37; x=174,5; Xo=163,3	10	23,1	8,56	11,78	172,3	153,1	175,3	0,79	11,3
W14	1200	0,8	9,8	0,29	360°; 5°; 0,5kN; 900U/min; Zo=37; x=174,7; Xo=163,4	10	20,7	8,59	12,13	168,6	148,8	174,0	0,77	9,4
W41	1600	0,8	14,7	0,46	360°; 5°; 0,5kN; 1000U/min; Zo=36,2; x=174,7; Xo=163,3	8	22,5	4,31	11,55	198,0	185,2	202,4	0,78	10,9
W38	1600	0,8	14,7	0,37	360°; 5°; 0,5kN; 1000U/min; Zo=34,7; x=174,5; Xo=163,2	8	23,3	6,42	11,31	197,2	175,8	208,7	0,78	11,3
W28	1600	0,8	9,8	0,52	360°; 5°; 0,5kN; 1000U/min; Zo=34,7; x=174,6; Xo=163,2	8	26,2	4,31	11,39	212,6	185,0	232,7	0,81	11,2
W9	1200	1,1	9,8	0,92	360°; 5°; 0,8kN; 900U/min; Zo=34,7; x=174,7; Xo=163,2	8	31,7	7,94	12,98	200,0	178,8	212,3	1,10	11,6
W10	1200	1,1	9,8	0,96	360°; 5°; 0,8kN; 900U/min; Zo=34,5; x=174,3; Xo=163,2	8	34,4	6,86	13,52	204,5	181,3	220,6	1,08	11,6
W07	1600	0,8	20	0,48	360°; 5°; 0,5kN; 1000U/min; Zo=43,2; x=174,3; Xo=162,9	10	19,1	5,21	10,88	197,6	192,7	202,2	0,77	13,3
W32	1600	0,8	20	0,56	360°; 5°; 0,5kN; 1000U/min; Zo=41; x=174,3; Xo=162,9	10	18,6	3,38	10,80	201,5	196,7	210,6	0,75	9,7
W36	1600	0,8	20	0,45	360°; 5°; 0,5kN; 1000U/min; Zo=43,2; x=174,2; Xo=162,8	10	19,8	3,33	9,98	194,6	189,6	198,0	0,74	10,1
W17	1200	1,1	9,8	1,09	360°; 5°; 0,5kN; 900U/min; Zo=42; x=173,4; Xo=162,9	8	29,1	6,62	12,94	211,3	188,3	225,0	1,10	11,5
W16	1200	1,1	9,8	1,01	360°; 5°; 0,5kN; 900U/min; Zo=39,1; x=173,6; Xo=162,8	8	28,7	6,68	12,58	207,1	187,5	220,5	1,12	13,4
W11	1200	1,1	9,8	1,06	365°; 3°; 0,5kN; 900U/min; Zo=37,6; x=173,8; Xo=162,8	8	27,8	8,61	12,76	206,7	191,3	217,2	1,09	12,3
W6	1600	0,8	9,8	0,95	360°; 3°; 0,5kN; 1000U/min; Zo=42,7; x=173,8; Xo=162,8	10	22,3	4,00	11,00	236,0	212,8	246,8	0,84	13,4
W42	1600	0,8	9,8	0,4	360°; 3°; 0,5kN; 1000U/min; Zo=38,8; x=174,3; Xo=163,3	10	17,8	5,78	11,45	221,3	201,0	235,4	0,82	10,2
W49	1600	0,8	9,8	0,59	360°; 3°; 0,5kN; 1000U/min; Zo=38,8; x=174,3; Xo=163,3	10	24,1	6,32	11,96	233,6	212,7	249,6	0,81	11,9
W19	1600	0,8	9,8	0,62	360°; 3°; 0,5kN; 1000U/min; Zo=38,8; x=174,3; Xo=163,3	10	22,8	7,88	11,22	212,8	192,4	232,7	0,83	12,1
W01	1200	1,1	14,7	0,75	363°; 3°; 0,8kN; 900U/min; Zo=45,6; x=173,9 ; Xo=162,9	8	24,9	10,67	13,55				1,10	11,3
W13	1200	1,1	14,7	0,84	363°; 3°; 0,8kN; 900U/min; Zo=45,8; x=174; Xo=163	8	27,6	9,73	12,80	196,5	188,4	203,2	1,11	13,1
W15	1200	1,1	14,7	0,95	363°; 3°; 0,8kN; 900U/min; Zo=46,7; x=173,7; Xo=162,7	8	27,1	8,79	12,52	200,5	193,0	206,2	1,10	12,1
W12	1200	1,1	20	0,67	363°; 3°; 0,8kN; 900U/min; Zo=46,6; x=174; Xo=163	8	22,6	7,71	12,86	184,4	176,7	187,2	1,03	11,7
W30	1200	1,1	20	0,86	361°; 3°; 0,8kN; 900U/min; Zo=46; x=177,3; Xo=166,3	8	25,7	7,05	12,59	192,7	185,7	195,0	1,00	12,0
W24	1200	1,1	20	0,93	361°; 3°; 0,8kN; 900U/min; Zo=46,3; x=175,6; Xo=164,6	8	25,2	7,99	12,53	196,0	192,7	199,6	1,03	12,1
W46	1200	1,1	20	0,88	361°; 3°; 0,8kN; 900U/min; Zo=46,3; x=178,1; Xo=167,1	8	26,2	5,24	12,58	190,4	181,6	191,6	1,02	13,0
W47	1200	1,1	20	0,96	361°; 3°; 0,8kN; 900U/min; Zo=46,5; x=179,3; Xo=168,3	8	27,9	5,22	12,81	194,5	185,7	198,0	1,02	12,9
W39	1200	1,1	20	0,94	361°; 3°; 0,8kN; 900U/min; Zo=42,3; x=177,3; Xo=166,3	8	26	7,38	13,13	193,8	184,5	197,1	1,02	13,7

A7.3: Übertragungsmoment

D20L10 Proben																							
Nabe Nr.	R_{zN} [µm]	D_N [mm]	Welle Nr.	d_{W0} [mm]	R_{zW0} [µm]	H [µm]	R_{zW} [µm]	d_{Wm} [mm]	$Ü_{re}$ [‰]	p [MPa]	M_{S0} [Nm]	M_T [Nm]	F_{max} [kN]	M_{S1L} [Nm]	M_{S1R} [Nm]	Zyklen	τ_{S0} [N/mm²]	τ_{axial} [N/mm²]	τ_T [N/mm²]	τ_{S1L} [N/mm²]	τ_{S1R} [N/mm²]	Lot	Verfahren
N36	2,077	**19,999**	**W29**	19,9970	2,321	17,6857	9,05	**20,0364**	1,648	133,14	153,7	296,9	14,57	210,8	220,67	15	24,462	23,192	47,253	33,550	35,121	Zn	RALÖ
N41	3,051	**20,002**	**W14**	19,9968	1,987	20,7267	9,36	**20,0515**	2,225	179,73	226,6	412,01	21,99	220,3	211,4	19	36,065	34,990	65,574	35,062	33,645	Zn	RALÖ
N44	3,1	**20,000**	**W08**	19,9943	2,875	23,1429	11,32	**20,0531**	2,368	191,29	176,9	304,07	16,12	218,2	253,82	15	28,155	25,656	48,394	34,728	40,397	Zn	RALÖ
N37	2,875	**20,000**	**W38**	19,9965	2,640	23,3400	11,31	**20,0548**	2,458	198,50	184,7	297,53	18,22	218,15	235,91	15	29,396	28,998	47,353	34,720	37,546	Zn	RALÖ
N38	2,151	**20,000**	**W41**	19,9965	2,010	22,5200	10,94	**20,0607**	2,772	223,86	140,4	294,13	14,36	209,7	227,65	16	22,345	22,859	46,812	33,375	36,232	Zn	RALÖ
N48	3,2	**19,999**	**W28**	19,9958	1,450	26,1933	11,21	**20,0645**	2,989	241,39	177	341,27	16,96	191,3	240,03	15	28,170	26,997	54,315	30,446	38,202	Zn	RALÖ
N18	3,124	**20,000**	**W09**	19,9960	2,060	31,7067	11,65	**20,0678**	3,092	249,75	165,6	295,5	17,5	203,09	254,1	18	26,356	27,858	47,030	32,323	40,441	Zn	RALÖ
N23	2,901	**20,000**	**W10**	19,9952	1,890	34,3867	11,60	**20,0773**	3,573	288,63	167,67	306,2	18,84	225	272,64	15	26,686	29,988	48,733	35,810	43,392	Zn	RALÖ
N42	1,785	**20,000**	**W7**	19,9963	2,687	19,0933	13,28	**20,0475**	2,072	167,37	229,67	420,35	23,32	215,6	216,7	15	36,553	37,120	66,901	34,314	34,489	Zn	RALÖ
N49	2,103	**20,000**	**W32**	19,9963	2,354	18,6000	9,69	**20,0495**	2,241	180,99	196,33	359,77	19,92	220,4	217,2	15	31,247	31,705	57,259	35,078	34,568	Zn	RALÖ
N19	1,899	**19,999**	**W36**	19,9965	2,154	19,8467	10,06	**20,0475**	2,184	176,43	202,2	367,67	20,85	210,3	232,3	15	32,181	33,182	58,516	33,470	36,972	Zn	RALÖ
N5	2,105	**19,998**	**W17**	19,9945	2,111	28,5230	12,53	**20,071**	3,357	271,17	183,3	287	16,6	223,5	227,9	6	29,173	26,420	45,677	35,571	36,271	Zn	RALÖ
N39	1,855	**19,998**	**W16**	19,9947	2,987	28,7333	13,36	**20,071**	3,346	270,24	158,62	299,39	16,96	222	242,7	5	25,245	26,999	47,649	35,332	38,627	Zn	RALÖ
N32	2,539	**19,998**	**W11**	19,9947	2,587	27,8267	12,25	**20,072**	3,404	274,96	221,74	372,59	23,02	257,8	306	15	35,291	36,636	59,300	41,030	48,701	Zn	RALÖ
N35	1,557	**19,998**	**W42**	19,9972	2,015	17,8333	10,22	**20,056**	2,648	213,87	223,4	334,6	21,06	245,53	271	5	35,555	33,524	53,253	39,077	43,131	Zn	RALÖ
N46	2,003	**19,998**	**W1**	19,9962	2,682	24,9400	11,28	**20,063**	2,968	239,70	182,2	294,58	18,8	230,8	266,58	5	28,998	29,918	46,884	36,733	42,428	Zn	RALÖ
N47	2,01	**19,998**	**W13**	19,9955	2,487	27,5800	13,06	**20,070**	3,315	267,78	241,1	346,28	23,11	237,67	271,1	5	38,372	36,773	55,112	37,826	43,147	Zn	RALÖ
N25	2,311	**19,999**	**W15**	19,9958	2,548	27,1067	12,11	**20,070**	3,262	263,44	222	339,46	22,87	250,6	276,6	15	35,332	36,399	54,027	39,884	44,022	Zn	RALÖ
N4	2,202	**19,996**	**W12**	19,9965	1,998	22,6133	11,68	**20,053**	2,556	206,43	185	368,32	20,18	252,1	328,9	15	29,444	32,111	58,620	40,123	52,346	Zn	RALÖ
N28	1,929	**19,996**	**W30**	19,9967	1,875	25,7467	12,04	**20,058**	2,804	226,48	191,3	317,35	20,97	227,7	266	5	30,446	33,373	50,508	36,240	42,335	Zn	RALÖ
N40	2,527	**19,999**	**W24**	19,9965	2,112	25,1667	12,15	**20,063**	2,907	234,76	209,14	330,75	21,04	236,6	262,5	15	33,286	33,485	52,640	37,656	41,778	Zn	RALÖ
N30	2,221	**19,999**	**W46**	19,972	2,747	26,1733	13,01	**20,042**	1,829	147,71	154,88	295,74	13,49	211,23	232,51	5	24,650	21,473	47,068	33,618	37,005	Zn	RALÖ
N9	2,91	**19,994**	**W39**	19,969	3,198	25,9533	13,69	**20,034**	1,651	133,38	109,5	263,1	11,32	170,7	218,3	5	17,427	18,016	41,874	27,168	34,744	Zn	RALÖ
N2	2,12	**19,994**	**W23**	19,9987	2,555	13,2000	2,22	**20,0222**	1,323	106,88	167,94	443,23	15,34	262,6	267,87	15	26,728	24,421	70,543	41,794	42,633	Zn	GAL
N11	3,121	**19,993**	**W43**	19,9987	2,654	12,7000	2,61	**20,0222**	1,345	108,66	248,1	481,29	22,26	298,4	303,1	15	39,486	35,425	76,600	47,492	48,240	Zn	GAL
N1	2,712	**19,992**	**W45**	19,9987	2,879	12,1000	2,59	**20,0202**	1,304	105,32	149,03	426,65	13,69	286,67	307,3	15	23,719	21,790	67,904	45,625	48,908	Zn	GAL

D485L5 Proben																							
Nabe Nr.	R_{zN} [µm]	D_N [mm]	Welle Nr.	R_{zW0} [µm]	d_{W0} [mm]	H [µm]	R_{zW} [µm]	d_{Wm} [mm]	$Ü_{re}$ [‰]	p [MPa]	M_{S0} [Nm]	M_T [Nm]	F_{max} [kN]	M_{S1L} [Nm]	M_{S1R} [Nm]	Zyklen	τ_{S0} [N/mm²]	τ_{axial} [N/mm²]	τ_T [N/mm²]	τ_{S1L} [N/mm²]	τ_{S1R} [N/mm²]	Lot	Verfahren
N52	6,99	48,4725	W251	6,83	48,512	17,353	10,21	48,547	1,394	81,87	662,80	1153,00	27,604	852,00	1028,00	16	35,88	36,23	62,41	46,12	55,64	Zn	RALö
N34	7,03	48,4715	W252	3,64	48,510	17,354	11,31	48,551	1,481	86,98	749,90	1336,01	32,052	999,40	1141,20	18	40,59	42,07	72,32	54,10	61,77	Zn	RALö
N49	7,06	48,4725	W83	6,40	48,511	17,516	12,54	48,552	1,484	87,17	723,70	1323,87	30,893	883,57	1220,80	17	39,17	40,55	71,66	47,83	66,08	Zn	RALö
N37	6,64	48,4735	231	2,09	48,484	29,673	12,14	48,560	1,622	95,24	695,00	1227,47	36,721	914,00	1054,37	5	37,62	48,20	66,44	49,47	57,07	Zn	RALö
N33	6,25	48,4675	Ww01	7,69	48,494	29,953	11,75	48,561	1,773	104,09	819,50	1365,62	46,446	927,10	1056,60	15	44,36	60,97	73,92	50,18	57,19	Zn	RALö
N30	7,97	48,4755	117	2,27	48,490	30,233	12,67	48,564	1,655	97,16	652,80	1232,18	36,930	927,21	961,01	5	35,34	48,47	66,70	50,19	52,02	Zn	RALö
N40	8,67	48,473	47	2,28	48,482	30,360	11,50	48,554	1,511	88,71	735,71	1196,97	37,310	846,20	1033,12	5	39,82	48,97	64,79	45,80	55,92	Zn	RALö
N43	6,41	48,4805	W78	2,28	48,487	30,567	12,83	48,564	1,563	91,78	559,00	1068,49	27,978	750,70	952,30	17,5	30,26	36,72	57,84	40,63	51,55	Zn	RALö
N55	8,96	48,4805	W68	2,11	48,487	31,060	10,47	48,564	1,561	91,69	751,00	1178,11	36,848	859,20	948,20	15	40,65	48,37	63,77	46,51	51,32	Zn	RALö
N57	7,76	48,4805	W96	2,16	48,486	31,240	11,54	48,566	1,611	94,59	807,31	1187,19	37,976	862,13	939,00	15	43,70	49,85	64,26	46,67	50,83	Zn	RALö
N50	4,15	48,468	Ww11	4,61	48,494	31,862	11,84	48,565	1,861	109,30	1047,70	1275,09	48,821	624,27	640,37	17,5	56,71	64,08	69,02	33,79	34,66	Zn	RALö
N31	4,57	48,471	Ww19	4,88	48,495	32,053	11,93	48,569	1,885	110,67	989,40	1268,64		868,50	945,04	15	53,55	0,00	68,67	47,01	51,15	Zn	RALö
N47	8,04	48,478	W118	5,69	48,517	22,500	5,18	48,561	1,597	93,76	741,00	2003,80	40,922	1241,30	1471,10	14,5	40,11	53,71	108,46	67,19	79,63	Zn	GAL
N56	6,15	48,478	W197	5,41	48,521	20,300	4,53	48,557	1,535	90,16	397,50	1837,00	20,364	1075,50	1405,20	14	21,52	26,73	99,43	58,22	76,06	Zn	GAL
N24	7,91	48,4785	W130	4,68	48,523	20,300	4,23	48,556	1,490	87,48	456,60	1786,51	21,379	1154,20	1315,10	15	24,72	28,06	96,70	62,48	71,18	Zn	GAL
N38	7,59	48,471	W48	6,01	48,396	67,100	16,66	48,544	1,305	76,65	630,20	1570,81	38,281	733,20	701,64	18	34,11	50,25	85,03	39,69	37,98	Cu	RALö
N44	7,06	48,4765	W401	3,33	48,402	66,513	13,09	48,549	1,329	78,03	540,40	1620,99	38,406	745,60	738,10	18	29,25	50,41	87,74	40,36	39,95	Cu	RALö
N29	6,52	48,4615	W135	1,71	48,357	91,800	8,16	48,569	2,095	123,06	729,40	1801,15	49,589	1159,00	1091,00	15	39,48	65,09	97,49	62,74	59,05	Cu	RALö
N53	7,13	48,4845	W30	4,43	48,443	66,120	9,96	48,590	2,034	119,47	662,15	1599,02	47,408	611,02	579,61	14,5	35,84	62,23	86,55	33,07	31,37	Cu	RALö
N32	6,80	48,4825	W188	3,2	48,448	68,010	10,07	48,596	2,201	129,26	1057,70	2203,00	70,325	1513,00	1489,00	9	57,25	92,31	119,25	81,90	80,60	Cu	RALö
N21	7,17	48,4865	W223	6,23	48,449	69,650	19,88	48,594	1,993	117,07	810,50	1828,80	57,886	1097,54	985,77	10,5	43,87	75,98	98,99	59,41	53,36	Cu	RALö
N22	8,78	48,474	W113	3,16	48,418	64,707	7,96	48,548	1,381	81,09	453,89	1785,84	35,215	1355,86	1418,10	5	24,57	46,22	96,66	73,39	76,76	Cu	RALö
N51	7,88	48,474	W112	5,47	48,422	66,487	11,63	48,545	1,303	76,52	606,09	1817,93	44,619	1482,86	1440,52	5	32,81	58,57	98,40	80,27	77,97	Cu	RALö
N42	6,75	48,475	W02	4,5	48,436	70,033	11,81	48,572	1,840	108,06	1047,00	2085,18	63,343	1519,20	1564,78	5	56,67	83,15	112,87	82,23	84,70	Cu	RALö
N58	7,11	48,4735	W226	1,82	48,443	34,580	12,97	48,546	1,336	78,46	575,23	1295,97	33,432	938,67	919,32	5	31,14	43,88	70,15	50,81	49,76	Al	RALö
N60	8,90	48,4755	L1	2,12	48,474	38,993	14,48	48,611	2,601	152,75	754,28	1660,16	40,873	1106,00	1145,00	5	40,83	53,65	89,86	59,87	61,98	Al	RALö
N25	8,27	48,475	W156	3,25	48,439	39,007	17,13	48,552	1,385	81,34	499,97	1346,76	34,702	894,00	850,73	15	27,06	45,55	72,90	48,39	46,05	Al	RALö
N54	8,52	48,4765	W208	3,05	48,461	49,767	26,97	48,641	3,099	181,99	617,80	1442,16	39,851	947,00	899,10	14	33,44	52,31	78,06	51,26	48,67	Al	RALö
N46	8,32	48,4715	W32	9,20	48,422	53,867	19,09	48,593	2,272	133,44	584,00	1392,03	35,858	938,37	911,93	15	31,61	47,07	75,35	50,79	49,36	Al	RALö
N41	7,23	48,4835	W13	4,4	48,462	60,227	25,16	48,642	3,001	176,23	558,50	1448,05	37,702	974,10	910,00	15	30,23	49,49	78,38	52,73	49,26	Al	RALö
N23	6,36	48,4805	W111	5,72	48,422	60,513	16,91	48,611	2,506	147,15	562,25	1417,70	35,834	913,00	895,00	16	30,43	47,04	76,74	49,42	48,45	Al	RALö
N26	6,99	48,4785	W133	6,09	48,465	60,767	26,73	48,645	3,148	184,87	551,90	1318,40	35,075	886,24	816,26	16	29,87	46,04	71,36	47,97	44,18	Al	RALö
N27	7,15	48,4835	W129	5,27	48,456	62,120	23,52	48,680	3,799	223,08	680,90	1534,87	43,663	929,31	909,40	16	36,86	57,31	83,08	50,30	49,22	Al	RALö
N48	7,22	48,4765	W119	3,82	48,450	67,513	24,85	48,683	4,000	234,91	630,00	1673,65	44,981	1129,50	1065,30	13	34,10	59,04	90,59	61,14	57,66	Al	RALö
N28	8,01	48,4785	W23	3,61	48,457	68,785	25,35	48,687	4,017	235,90	652,60	1625,40	46,025	1072,57	936,90	17	35,32	60,41	87,98	58,06	50,71	Al	RALö
N35	6,46	48,482	W33	6,04	48,418	74,907	22,67	48,651	3,251	190,93	590,94	1631,59	43,401	1011,25	1012,00	16	31,99	56,97	88,32	54,74	54,78	Al	RALö

D485L10 Proben

Nabe Nr.	R_{zN} [µm]	D_N [mm]	Welle Nr.	R_{zW} [µm]	d_W [mm]	H [µm]	R_{zW} [µm]	d_{Wm} [mm]	$Ü_{re}$ [‰]	p [Mpa]	M_{S0} [Nm]	M_T [Nm]	F_{max} [kN]	M_{S1L} [Nm]	M_{S1R} [Nm]	Zyklen	τ_{S0} [N/mm²]	τ_{axial} [N/mm²]	τ_T [N/mm²]	τ_{S1L} [N/mm²]	τ_{S1R} [N/mm²]	Lot	Verfahren
N19	10,03	48,4735	**W23**	4,64	48,491	23,320	12,908	48,542	1,23	56,04	988,11	1573,146	50,781	1037,15	1300	15	26,74	33,33	42,58	28,07	35,17	Zn	RALö
N9	10,34	48,4770	**W07**	5,31	48,492	24,267	12,549	48,547	1,261	57,47	988,6	1553,02	56,479	1159,3	1321	15	26,76	37,07	42,03	31,38	35,74	Zn	RALö
N6	7,524	48,4715	**W03**	4,4	48,491	25,600	13,009	48,542	1,277	58,20	1308,1	1691,52	65,119	1067,2	1346	15	35,40	42,74	45,78	28,88	36,44	Zn	RALö
N2	7,956	48,4765	**W06**	5,49	48,492	29,05	12,86	48,558	1,509	68,73	985,6	1635,300	55,513	1171,510	1337	15	26,67	36,43	44,26	31,71	36,19	Zn	RALö
N5	7,706	48,4775	**W20**	3,21	48,492	29,69	12,72	48,559	1,512	68,88	1122,2	1655,737	60,493	1040,870	1360	14,5	30,37	39,70	44,81	28,17	36,80	Zn	RALö
N1	8,173	48,4740	**W02**	6,03	48,495	30,593	15,359	48,564	1,655	75,39	1145,4	1768,69	67,159	1171,88	1470	16	31,00	44,08	47,87	31,72	39,78	Zn	RALö
N16	5,816	48,4735	**W21**	6,28	48,495	30,733	13,924	48,559	1,607	73,21	1203,8	1757,92	65,539	1151,42	1471	16,5	32,58	43,01	47,58	31,16	39,81	Zn	RALö
N20	8,714	48,4745	**W18**	6,53	48,492	31,05	12,95	48,561	1,605	73,11	1549,4	2148,859	83,416	961,200	1111	16,5	41,93	54,75	58,16	26,01	30,07	Zn	RALö
N15	7,214	48,4805	**W14**	5,32	48,492	31,25	12,57	48,557	1,414	64,43	1024,3	1628,100	60,435	1056,180	1313	16,5	27,72	39,66	44,06	28,58	35,54	Zn	RALö
N8	6,674	48,4820	**W12**	6,24	48,488	31,277	12,155	48,554	1,329	60,56	813,1	1627,46	51,505	1152,38	1430	5,5	22,01	33,80	44,05	31,19	38,69	Zn	RALö
N11	8,779	48,4790	**W10**	7,61	48,479	33,340	15,789	48,553	1,316	59,97	824,45	1478,73	52,417	1059	1162	15	22,31	34,40	40,02	28,66	31,45	Zn	RALö
N12	10,68	48,4820	**W13**	5,69	48,489	34,346	13,624	48,583	1,875	85,43	886,17	1619,97	58,584	1222,96	1413	5	23,98	38,45	43,84	33,10	38,24	Zn	RALö
N3	7,78	48,4700	**W24**	5,6	48,496	34,773	16,568	48,583	2,122	96,68	1423,1	1447,86	77,421	1063,73	1285	18,5	38,51	50,81	39,19	28,79	34,77	Zn	RALö
N13	7,612	48,4820	**W25**	4,63	48,489	34,908	13,342	48,559	1,408	64,14	784,22	1724,4	51,38	1254,38	1453	5	21,22	33,72	46,67	33,95	39,32	Zn	RALö
N4	8,785	48,4705	**W08**	6,15	48,497	35,646	16,237	48,582	2,093	95,33	1421,7	1757,65	73,709	1140,9	1400	16	38,48	48,38	47,57	30,88	37,89	Zn	RALö

D57L7 Proben

Nabe Nr.	R_{zN} [µm]	D_N [mm]	Welle Nr.	R_{zW0} [µm]	d_{W0} [mm]	H [µm]	R_{zW} [µm]	d_{Wm} [mm]	$Ü_{re}$ [‰]	p [MPa]	M_{S0} [Nm]	M_T [Nm]	F_{max} [kN]	M_{S1L} [Nm]	M_{S1R} [Nm]	Zyklen	τ_{S0} [N/mm²]	τ_{axial} [N/mm²]	τ_T [N/mm²]	τ_{S1L} [N/mm²]	τ_{S1R} [N/mm²]	Lot	Verfahren
N121	5,750	57,0195	**RAL3**	2,09	57,0700	23,64	11,88	57,1213	1,663	**127,71**	2009,0	2717,9	81,870	2196,0		7	56,236	65,313	76,080	61,471	0,000	Zn	RALö
N130	6,330	57,0180	**RAL2**	2,34	57,0670	23,69	11,24	57,1140	1,561	**119,88**	1796,7	2178,6	68,679	1764,1	1879,5	9	50,294	54,790	60,983	49,381	52,611	Zn	RALö
N112	8,000	57,0185	**RAL11**	2,02	57,0680	25,25	10,06	57,1277	1,789	**137,36**	1887,9	2505,3	79,694	1754,7	1932,2	12	52,846	63,577	70,127	49,117	54,087	Zn	RALö
N134	6,520	57,0160	**RAL22s**	0,52	57,0720	27,49	11,93	57,1307	1,882	**144,55**	1876,5	2634,4	83,382	2136,7		4	52,527	66,520	73,743	59,809	0,000	Zn	RALö
N103	6,470	57,0175	**RAL16**	2,23	57,0680	27,50	11,31	57,1200	1,673	**128,52**	1900,2	2449,5	80,200	1828,2	1937,0	12	53,190	63,981	68,567	51,175	54,221	Zn	RALö
N107	7,350	57,0175	**RAL7**	2,12	57,0720	27,73	13,00	57,1333	1,889	**145,11**	1405,3	2415,5	75,438	2042,8		5	39,337	60,182	67,613	57,182	0,000	Zn	RALö
N115	6,560	57,0165	**RAL20s**	0,57	57,0820	28,92	11,57	57,1497	2,209	**169,66**	1929,2	2546,7	78,008	1999,8	2152,3	7	54,002	62,232	71,287	55,977	60,247	Zn	RALö
N46	6,320	57,0170	**RAL8**	2,12	57,0700	33,87	12,40	57,1453	2,120	**162,82**	2102,7	2644,9	91,057	2149,4	2157,0	8	58,859	72,642	74,037	60,164	60,379	Zn	RALö
N21	6,050	57,0125	**RAL14**	6,49	57,0173	52,02	18,93	57,1197	1,705	**130,93**	1574,0	1977,8	65,343	1660,8	1563,9	6	44,060	52,129	55,363	46,489	43,777	Al	RALö
N110	7,070	57,0160	**RAL13**	4,73	57,0163	52,75	17,47	57,1240	1,722	**132,29**	1561,7	1988,0	66,022	1692,6	1596,1	10	43,716	52,670	55,648	47,380	44,678	Al	RALö
N40	5,830	57,0160	**RAL9**	5,87	57,0269	53,79	20,92	57,1410	2,005	**154,01**	1678,5	1966,2	65,094	1683,9	1556,0	10	46,984	51,930	55,037	47,136	43,555	Al	RALö
N124	7,030	57,0160	**RAL17**	6,55	57,0108	59,43	22,10	57,1247	1,702	**130,72**	1487,3	1935,6	61,609	1641,3	1484,3	10	41,632	49,150	54,181	45,943	41,549	Al	RALö
N118	6,570	57,0165	**RAL19**	6,50	57,0073	61,1	20,38	57,1300	1,802	**138,40**	1593,4	1986,7	65,729	1615,7	1502,7	10	44,603	52,437	55,612	45,227	42,063	Al	RALö
N109	7,340	57,0165	**RAL4**	5,83	57,0060	75,16	18,73	57,1460	2,089	**160,44**	1756,0	2140,0	65,422	1627,9	1774,7	10	49,153	52,192	59,903	45,569	49,677	Al	RALö

D57L7 KS und GAL Proben																				
Nabe Nr.	R_{ZN} [µm]	D_{Nm} [mm]	Welle Nr.	R_{ZW0} [µm]	d_{W0} [mm]	$H_{gerechnet}$ [µm]	R_{ZW} [µm]	d_{Wm} [mm]	$Ü_{re}$ [‰]	p [MPa]	M_{S0} [Nm]	F_{max} [kN]	M_T [Nm]	M_{S1L} [Nm]	τ_{S0} [N/mm²]	τ_{axial} [N/mm²]	τ_T [N/mm²]	τ_{S1L} [N/mm²]	Lot	Verfahren
116	5,71	57,028	**1**	6,77	57,085	10,5	38,4	57,106	1,38	105,7	424,17		771,298	632,211	11,87332		21,5901	17,6968	Al	KS
30	5,35	57,026	**10**	6,54	57,087	19,25	52,51	57,125	1,74	133,4	888,075	34,74	1192,99	946,85	24,85891	27,71051	33,394	26,50413	Al	KS
125	7,06	57,012	**2**	6,92	57,086	24,5	51,12	57,135	2,15	165	538,47	23,8	875,343	695,403	15,0728	18,98691	24,5025	19,46565	Al	KS
105	4,45	57,023	**43**	7,74	57,084	35,75	52,09	57,155	2,32	178,5	454,04	25,88	1244,18	963,07	12,70944	20,64786	34,8269	26,95816	Al	KS
108	5,31	57,023	**37**	6,88	57,083	47,25	66,19	57,178	2,72	208,8	822,98	28,96	1055,26	911,6	23,03677	23,10339	29,5387	25,51742	Al	KS
123	4,83	57,023	**8**	7,05	57,084	52,75	55,63	57,189	2,92	224,3	299,65	17,91	514,6	423,82	8,387773	14,28964	14,4046	11,86353	Al	KS
104	1,71	57,114	**5**	6,43	57,085	58,25	54,74	57,201	1,54	117,9	212,81	16,19	2129,22	1480,3	5,956956	12,91349	59,6008	41,43641	Al	KS
120	2,01	57,117	**3**	7,03	57,084	76,25	43,02	57,237	2,11	161,6	360,12	30,76	2337,09	1812,32	10,08044	24,53938	65,4195	50,73034	Al	KS
29	1,66	57,118	**41**	6,54	57,084	81,25	56,16	57,247	2,25	173,1	695,8	31,7	2268,75	1759,33	19,47676	25,28928	63,5067	49,24699	Al	KS
128	2,01	57,12	**44**	7,45	57,086	87	52,72	57,26	2,46	188,6	517,96	37,65	2396,11	1858,09	14,49868	30,03601	67,0716	52,01147	Al	KS
119	5,25	57,02	**140**	6,82	57,085	0,0833333	8,16	57,085	1,13	87,11	1232,64	44,98	1504,74	1173,62	34,5038	35,88366	42,1205	32,85185	Al	GAL
127	6,99	57,02	**17**	6,59	57,082	-0,25	8,03	57,081	1,07	82,17	928,63	39,43	1357,93	1103,83	25,99412	31,45604	38,011	30,8983	Al	GAL
41	5,79	57,02	**46**	8	57,084	1,3333333	8,35	57,087	1,17	89,8	1155,77	34,88	1502,88	1061,51	32,35225	27,82619	42,0685	29,71368	Al	GAL
25	4,25	57,024	**50**	6,95	57,086	1,25	8,65	57,088	1,13	86,88	754,2	38,54	1508,77	1101,08	21,11149	30,74363	42,2333	30,82118	Al	GAL
27	2,63	57,023	**45**		57,085	-3,75	3,93	57,079	0,99	75,66	399,65	13,66	1911,82	1416,21	11,18696	10,89753	53,5154	39,64241	Zn	GAL
23	2,16	57,025	**136**		57,085	-5,625	4,82	57,073	0,84	64,66	247,06	9,484	1650,97	1073,27	6,915679	7,566043	46,2138	30,04287	Zn	GAL
47	1,81	57,024	**34**		57,086	-5,625	4,79	57,074	0,88	67,35	314,9	11,2	1660,18	1178,1	8,814649	8,935015	46,4715	32,97726	Zn	GAL
43	5,91	57,021	**31**		57,084	-4,75	5,43	57,074	0,94	72,51	732,9	22,82	1141,94	981,7	20,51526	18,2082	31,965	27,47965	Zn	GAL
122	5,56	57,021	**33**	7,46	57,084	-4,25	6,55	57,075	0,96	73,86	994,36	30,37	1348,12	1161,8	27,83403	24,23056	37,7364	32,52099	Zn	GAL
117	6,93	57,011	**20**	7,37	57,086	-4,125	4,53	57,076	1,14	87,78	848,69	26,39	1426,49	1192,15	23,75645	21,05472	39,9301	33,37054	Zn	GAL
22	6,48	57,01	**132**		57,084	-6,375	4,89	57,071	1,08	82,84	629,6	20,74	1637,97	1305,32	17,6237	16,54254	45,8498	36,53839	Zn	GAL
114	7,16	57,01	**14**		57,088	-2,125	5	57,083	1,29	99	1099,2	37,07	1944,09	1633,69	30,7687	29,57091	54,4187	45,73004	Zn	GAL
45	6,94	57,014	**133**	6,61	57,083	24,25	43,67	57,133	2,09	160,5	925,082	29,87	1402,24	1236,75	25,8948	23,82936	39,2513	34,61898	Zn	KS
28	6,67	57,014	**40**	7,01	57,079	18,125	51,85	57,115	1,77	135,6	683,958	22,68	1249,78	1120,63	19,14528	18,09101	34,9838	31,36856	Zn	KS
48	7,08	57,014	**134**	6,73	57,095	8,125	46,1	57,11	1,69	129,8	478,95	18,52	937,74	840,65	13,40672	14,77708	26,2491	23,53139	Zn	KS
129	1,73	57,023	**15**	7,5	57,085	12,5	49,51	57,11	1,52	116,7	251,14	23,14	860,83	664,65	7,029886	18,45798	24,0963	18,60482	Zn	KS
126	1,69	57,025	**137**	7,43	57,08	11,125	44,46	57,102	1,37	104,8	239,54	13,01	850,831	655,259	6,70518	10,37898	23,8164	18,34194	Zn	KS
24	2,27	57,025	**18**	7,9	57,085	7,5833333	51,81	57,1	1,32	101,2	260	13,93	903,453	767,53	7,277894	11,11292	25,2894	21,48462	Zn	KS
111	7,4	57,021	**4**	6,69	57,086	4,25	39,76	57,094	1,29	99	335,701	14,8	879,963	720,888	9,396909	11,80299	24,6318	20,17902	Zn	KS
113	5,3	57,021	**19**	7,84	57,085	4,5833333	43,62	57,094	1,28	98,56	273,3	13,01	685,27	644,66	7,650186	10,37898	19,182	18,04526	Zn	KS